高等学校遥感科学与技术系列教材

计算机网络原理及应用

（第二版）

于子凡　黄长青　桂志鹏　编著

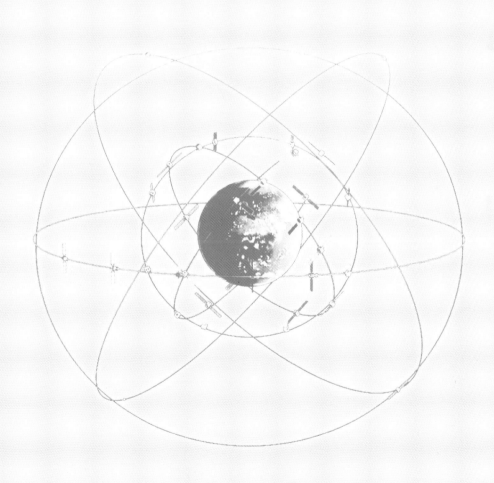

WUHAN UNIVERSITY PRESS

武汉大学出版社

图书在版编目(CIP)数据

计算机网络原理及应用 / 于子凡,黄长青,桂志鹏编著. --2 版.
武汉 : 武汉大学出版社,2025.6. -- 高等学校遥感科学与技术系列
教材. -- ISBN 978-7-307-25044-4

Ⅰ.TP393
中国国家版本馆 CIP 数据核字第 20258ZZ600 号

责任编辑:杨晓露　陈卓琳　　　责任校对:杨　欢　　　版式设计:马　佳

出版发行:**武汉大学出版社**　（430072　武昌　珞珈山）
（电子邮箱:cbs22@ whu.edu.cn　网址:www.wdp.com.cn）
印刷:武汉科源印刷设计有限公司
开本:787×1092　1/16　印张:17.25　字数:400 千字　插页:1
版次:2018 年 9 月第 1 版　　2025 年 6 月第 2 版
　　2025 年 6 月第 2 版第 1 次印刷
ISBN 978-7-307-25044-4　　　定价:58.00 元

高等学校遥感科学与技术系列教材

编审委员会

序

　　遥感科学与技术本科专业自 2002 年在武汉大学、长安大学首次开办以来，截至 2022 年底，全国已有 60 多所高校开设了该专业。2018 年，经国务院学位委员会审批，武汉大学自主设置"遥感科学与技术"一级交叉学科博士学位授权点。2022 年 9 月，国务院学位委员会和教育部联合印发《研究生教育学科专业目录(2022 年)》，遥感科学与技术正式成为新的一级学科(学科代码为 1404)，隶属交叉学科门类，可授予理学、工学学位。在 2016—2018 年，武汉大学历经两年多时间，经过多轮讨论修改，重新修订了遥感科学与技术类专业 2018 版本科人才培养方案，形成了包括 8 门平台课程(普通测量学、数据结构与算法、遥感物理基础、数字图像处理、空间数据误差处理、遥感原理与方法、地理信息系统基础、计算机视觉与模式识别)、8 门平台实践课程(计算机原理及编程基础、面向对象的程序设计、数据结构与算法课程实习、数字测图与 GNSS 测量综合实习、数字图像处理课程设计、遥感原理与方法课程设计、地理信息系统基础课程实习、摄影测量学课程实习)，以及 6 个专业模块(遥感信息、摄影测量、地理信息工程、遥感仪器、地理国情监测、空间信息与数字技术)的专业方向核心课程的完整的课程体系。

　　为了适应武汉大学遥感科学与技术类本科专业新的培养方案，根据《武汉大学关于加强和改进新形势下教材建设的实施办法》，以及武汉大学"双万计划"一流本科专业建设规划要求，武汉大学专门成立了"高等学校遥感科学与技术系列教材编审委员会"，该委员会负责制定遥感科学与技术系列教材的出版规划、对教材出版进行审查等，确保按计划出版一批高水平遥感科学与技术类系列教材，不断提升遥感科学与技术类专业的教学质量和影响力。"高等学校遥感科学与技术系列教材编审委员会"主要由武汉大学的教师组成，后期将逐步吸纳兄弟院校的专家学者加入，逐步邀请兄弟院校的专家学者主持或者参与相关教材的编写。

　　一流的专业建设需要一流的教材体系支撑，我们希望组织一批高水平的教材编写队伍和编审队伍，出版一批高水平的遥感科学与技术类系列教材，从而为培养遥感科学与技术类专业一流人才贡献力量。

2023 年 2 月

前　　言

　　计算机网络是信息时代的核心基础设施；计算机网络基础知识是信息学科各专业的共同基础，也是跨学科研究的重要支撑；计算机网络编程应用能力是信息学科各专业提升专业应用水平、拓展专业应用领域的关键技能。对于信息学科各专业的学生而言，掌握计算机网络基础知识和应用编程能力，对于学好后续的专业课程，拓展今后的就业渠道，都具有重要意义。

　　本书侧重网络应用而非网络建设。因此，对于计算机网络知识介绍只涉及网络的基本概念、原理、常用协议的工作机制大致流程，不对它们的细节、优劣作深入分析，以确保聚焦网络应用核心内容。

　　本书在上一版本的基础上，结合五年来教学实践，在内容和表述上进行了必要修订。最主要的调整是根据新的教学大纲要求，对网络编程实践内容进行了系统性扩充与重构，使教材更贴合课堂教学内容，成为有效的教学载体。

　　本书内容分为计算机网络基础知识和网络编程实践两部分。全书共分为 9 章，第 1~8 章属于计算机网络基础知识部分，第 9 章是网络编程实践。第 1 章介绍了计算机网络概念，计算机网络发展历史，网络体系分层结构，最后对互联网作了简要说明。第 2 章介绍了物理层的工作机制，包括相关的通信技术知识及典型有线传输介质。第 3 章首先以 PPP 协议为例介绍了数据链路层的概念及工作机制；同时还介绍了与数据链路层密切相关的典型局域网技术，包括网络结构、类型和数据传输机制。第 4 章讨论网络层技术，在网络互联分析中说明不同物理网络实现逻辑互联的必备条件，介绍互联网通过统一的地址、数据包格式和路由处理方法实现大量不同物理网络互联的机制；随后详细介绍了互联网路由处理技术；最后介绍基于网络层的常用互联网技术，以及 IPv6 网络互联协议。第 5 章介绍了传输层的必要性，重点分析 TCP 和 UDP 协议机制。第 6 章分别介绍了六种应用层协议及其服务体系的工作机制。第 7 章介绍了网络安全概念和几种网络安全方法。第 8 章主要介绍了广泛应用的无线局域网的结构和工作机制。第 9 章首先介绍了当前 Windows 操作系统中 .NET 框架所提供的基本网络功能，并给出这些功能的网络应用编程方法；接着介绍了三种网络应用编程方法：以简化功能的聊天软件形式为例介绍了进程之间数据传输编程方法；以地图上寻找两点间最短路径形式为例介绍了 Dijkstra 算法编程方法；结合 7.3 节内容，给出了 DES 加密方法的详细编程步骤和代码。

　　本书各章附有作业，作业内容围绕各章重点内容而设计，目的是帮助读者加深理解相关内容。题目既有理论练习题，又有实际编程任务，旨在帮助读者提升理论知识和实际动手能力。书后附有部分客观题参考答案，方便读者进行自我检验。

本书第 1~7、9 章由于子凡编写，第 8 章由黄长青编写，桂志鹏提供了部分程序。全书由于子凡统稿、修订后成书。武汉大学张鹏林教授对全书做了细致的审阅，并提出了很好的修改意见。

由于编者水平有限，书中一定有许多不足和缺憾，敬请读者在阅读过程中，及时加以批评、指正！

编 者

2025 年 1 月于武汉大学

目　　录

第1章 概 述

1.1 计算机网络的基本概念

1.1.1 计算机网络定义

计算机网络是将地理位置不同、具有独立功能的多个计算机系统,通过通信设备和线路连接起来,以功能完善的网络软件实现资源共享的系统。

简单地说,将几台计算机连接起来,能够相互传输数据,就构成了计算机网络。但还需要满足两个关键特征:资源共享性和独立性。

资源共享性是指计算机网络中的各种资源能够以数据的形式在计算机之间进行传输。这样,原本由少数计算机所拥有的资源就能通过计算机网络,变为大家都拥有,极大地提高了数据资源利用率。资源共享是建立计算机网络的根本目的,是计算机网络为信息社会作出的重要贡献。

独立性是指计算机网络系统中的计算机相互之间没有联系,互不影响。在计算机网络中,任何一台计算机何时上网、何时退出网络、何时关机、运行何种程序,都不会对其他计算机造成影响;网络中的任何一台计算机也不受其他计算机的影响。

与计算机网络系统独立性可以作对比的是分布式计算机系统。分布式计算机系统是在分布式计算机操作系统支持下,进行并行计算和分布式数据处理的计算机系统;其要点是系统中的计算机以互相协调的工作方式,共同实现系统功能。

在分布式计算机系统中,系统的总功能被分解成一系列子功能,并分配给不同计算机来完成。每台计算机担负系统分配的部分功能,是相互联系、协调、有分工的,即不独立的。如银行系统的柜员机只负责存款、取款;超市收款机只负责收银。这些特殊的计算机负责实现整个系统的部分特殊功能。这些计算机不工作,它们负责的功能就无法实现,整个系统功能必然受到影响。

但分布式计算机系统与计算机网络系统在计算机硬件连接、拓扑结构、通信、控制方式等方面基本一样,都具有通信和数据传输等功能,两者之间的界限越来越模糊。除了需要严格区分的场合,一般人们就把分布式计算机系统看作计算机网络系统。

1.1.2 计算机的连接方式

网络中的计算机不论在性能、价格上有多大的差异,在网络中的地位是平等的,都能够提供或索取信息,且网络中的任意一台计算机都能够在需要的时候和任意另一台计算机连接起来。因此，网络中的任意两台计算机之间必须有连接通道。

在早期，网络中的计算机数量较少时，可以采用将计算机两两相连的直接连接方式，如图 1-1 所示：

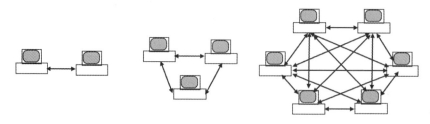

图 1-1　计算机直接连接示意图

直连方式需要的连线数量为 $C_n^2 = \frac{1}{2}n(n-1)$，与 n 的平方成正比，n 为计算机数量。随着网络规模的扩大，网络中计算机数量越来越多，连线数量太多，直连方式难以为继。为此，网络采用交换机(或者具有交换功能的通信设备)连接方式。在当时，交换机连接方法已经广泛应用于电话网络，并非新技术。采用交换机技术构建网络，计算机连接在交换机上，任何两台计算机的连通，由交换机根据连接需要自动相互连通来完成。交换机连接方式以及与之对应的网络逻辑图如图 1-2 所示，其中右边的逻辑图形象地表示了组成计算机网络的三种主要元素：通信设备、通信链路和计算机。

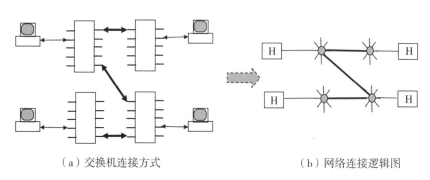

（a）交换机连接方式　　　　　　　　　　（b）网络连接逻辑图

图 1-2　通过交换机连接构成的网络

如图 1-3 所示，在计算机网络逻辑图中，交换机等通信设备用圆圈表示，称为"节点"。连接通信设备的"通信链路"用粗线表示，同一条通信链路连接的两个节点互为"相邻节点"，图 1-2 中的 H 表示与通信设备相连的计算机(或称主机，Host)。在大部分情况下，H 会被省略掉，只剩下一条小短线表示一台连接的计算机。随着网络规模的扩大和网络结构的变化，这样的小短线不仅连接一台计算机，还可以连接一个属于下一级的子网络。因此，小短线通常理解为连接到交换节点的一个"连接"。

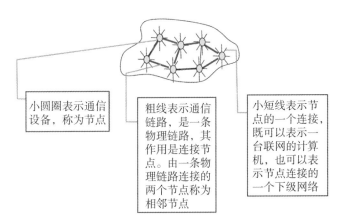

小圆圈表示通信设备，称为节点

粗线表示通信链路，是一条物理链路，其作用是连接节点。由一条物理链路连接的两个节点称为相邻节点

小短线表示节点的一个连接，既可以表示一台联网的计算机，也可以表示节点连接的一个下级网络

图 1-3　网络逻辑图中各种符号的意义

1.1.3　计算机网络在信息时代的作用

信息时代体现在数字化、网络化、信息化技术与设备的大量出现和应用，其中网络化是基础，信息时代各种技术和设备都建立在网络物质基础之上。网络又包括电信网络、有线电视网络和计算机网络。电信网络就是电话网，在"三网"中出现最早，主要功能是传送语音信息。有线电视网络传送视频图像、语音。计算机网络出现最晚，主要功能是传送数据。在数字化时代，语音和视频图像都可以用数据来表示，因而计算机网络可以取代电信网络和有线电视网络。三网中发展最快、起核心作用的是计算机网络。所谓的三网合一是指将电信网络、有线电视网络合并到计算机网络中来，或者说，只建计算机网络，用计算机网络来实现原电信网络和原有线电视网络功能。

计算机网络在信息时代发挥着巨大的作用，人们在生活、工作、学习等诸方面已经离不开计算机网络。计算机网络是工具，是人类创造的众多工具中的一种，它不是一种普通的工具，而是应用广泛、能力巨大且越来越重要的工具，在绝大部分行业中会遇到和使用。只有尽早学习它、了解它、掌握它、应用它，计算机网络才能在今后的工作中发挥巨大作用。

1.1.4　计算机网络的类别和性能指标

分类首先要确定分类标准。如果按照网络覆盖的地理范围来分，计算机网络可以分为局域网、城域网和广域网。局域网的覆盖范围局限于一个单位；城域网的覆盖范围局限于一个城市；广域网的覆盖范围超过城域网。按照不同使用者来分，可以分为公用网和专用网。公用网针对所有大众，任何经过注册的用户都成为合法用户，能够使用该网络。专用网属于一个圈子(企业、公司、大学或某个政府部门)，针对特定人群，只有在圈内的用户能够使用网络。专用网与公用网的重要区别在于 IP 地址性质不同，专用网使用仅在本网络内能够使用的本地 IP 地址，公用网使用在整个互联网中都认可的全球 IP 地址。

计算机网络作为一个具体的物理系统，可以用指标、参数来衡量其性能。常用的性能指标如下：

3

1）数据传输率

数据传输率是网络在单位时间内传输的比特数量。

这是一个网络传输实时速率参数，反映了某个具体时刻计算机网络被测位置的数据传输实时速度。网络中的各种信息都是用二进制数 0 和 1 的组合来表示，一个二进制数称为一个比特（bit），一种具体的信息可以用若干个比特组成，网络传输信息的基本任务就是传输由 0、1 组成的比特字符串。

2）最大数据传输率

最大数据传输率是数据传输率所能达到的最大值，是反映通信系统传输能力的指标。

用客车来做类比，最大数据传输率相当于客车额定载客量，数据传输率相当于客车某次实际运输过程中的载客量。额定载客量是客车的一项指标，是固定不变的。而每次的实际载客量是变化的，并不能反映客车的能力。在符合规定的前提下，客车的实际载客量不能超过额定载客量。

3）带宽

带宽是通信设备能够传输的信号最高频率与最低频率的差值。

计算机网络是一种庞大的通信系统，和一般通信系统一样，计算机网络也存在带宽参数，是体现网络性能的一个指标。常说的百兆网、吉比特网都是从带宽这一指标来描述网络的。带宽指标之所以重要，是因为在实际应用中，认为带宽和通信设备的最大数据传输率相等，从而直接体现了通信系统的数据传输速度。例如，百兆网被认为每秒钟能够传输100M 比特的数据量、吉比特网被认为每秒钟能够传输 1000M 比特的数据量。带宽和最大数据传输率两个指标常常混用，因为两者被认为相等，对于设备制造者而言，偏重带宽，对用户而言，偏重最大数据传输率。

4）吞吐量

吞吐量是指对网络、设备、端口、虚电路或其他设施在单位时间内成功传送数据的数量，数据数量可以用比特、字节、分组等多种数据计量单位进行描述。

5）时延

时延是指数据从源端到目的端所需要的时间，包括发送、传播、处理、排队时延，即：

$$时延 = 发送时延 + 传播时延 + 处理时延 + 排队时延$$

计算机网络以数据帧为单位进行传输，通过设备端口发送和接收数据帧。帧是一种数据格式的规定或定义，一个数据帧是一个用帧格式组合成的数据组。在传输的过程中一个数据帧表现为一个二进制数据队列形式，数据帧的传输是以队列中每一个比特依次传输的方式进行。

发送时延是数据帧从第一个比特到最后一个比特离开发送端口所需要的时间。

传播时延是数据帧最后一个比特从离开发送端口到进入接收端口所需要的时间，是数据在传输介质中所经历的时间。

一个数据单元被一个节点发往下一个节点之前，需要进行数据检查、路由选择等多种操作，这些操作所需时间就是处理时延。

如果一个节点中需要处理的数据帧有多个，就必须排队等待处理。一个数据帧从加入排队队列到开始得到处理所需要的时间就是排队时延。

6）时延带宽积

时延带宽积是指网络通道所能容纳的比特数，是衡量网络数据传输综合能力的指标。

7）往返时间

往返时间是指从源主机传输到目的主机再传回源主机所需要的时间，一般被认为是两倍的时延。

8）利用率

利用率是指网络被利用的时间，包括信道利用率和网络利用率。

9）抖动

抖动就是延迟时间变化量。

网络的状态随时都在变化，有时候数据传输流量大，有时候流量小。当流量大的时候，许多数据帧就必须在节点的队列中排队等待。不同数据帧从源端到目的端的时间不一定相同，这个不同的差异就是抖动。抖动越大，表示网络越不稳定。

10）网络丢包率

网络丢包率是数据包丢失的数量与所传数据包总数的比值。

从网络层的角度看，被传输数据是被分成一个个数据包、并以数据包为单元进行传输。作为传输单元的数据包在传输时总会有一小部分由于各种原因而丢失，而大部分数据包能够通过网络传输到达目的终端。

1.2　计算机网络的产生与发展

计算机网络的发展可分为四个阶段：①网络的萌芽阶段。在该阶段，计算机技术与通信技术相结合，形成计算机网络的雏形。②网络形成阶段。在该阶段，不仅出现了实际的网络，还形成了完整的计算机网络技术理论体系，从而形成了计算机网络学科。③网络的标准化阶段。推动网络发展的根本动力是资源共享，为了在更大范围内实现资源共享，首先必须将分属于不同单位的物理网络互联起来。为了实现多个网络在逻辑上的互联互通，每个网络都必须用同一个标准来建设。该阶段的主要标志是提出了建设网络的标准模型，各个单位的物理网络都依照标准模型进行建设，便于网络间互联互通的实现。④网络的大发展阶段。计算机网络向互联、高速、智能化方向发展，并在各行各业都获得广泛应用。目前正处在这个阶段。

1. 第一阶段：计算机网络雏形

早期的计算机十分昂贵，数量很少。为了使多个用户能够同时使用一台计算机，计算机系统通常是由一台主机带多台终端（如图 1-4 所示），多个用户在终端上以共享的方式共同使用主机。终端由主机完全控制，不同终端之间可以通过主机进行信息交流。从物理结构上来看，主机带多个终端与图 1-3 中一个通信节点（圆圈）带多台主机（短直线）十分相似。但是终端没有 CPU，不具备数据处理功能，不是智能设备或计算机，因此主机带多个终端的结构系统不符合计算机网络的定义，只能说是网络的雏形。

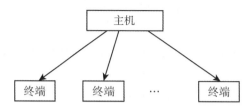

图 1-4　早期计算机系统物理结构

　　主机一般放在恒温恒湿无尘的主机室内，终端放在一个或几个计算机教室或工作室中。终端是用户输入输出接口，通常是一台显示器和一个键盘，键盘用于输入程序和数据，显示器用于输出程序运算结果。所有的用户通过各自的终端共同使用一台计算机。主机是整个计算机系统的控制中心，负责接收所有终端输入的用户指令、运算并向终端返回运算结果。主机要负责运算和通信工作，还要管理系统所带的磁带存储机、打印机等附属设备。和运算相比，通信工作效率极低。这是因为通信本身就是双方的事情，需要双方配合共同完成。按照通信规程，双方一般先联络，再作好数据传输与接收准备，最后才能进行数据传输。如果一方还未作好准备，另一方必须等待。相对而言，数据实际传输时间很短，一瞬间就能完成，但实际通信前的等待时间很长。等待是通信机制中必不可少的阶段，也是降低通信效率的主因，主机在等待阶段不能进行其他操作，频繁的等待导致主机宝贵的 CPU 时间资源浪费极大。

　　为了避免主机 CPU 时间资源的浪费，采用一台主机+一台辅机+多台终端的计算机系统结构，如图 1-5 所示。

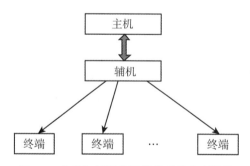

图 1-5　主机加辅机的计算机系统物理结构

　　辅机负责收集和分发各个终端的数据，定期与主机交换数据。辅机是低档计算机，辅机的 CPU 时间资源便宜，不怕浪费。有了辅机的加入，主机只需要在约定的时间从辅机接收用户指令、程序、数据，向辅机发送程序运行结果，不再需要等待或等待时间大幅度减少。这种结构将主机等待时间转化为辅机等待时间，节省主机 CPU 时间资源，实现了计算机(主机)与计算机(辅机)之间的连接与通信技术。

　　既然解决了计算机之间的连接通信技术问题，不同计算机系统之间也能够实现数据交换。于是，出现了图 1-6 所示的连接方式，该图表示的就是世界上第一个正式的网络：美国的 ARPAnet。最早的 ARPAnet 只有 4 个节点，每个节点由一个计算机系统组成，节点之间彼此相距几百甚至上千千米。要说明的是，ARPAnet 中的节点是一台计算机，连接的是若干终端，而现在所说的网络节点是一台通信设备，连接的是若干台计算机。ARPAnet 的出现，标志着计算机网络技术发展到了计算机网络形成阶段。

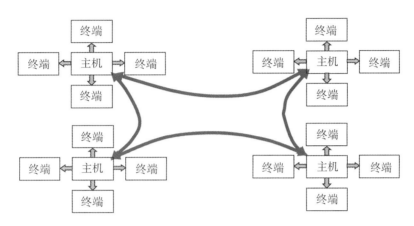

图 1-6 利用计算机之间的连接与通信技术将不同计算机系统连接起来

2. 第二阶段：计算机网络形成

ARPAnet 是第一个计算机网络，它标志着计算机网络时代的开始。美国军方 1969 年开始发展的 ARPAnet 用于军事目的，主要是为了在战争环境下，保持通信的畅通，成果颇为丰富。ARPAnet 不仅实现了战争环境下通信畅通的初衷，还实现了电子邮件（E-mail）、文件传输（FTP）、远程登录（Telnet）等现有计算机网络的基本功能，成为互联网的雏形。保持通信畅通的基本要求是线路中断不能导致通信中断，甚至通信双方都不会感觉到线路中断，这是电信网不能做到的。电话因任何原因中断后，通信立即中断，需要重新拨号建立连接。但在战争环境下，中断的时间不能太长，因此，当时的电信系统不能满足美国军方的要求。ARPAnet 采用分组交换方法成功地避免了线路中断对通信的影响。

ARPAnet 是计算机网络技术发展的一个重要的里程碑，它不仅建立了一个真实的计算机网络，还对计算机网络理论体系的形成作出了贡献。表现在以下几个方面：

（1）完成了对计算机网络的定义和分类；

（2）提出了资源子网、通信子网的两级网络结构的概念；

（3）形成了报文分组交换的数据交换方法；

（4）采用了层次结构的网络体系结构模型与协议体系。

随着 ARPAnet 研究成果的公布，受到启发的各大计算机公司、研究机构开始研究网络技术，建设自己的计算机网络。如美国加利福尼亚大学劳伦斯原子能研究所的 OCTOPUS 网、法国信息与自动化研究所的 CYCLADES 网、国际气象监测网（WWWN）、欧洲情报网（EIN）等，同时还出现了一些研究试验性网络、公共服务网络、校园网以及网络协议等研究成果。这一阶段的特点是遍地开花、各自为政，即出现了很多计算机网络，但是网络之间采用的结构、技术、协议等各不相同，无法互联。

与美国军方网络的目的不同，民用网络的建设目的是资源共享，即能够方便、快捷地从其他计算机获得所需要的信息。显然，网络规模和范围越大，连接的计算机越多，网络能够提供的信息种类和数量就越多，越有利于资源共享。但不同网络系统之间的差异，导致了网络互联的困难，阻碍了更大范围的资源共享。为了将各个独立的网络互联起来，必须建立一套标准，各个计算机网络都按照同一标准进行建设。

3. 第三阶段：开放式标准化网络

国际标准化组织（ISO）于 1977 年成立了专门机构，正式制定并颁布了"开放系统互联基本参考模型"（Open System Interconnection /Reference Model，OSI/RM）。20 世纪 80 年代，ISO 与 CCITT 等组织又为该参考模型的各个层次制定了一系列的协议标准，组成了一个庞大的 OSI 基本协议集。而首先应用在 ARPAnet 上的 TCP/IP 协议也经过不断地改进与规范化，广泛应用在互联网上，并由于互联网的广泛应用而成为事实上的工业标准。这样就出现了 OSI 和 TCP/IP 两个标准。经过一段时间的竞争，TCP/IP 模型在全球得到了广泛的应用，OSI 模型在网络理论的学习和研究中也得到了应用。

4. 第四阶段：互联网时代

美国政府看到计算机网络巨大的应用前景，决定将其由军用转为民用，将 ARPAnet 技术转交给国家科学基金委员会（NSF）。

美国国家科学基金委员会在 ARPAnet 的基础上，于 1986 年开始建设基于 TCP/IP 协议的 NSFnet。它的目的是发展实现信息共享的技术，属于民用性质，在科研与教育部门研究、应用，技术不保密，这极大地推动了网络技术的发展。

20 世纪 90 年代初，美国政府和美国国家科学基金委员会把 NSFnet 转交给美国三家最大的电信公司，三家公司共同组建非营利组织 ANS，在 NSFnet 基础上建立 ANSnet，目的是把成熟技术实用化、商业化。这促使网络技术走出象牙塔，走向社会各个领域。现有的互联网是各种网络与 ANSnet 互联形成的。

目前正在研制新一代互联网，特点是速度极大提高，应用极其方便和广泛，IP 地址由 32 位变成 128 位，地址空间几乎无限。

1.3 计算机网络体系结构

1.3.1 体系结构概念

体系结构描述一个体系由哪些部分组成，各部分之间的连接关系，以及各部分之间如何协调工作。

如果体系是指一个系统，则各个部分就是组成系统的子系统。各个子系统完成各自的功能，所有子系统的功能之和就是整个系统所要完成的功能。

工厂中常见的流水线就是一个简单的设备装配体系，流水线的每个工位就是装配体系中的一个子系统。每个工位完成指定零件的装配工作，经过整个流水线，一台设备就装配完毕了。

之所以说流水线体系简单，是因为每个工位只与自己的相邻工位有关。每个工位从上一个工位承接设备，完成自己的装配零件，向下一个工位传递设备，就完成了本工位的工作。

计算机网络体系结构类似于流水线体系结构，图 1-7 所示就是著名的 OSI 计算机网络模型结构图。源主机 A 应用层从应用程序接收数据后，经过主机 A 的表示层、会话层、运输层、网络层、数据链路层、物理层后通过网络将数据传输给目的主机；目的主机 B 物理层接收到数据后，通过主机 B 的数据链路层、网络层、运输层、会话层、表示层、应用层，将数据传输给主机 B 上的应用程序，就完成了数据的传输。

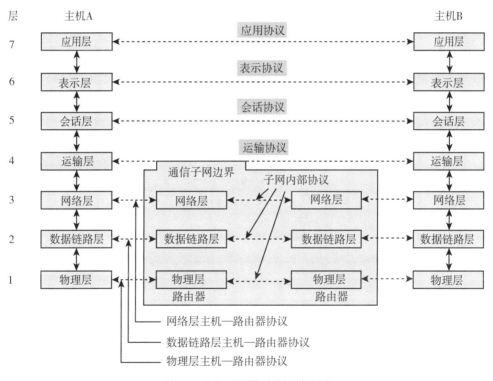

图 1-7　OSI 网络模型分层结构图

每个层都是网络体系中的一个子系统，每个层都会根据网络体系的要求(具体而言，就是图中各种协议要求)对数据进行必要的处理，每个层都只与自己的上下层有联系。因此，每个层的工作只有两件：①完成与相邻层之间的数据传输，②按照协议要求完成对数据的处理。

计算机网络体系要比一般的流水线体系复杂得多。用于设备装配的流水线有以下特点：

（1）每次传输的设备类型都是一样的；

（2）设备从源头到终点的传输路径是固定不变的；

（3）流水线是事先布设好的。

与之相对应，计算机网络体系有以下不同：

（1）每次传输的数据文件从类型到大小都是不一样的，需要计算机网络体系进行必要的处理；

（2）从源主机物理层到目的主机物理层的数据传输是通过网络完成的，也就是数据传输路径是变化的，需要计算机网络体系进行传输路径的选择；

（3）以应用最广的互联网为例，互联网是由不同国家、不同地区、不同单位的各不相同的物理网络互联而成。各层如何处理数据、网络如何选择路径、如何在不同的物理网络之间传输数据，构成了计算机网络体系的主要知识内容。

1.3.2　网络分层

如图 1-7 所示，计算机网络体系结构是分层结构，所有子系统都以上下层的方式排列。分层结构是 ARPAnet 首先采用的计算机网络体系基本结构，分层的好处是子系统之间的连接关系最简单，每个层（子系统）只需要与自己本地的上、下层以及异地的同层共三个子系统建立联系即可（如图 1-7 中每个分层的箭头连接线所示），从而大大简化了计算机网络系统内部的相互关系。

在分层结构下，系统的功能划分成若干个容易实现的子功能，并因此而确定对应的子系统，子系统之间的连接关系也很容易确定。下面以大家都很熟悉的、同为分层结构的现代邮政系统为例，说明在分层结构下，子系统之间连接关系的确定方法。

现代邮政系统如图 1-8 所示，它由三个子系统组成，分成三个层次，每个层次做好自己的工作就能够完成信件或包裹的传递。

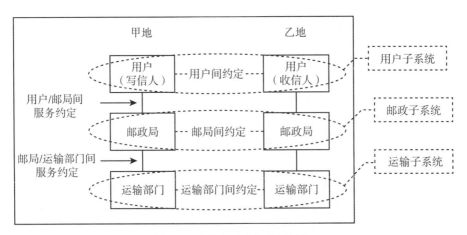

图 1-8　现代邮政系统分层结构

分层结构使每个子系统的功能都得到简化，功能实现容易。对于用户而言，发信人只需要找到邮筒将信件投入其中，收信人只需要定期检查自己的信箱收取信件。这比古代的飞鸽传书、找到合适的人捎信等信件传输方式要简单得多，也大大提高了可靠性。对于邮政系统而言，发送方只需要将所有邮箱的信件收集齐，进行分拣，将同一传输方向的信件放入邮袋，交给运输部门；接收方收到邮袋后，根据接收单位分拣，将分拣的信件交给单位传达室；传达室根据收信人将信件投入信箱；运输部门只需要将邮袋交给连接不同地区的运输系统。

结构图中的每个分层实体只与相邻的分层实体有联系，有联系的实体之间必须遵守它们之间通信的明确的或隐含的约定。以用户子系统为例，一般用户之间必须使用相同的语言(隐含的约定)，保密单位之间如果使用密码通信，则必须事先约定编码、解码方法。用户与邮局之间也有约定，如使用标准信封、写正确合规地址、贴足邮票、找到邮筒投入等。不相邻的实体之间没有直接联系，例如用户并不知道自己的信件是由哪趟列车送到目的地。

进一步分析，异地同层实体之间的约定与本地上下层之间的约定有所不同。在结构图中，同层实体之间的约定方向是水平的，上下层之间的约定方向是垂直的。水平方向的约定是双方通过事先商量确定的，是双方共同遵守的；垂直方向的约定是下层为了更有效地实现对上层的服务而规定的。下层是为上层服务的，如邮政系统是为用户提供邮政服务的，运输系统为邮政系统提供邮件传输服务。而上层要获得下层的服务，必须通过下层所规定的窗口，满足下层作出的服务规定。

现代邮政系统给出了如下启示：

(1)异地的两个系统分层划分必须一致，双方存在对等的、可以交往的独立实体。

(2)不论是在异地同层还是在本地上下层之间，信息交流都是双方的事，必须在信息交流的两个实体之间建立必要的约定、规范(协议)，以保证双方不产生歧义。

(3)实体只与本地上下层实体以及对方的同层实体存在信息交流，只要按照实体之间的约定完成相应的工作，因而实体的工作变得简单。

(4)同层交流是双向的，上下层之间的交流不是双向的。例如，甲乙两地的用户都可以给对方写信，也都可以接受对方的来信；而只有用户去找邮局，邮局不会来找用户。

(5)下层为上层服务，同时下层为上层提供了服务接口，确定了规范要求(约定)；上层在服务接口处满足了下层的要求，才能得到下层的服务。

1.3.3 计算机网络协议与服务

计算机网络系统借鉴了现代邮政系统的思想，将整个系统以分层的方式划分成若干个相对简单的子系统(独立实体)，每一个独立实体都有各自的功能，完成各自的任务；每一个实体只与对方的同层实体以及本方的上下层实体打交道；相应地，在异地同层实体之间，以及本地上下层实体之间需要作相应的约定。

计算机网络体系结构一方面描述了计算机网络系统层次的划分，并精确定义了系统各个层次需要完成的功能；另一方面，在同一系统上下相邻层次实体之间和不同系统同一层次实体之间(也就是有连接关系的任何两个实体之间)确定了双方通信所需要的协议，构成与层次划分结构相适应的一个协议集。

将网络系统划分成多个层次实际上是将一个完整的、复杂的系统划分成多个相对简单的容易实现的子系统。同时，层次划分子系统方法将网络系统要实现的功能转化成若干个步骤的子功能，每个子系统都完成其中一个步骤对应的子功能。这样的分层带来了如下好处：

(1)各层之间是独立的。整个系统划分成几个相对独立的层次，实现了复杂系统模块化。只要层次之间的接口关系满足公共协议要求，每个独立实体内部可以采用自己想用的任何方法完成本实体的任务，实现本层次的功能。这样，整个系统的复杂程度就下降了，系统的建立也简化了。

(2)灵活性好。任何一层发生改变，只要不破坏原有接口处的连接关系，就不会影响整个系统。因此，在满足协议接口关系的前提下，可以采用新技术、新方法、新工艺对每个层次进行技术升级和改造，也可以用新的独立实体替换原有的独立实体。

(3)易于实现和维护。这种结构实现了大系统的模块化，使得实现和调试一个庞大而复杂的系统变得易于处理。

(4)能促进标准化工作。因为每一层的功能以及所提供的服务都已有了精确的说明。

网络体系分层后，每一个分层都是一个子系统，是一个独立实体。每一个独立实体都与异地同层的独立实体和本地上下层独立实体有连接和数据交换的通信关系，网络系统中计算机通信变成了独立实体之间的数据交换。两个独立实体之间要实现通信，必须遵循统一的信息交换标准或规范(约定)，这些标准或规范就是协议。有连接关系的任意两个实体之间都存在一个协议，整个系统就存在多个协议，将一个计算机网络分层模型的所有协议集合称为协议集。每个协议存在于两个实体之间的连接线上，具有位置属性。如果将计算机网络分层模型比作书架，那么协议就是书架上摆放的书。每个协议依实体在分层模型中的位置而处在协议集中的一个固定位置，像书架上的书一样摆放有序。因此，协议集又称为协议栈。

所有实体之间的约定分为"水平方向""垂直方向"两类。异地同层实体之间信息交流方向是水平的，水平方向的通信约定称为"协议"；本地系统中相邻上下层实体之间信息交流方向是垂直的，垂直方向的通信约定称为"服务"。

协议和服务都是通信约定，但它们有所不同。同层实体之间采用相同的协议，两个实体是对等的，通信是双向的。上下层实体是不对等的，他们之间的关系是下层为上层提供服务，上层向下层传输的是服务要求和指令，下层向上层传输的是服务结果。水平实体之间采用相同的协议，上下层实体之间通过服务接口传递信息。

服务(Service)这个术语在计算机网络中是一个非常重要的概念。服务就是网络中各层向其相邻上层提供的一组操作，是相邻两层之间的接口。分层设计方法将整个网络通信功能划分为垂直的层次集合。在通信过程中，下层向上层隐藏其实现细节，这意味着对于每一个独立实体，只需要关注下层服务接口的具体约定要求，至于下层是如何运作、如何实现的，都不用关心。同时，每个实体也根据自己的运行机理为自己的上层提供服务，不必向上层告知自己的实现细节。每个实体真正地"独立"了，所需要考虑的就是如何从上层得到发送数据或向上层提交接收数据，如何根据本层协议要求处理数据，如何利用下层服务发送数据或从下层服务中得到接收数据。

值得注意的是，独立实体不一定要由硬件实现，它也可以是一系列的软件。我们常用的上网计算机，相关的网络硬件只有网卡，实际上只有物理层和部分数据链路层的功能是在网卡硬件上实现的，其他各个实体的功能是由软件实现的。

1.3.4 两个网络分层模型

在标准模型出现之前，各个网络建设单位都有自己的网络设计模型，按照自己的模型建立了网络。不同模型之间存在层次划分数量的不同和层次功能的差异，导致一个系统中的实体无法在另一个系统中找到功能完全相同的对等实体，使得不同的网络无法互联。网络标准化是指各个网络建设单位必须依照"同一模型"建设网络，同一模型就是标准。采用哪一家的模型作为标准？标准之争向来存在巨大的商业利益，因而竞争激烈。结束标准之争，需要权威机构或超强者。国际标准化组织(ISO)自然是标准方面的权威，它推出了OSI 网络体系结构标准。另一方面，ARPAnet 作为世界上第一个网络先行者，在技术方面是超强者，它在 ARPAnet 使用的是 TCP/IP 网络体系结构。

1. ISO/OSI 参考模型

OSI/RM 模型是国际标准化组织提出的开放式系统互联参考模型。OSI 参考模型是研究如何把开放式系统(即为了与其他系统通信而相互开放的系统)连接起来的标准。OSI 模型主机部分共分为 7 层(如图 1-7 所示)，它详细地描述了一个计算机网络模型，用这个模型可以很好地讨论计算机网络。但由于 OSI 模型太细、太复杂，执行效率低、不实用，因而并未流行起来。

2. TCP/IP 体系结构

TCP/IP 分层模型也被称为互联网分层模型或互联网参考模型。TCP/IP 模型及其两个主要协议(TCP 协议和 IP 协议)就是为多个网络无缝连接而设计的。TCP/IP 模型的层次结构与 OSI 模型有所不同，它由网络接口层、互联网层、传输层和应用层组成(如图 1-9 所示)。

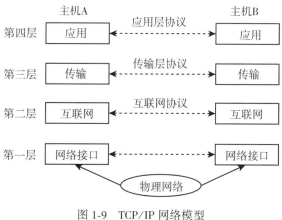

图 1-9　TCP/IP 网络模型

TCP/IP 模型层次划分并不分明，在上下层实体之间无法设置符合实际情况的连接线，原因是该模型允许高层直接调用最底层，不符合分层原则。这是因为 TCP/IP 模型是先有经过实践摸索逐步形成的网络，后在实际网络的基础上经过总结、理论提升后形成的，一些情况木已成舟无法改变。但 TCP/IP 模型效率高且实用，因而被广泛应用。TCP/IP 协议从未宣称自己是标准，但对于任何一个要求连接互联网的物理网络，必须安装、运行 TCP/IP 模型模块，才能实现与互联网的连接。因此，TCP/IP 模型成为事实上的国际标准。

1.3.5　五层体系结构

OSI 模型和 TCP/IP 模型都有自己的优缺点。为了便于研究，学术界将两个模型进行综合，形成一个五层模型(如图 1-10 所示)。和前两个模型不同的是，这个模型仅仅是理论性的，在实际中并不存在，实际存在的模型只有 OSI 模型和 TCP/IP 模型。但五层模型对于研究和说明相关理论十分方便。

从图 1-10 中可以看到，主机的层次结构与通信子网中节点的层次结构是不一样的(OSI 模型也是如此)。主机层次模型有五层，通信节点的层次模型只有三层，与主机层次模型的下三层相同。通信节点层次模型缺乏运输层和应用层，这是因为任何数据，不论其原来是语音、图像、视频还是文本，在传输过程中都被整合成形式一致的数据包作为数据传输单元，通信子网只管对数据包进行传输，因而只需要下三层；而在主机中，不仅涉及数据传输问题，还要进行数据组织、管理、处理、应用，因此需要高层功能的参与，才能还原传输数据的语音、图像、视频或文本的本来面目。

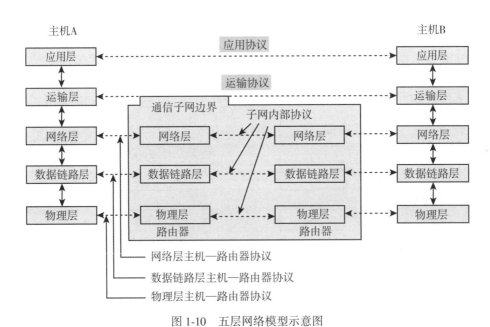

图 1-10　五层网络模型示意图

主机 A 是源主机，是发出数据的计算机；主机 B 是目的主机，是接收数据的主机。

图 1-10 只画出了两个代表网络组成单元的节点。与主机 A 相连的节点是源节点，它是将源主机连入计算机网络的节点；与主机 B 相连的节点是目的节点，它是将目的主机连入计算机网络通信子网的节点。通信子网中的节点只含有物理层、数据链路层、网络层，通过网络中大量的中间节点将源节点和目的节点连接起来(如图 1-11 所示)，在源主机和目的主机之间建立数据传输通道。

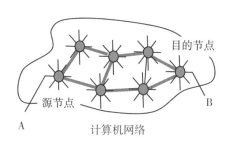

图 1-11　进程之间数据传输要解决的问题

计算机网络体系结构描述了计算机网络系统划分成多少个子系统，每个子系统的功能是什么，各个子系统之间如何交流、联系、协调，以共同完成系统总功能。下面介绍五层体系结构中下层为上层提供的服务、子系统的功能以及子系统之间的协调关系。

1. 各层提供的服务

首先明确一点，直接使用网络的是进程而不是人，人只是通过进程(如浏览器、邮件软件等)间接使用网络。进程简单理解就是运行的程序，静止的程序只是一段文本数据，只有运行的程序才能在计算机的世界中发挥出程序的作用。所以在图 1-10 所示的网络模型之上还分别存在两个应用进程，主机 A 上有一个应用进程 A 要将数据发给主机 B 上的应用进程 B，整个网络体系就是为应用进程 A 向应用进程 B 传输数据而工作。

应用层为上层的应用进程准备了接口，应用进程要使用网络传输数据只需要找到接口、遵循接口要求、向接口发出数据。对于应用进程而言，该接口就是网络，而不必关心网络内部具体结构和运行机理。

五层体系结构主机部分共分为五层，通信子网节点分为三层，每个层次的子系统只与异地同层子系统以及本地上、下层子系统存在联系，其中本地的上、下层关系是下层为上层提供数据传输服务。在分层体系结构的计算机网络中，数据传输都是这样进行的：

(1)源端的上层实体将数据通过接口交与下层；

(2)下层按照本层次的协议要求，将接收的数据处理成本层次的数据传输单元(DTU)；

(3)同层次的源实体能够通过网络将数据传输单元传输给目的实体；

(4)目的实体按照本层次的协议要求，对数据传输单元进行处理，还原数据，并将数据通过接口交与目的端的上层实体。

这样，上层两个实体之间依靠下层提供的数据传输服务功能就完成了两者之间的数据

15

传输。

应用层对应用进程提供的服务是：从数据发送进程接收数据和指令，按照指令要求对数据进行处理，通过网络将数据发往指令所指定的数据接收进程。过程就是源端应用层接收源应用进程交与的数据，通过网络将数据传输给目的端应用层，目的端应用层将接收数据处理、还原后交与目的应用进程。

应用层两个独立实体之间没有直连通道，只能通过下面的运输层实体所提供的服务来完成自己的任务。运输层对应用层提供的服务是：完成进程间的数据报文传输。对于应用层而言，两个应用层实体之间的数据传输工作是由运输层完成的。发送端运输层必须把应用层交与的数据组合成报文，以便接收端运输层实体能够识别、处理数据。报文是运输层的数据传输单元，其传输过程按照运输层协议要求进行。

运输层实体之间同样没有直连通道，只能通过下面的网络层所提供的服务来完成自己的任务。网络层为运输层提供的服务是：在源主机和目的主机之间完成数据包传输，即运输层实体之间的数据传输工作是由网络层完成的。数据包是网络层的数据传输单元。

网络层实体之间也没有直连通道，只能通过下面的数据链路层所提供的服务来完成自己的任务。数据链路层为网络层提供的服务是：在相邻节点之间完成数据帧的无差错传输。数据帧是数据链路层的数据传输单元。

这里要注意的是，源主机和目的主机多数情况下并不相邻，源主机和目的主机是通过若干个中间节点牵线搭桥而连接起来的。在这条连接路线上，中间节点依次组成相邻关系，由相邻的数据链路层实体沿着连接路线一段段地向目的主机传输数据包，直到数据包到达目的主机。因此，一次网络层数据包传输服务由多个节点的数据链路层经过多次数据链路层传输服务而最终完成。选择哪些中间节点由网络层根据网络的动态现状和路由协议决定。如何选择，将在相关章节详述。

相邻节点的数据链路层实体之间没有直连通道，只能通过下面的物理层所提供的服务来完成自己的任务。物理层为数据链路层提供的服务是：在相邻节点之间完成比特流传输。数据链路层下传的数据帧是具有某种数据格式的一个数据单元，物理层忽略其内涵数据格式，将数据单元以比特为单位进行数据排队，然后按照排队顺序一个比特一个比特地进行传输。数据排出的队列叫作比特串，又因为比特在不断传输，该队列是动态流动的，因此称为比特流。物理层是以比特流形式在相邻节点之间传输数据。

2. 各层功能介绍

由上述介绍可以看到，每个层次实体既向上层提供服务，又向下层索取服务。向下层索取的服务，其相应功能由下层完成。因此，向上层提供的服务减去向下层索取的服务，就是每一层实体本身所要做的事情，也就是每层实体的功能。

1）应用层（Application Layer）

应用层是网络用户的窗口，为进程提供的服务是：接收用户数据和指令，按照指令以及本层的协议要求对数据进行处理，按照指令确定的目的地，将数据发往接收进程。其中，数据传输工作调用下层传输层提供的服务来完成。因此，应用层的功能是：接收用户数据和用户指令；对数据进行处理；向用户反馈信息；调用传输层网络服务。

2）传输层（Transmission Layer）

传输层的功能是：接收应用层传输数据，并包装为报文；调用网络层数据传输服务传输报文；对传输数据进行检错和纠错。

传输层提供了两种服务：TCP 服务和 UDP 服务，应用层可以选择其中一种。对于 TCP 服务，传输层需要按照网络层的要求首先将传输数据划分成大小合适的若干个数据单元，对每个数据单元调用网络层服务进行传输。UDP 服务则不划分上层数据，UDP 数据单元的大小由应用进程进行划分。

3）网络层（Network Layer）

网络层的功能是：源端网络层接收传输层数据单元并包装成数据包（又称为报文分组，IP 数据报）；根据数据包的目的地址选择最佳传输路径；根据最佳路径方向调用数据链路层在相邻节点之间进行数据帧传输服务传输数据包。

网络层需要在网络中找出一条连接源节点和目的节点的最佳通道，并通过这条通道将源主机发出的数据包传输到目的主机，从而完成源主机到目的主机的数据包传输。最佳通道可以由源主机网络层根据目的地址一次性确定并记录下来，所有的中间节点根据记录路径传输数据包。也可以采用看一步走一步的方式，由所有的节点网络层（包括主机、路由器在内的每个节点都有网络层）根据目的地址确定最佳的下一步路径。在边看边走方式下，数据包走完整个通道后才能确定完整的最佳通道。边看边走确定最佳路径的方式是互联网网络层采用的基本方式。

4）数据链路层（Datalink Layer）

数据链路层的功能是：接收网络层数据包并将其封装成数据帧；按照网络层选择的最佳路径，调用物理层比特流传输服务从与最佳路径对应的端口向相邻节点发送数据帧；相邻节点检查收到的数据帧，若无传输错误则剥离出数据包，交给上层网络层。

数据链路层在相邻节点之间实现了无差错的数据帧传输。只有无差错的数据才会上交，有差错的数据被数据链路层丢弃，因此网络层能收到的数据都是正确的。丢弃数据帧会导致数据丢失，数据丢失是计算机网络数据传输中常见的一种错误，丢失数据的错误由传输层或应用层来解决。

5）物理层（Physical Layer）

物理层的功能是：在相邻节点之间进行比特流传输。物理层传输的数据单元是比特流，传输起点和终点是相邻节点上的两个物理层实体。

在计算机系统中有各种形式的信息，不管信息以何种面目出现，在计算机系统中都是二进制数据，所有信息都蕴含在二进制数据中，因此，在网络中传输的物理单元就是二进制数据。一个二进制数据不论是 0 还是 1，都占据一个比特位，称为一个比特（bit）。任何一条消息都需要用若干个比特组成的比特符号串表示，因此，网络中传输的是比特串。又因为比特串在网络中是连续不断地传输着，是流动的比特串，因此又称为比特流。

3. 各层协议

图 1-10 中，各个同层子系统之间皆有各种对应的协议，这些协议对于同层实体之间信息的正确传输是必不可少的。

1）应用协议

应用层在应用层 A（主机 A 的应用层实体，下同）和应用层 B 两个独立实体之间进行"应用层数据"逻辑传输。应用协议是保证信息正确传输的通信约定。

应用层 A 和应用层 B 之间没有直接的传输通道，数据实际上是通过底层的物理网络传输过去的。在层次结构中，每个实体不需要了解下层实现细节，只关心本层次数据单元格式以及本层次的逻辑传输。传输过程非常复杂，正确传输的结果十分简单，结果就是：应用层 A 发出应用层数据单元，应用层 B 收到完全一样的应用层数据单元，这个结果就叫数据正确传输。

应用层数据单元是由"应用层首部"和"用户数据"两个部分组成的。用户数据是源应用进程发出的数据，应用层首部则包含使应用进程之间信息正确传输所必需的信息数据。

应用层数据传输只能完成"数据正确传输"，而进程要求"信息正确传输"。例如，进程 A 发出字母 A，进程 B 收到字母 A，这叫信息正确传输。但网络传输的不是字母符号，而是符号编码，是数据。如果源主机和目的主机使用的码制不一样，同样的符号用不同的编码数据表示，即使表示符号的编码数据正确传达，不同的码制会将其解读为其他的符号，接收进程收到的符号与发送进程发出的符号不一致。解决的方法是接收端应用层在向接收进程提交数据前先根据两种不同的码制进行编码翻译，但接收端应用层首先要知道发送端使用的是哪种码制。发送端实体在应用层首部中事先进行注明使用的是哪种码制，接收端应用层就可以据此进行正确的码制转换，从而保证信息正确传输。

不仅是码制翻译，还有压缩、加密等多种数据处理都需要对应的逆处理方法，源端应用层将数据处理方法的相关信息存放在应用层首部，便于接收端应用层采用对应的处理方法来保证接收进程接收到正确的信息。因此，应用层首部必不可少。应用层首部组成数据格式必须遵从应用层协议要求，以保证接收方实体能够正确理解。

首部是为了保证本层次数据或信息的正确传输而专门设置的，不仅应用层有首部，其他各层同样有自己的首部。各层设置首部的目的不一样，但首部的格式都要遵从本层次协议的规定。

首部数据不是用户需要传输的数据，对用户而言，各层附加的首部数据是冗余的，是需要用户付传送费用的，这降低了数据传输效率。从用户的角度来看，尽管首部数据是必不可少的，但为了节省费用，提高效率，希望首部数据越少越好，这就需要有更好的协议。

例题：长度为 100 字节的应用层数据交给运输层传送，需加上 20 字节的 TCP 首部；再交给网络层传送，需加上 20 字节的 IP 首部；最后交给数据链路层的以太网传送，加上首部和尾部共 18 字节。试求数据的传输效率。若应用层数据长度为 1000 字节，数据的传输效率是多少？

解：

应用层数据：100

对应的附加数据：20+20+18＝58

传输效率：$\dfrac{100}{100+58}=63.3\%$

应用层数据：1000

因为 1000<1500，仍可在以太网中以一个数据单元传输，因此，附加数据仍为 58。

因此，传输效率：1000/（1000+58）= 94.5%

解毕。

结论：冗余数据占比越小，数据传输效率越高。

2）传输协议

运输层在运输层 A 和运输层 B 两个独立实体之间进行报文的逻辑传输。传输协议是保证两个实体间报文传输的通信约定。运输层也称为传输层，在以后的叙述中两个名词混用。

报文是传输层逻辑传输数据单元，由"报文首部"和"报文数据"组成。报文首部是为了正确传输报文而设置的一些信息数据，其内容和作用将在第 5 章详细介绍。报文数据就是应用层数据，是应用层交付的需要传输层完成传输的数据。应用层数据包括"应用层首部"和"用户数据"两部分，传输层不管其组成情况，而是将其当作一个整体进行传输。报文宛如传输层的交通运输车辆，其车厢中装载的就是上层交付的数据。

传输层两个实体之间也没有直通路径，实际传输是调用下面的网络层服务完成的。

传输层为上层提供了 TCP 和 UDP 两种逻辑传输服务，供应用层选择。对于 TCP 服务，传输层要首先将报文划分成若干个大小不超过上限的小数据单元，然后再将每一个小数据单元交付网络层进行传输，这个上限值是运输层 A 和运输层 B 两个实体经过协商事先约定好的一个参数。对于 UDP 服务，传输层将整个报文作为一个数据单元交付给网络层。

运输层 B 作为报文接收实体要对接收到的报文进行检查，如果没有错误就将报文的数据部分也就是"应用层数据"从报文中提取处理，上交应用层 B 实体；如果有错误就按照协议要求进行处理。TCP 和 UDP 的错误处理方法是不同的，详情在第 5 章介绍。

3）网络层协议

网络层在网络层 A 和网络层 B 两个独立实体之间进行数据包的逻辑传输。在网络层有一系列协议来保证两个实体间数据包逻辑传输的实现。

数据包又称为报文分组，是网络层逻辑传输数据单元，由"数据包首部"和"数据包数据"组成。首部是为了正确传输数据包而设置的一些信息数据，其内容和作用将在第 4 章详细介绍。数据包数据是传输层交付的数据单元，可以是 TCP 服务将报文划分成若干小数据单元中的一个，也可以是 UDP 服务下发的整个报文。数据包可以理解成网络层的运输工具，"数据包数据"是运载工具上的运输对象。

网络层对传输层的服务只有被称为"IP 数据报服务"的一种服务，无论上层是 TCP 服务还是 UDP 服务，网络层 A 都将运输层 A 下发的每一个数据单元封装成一个独立的数据包，并以数据包为单位进行传输。网络层 B 收到数据包以后，从数据包中提取出数据部分交给其上的运输层 B，从而完成对传输层的数据传输服务。

网络层 A 和网络层 B 之间也没有直接连接，要完成两者之间的逻辑传输，需要使用数据链路层提供的"相邻节点之间进行数据帧传输"服务。相邻节点之间只是传输路径的一段，不足以连接网络层 A 和网络层 B，因此网络层必须使用路由协议找出一系列节点，用一段段路径构成整个传输路径。网络层中有很多协议相互配合，共同实现网络层功能，路由协议是网络层中的协议之一。

对于一个需要传输的数据包，当前节点网络层采用看一步走一步的方式将其传输到一个距离目的主机更近的相邻节点上。"看一步"就是选择相邻节点(也称路径选择)。当前节点网络层查看数据包首部中记录的目的地址，得到数据包最终要去的目的地信息；使用路由选择算法，计算出下一步的最佳路径选择。网络是由节点构成的，每个节点都有若干个相邻节点，每个相邻节点都是一种选择，但最佳的只有一个。路由算法使用某种最佳标准(路径最短、速度最快或费用最低等)选择一个相邻节点。"走一步"就是在选择了最佳路径后，网络层调用下层数据链路层的传输服务，将数据包发往该相邻节点。当数据包到达该节点后，该节点即成为新的当前节点，该节点网络层采用同样的方法，将数据包送往下一个节点。如此重复，数据包越来越接近目的主机，直到最终到达网络层 B 实体。

路径选择是由每个节点的网络层实体完成的，因此每个节点都必须打开数据包，查看首部中的目的地址，从而根据目的地址完成"看一步"的路径选择工作。尽管实际传输是由下层完成，但由于每个节点网络层都得到了数据包，因此在网络层这个层次上，看到的是数据包一步步向前传输。

4) 数据链路层协议

数据链路层在当前节点选定的相邻节点之间进行无错误的数据帧逻辑传输。

数据帧是数据链路层传输的数据单元，是按照帧格式组成的一个数据块。数据链路层实体在收到上面的网络层交付的数据包后，按照本层协议关于数据帧格式的规定，将数据包打包成数据帧。在数据帧中，有一个 I 字段，它是数据包按照本层协议规定处理后的一个数据块。为什么要对数据包进行处理，将在第 3 章详细说明。数据帧中还有一个校验码字段，它是为了检验数据帧在传输过程中是否发生错误而设置的。数据帧中还有其他一些必要字段。数据帧就是数据链路层的运输工具，运载着经过处理的数据包(I 字段)从当前节点的数据链路层实体传输到相邻节点的数据链路层实体。邻节点数据链路层实体用校验码对数据帧进行检测，如果在传输过程中没有发生错误，就将 I 字段进行反向处理得到原始数据包，并将数据包交给上层网络层实体，从而完成数据帧逻辑传输。

相邻节点的两个数据链路层实体之间并没有直接的连接通道，数据帧传输是利用下层物理层的传输服务完成的。在数据链路层这个层次上看到的是数据帧在相邻节点之间一步一步向前传输。

5) 物理层协议

物理层在相邻节点之间传输比特流。在物理层眼里，上层交付的数据帧就是一个二进制数据队列，物理层实体将队列中的每个二进制数据依次转换成传输介质所适合的信号形式发送出去。信号沿着传输介质瞬间达到相邻节点，相邻节点物理层将信号转换回二进制数据队列，上传给相邻节点数据链路层。

二进制数据队列是数据帧的二进制表示。数据在计算机内部本来就是二进制表示，数据帧作为一个数据单元本身就是二进制数据队列形式，只是数据链路层和物理层各自的观察角度不同。例如，运动会各运动队排队入场，解说员看到的是各运动队，介绍的是运动队的特点，而观众看到的是入场队列中的一个个运动员。

物理层是与传输介质相连的实体，是诸如网卡之类的硬件设备。传输介质需要何种形式的信号，比特数据转换成什么信号，都是事先设计并在硬件中实现了的。物理层传输比特流的过程中容易出现比特错，即原本是 0（或 1），传输后变成了 1（或 0）。太阳黑子的突然爆发，地球磁场不规则变化，因震动引起的线路接头瞬间断开等诸如此类的随机因素，都可能改变一个正在传输的二进制数据，从而影响到线路内正在传输的比特流，导致不可预知的比特错。物理层只传输比特流，不理会传输结果是否有错，它将错误的检查与处理交给上层。

4. 数据传输流程

在五层体系结构中，源主机的数据传输任务被分解成一系列独立实体的子任务，每个子任务都是将本层独立实体的数据单元传输到目的节点上的同层独立实体，每个独立实体（物理层除外）都是利用下层独立实体提供的服务来完成本实体的数据传输任务，每个独立实体所能完成的功能又作为一种服务提供给上层实体。不同的独立实体都有各自的数据传输单元，数据传输单元包括数据部分和首部控制信息。数据部分就是上层的数据传输单元，提交给本层，需要本层传输。控制部分就是本层为了完成数据传输而设置的必备控制信息，因为放在数据部分的前面，称为首部。首部信息是同层次实体之间信息传输的必备信息，是各个实体根据自身协议生成的，不属于网络用户要传的数据，被称为冗余信息。

网络系统各独立实体完成数据传输工作的过程如图 1-12 所示，其中源端对应实体都由 A 表示，目的端对应实体都由 B 表示。

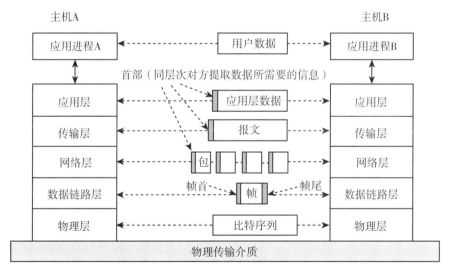

图 1-12 数据在各个层次中的流动示意图

如图 1-12 所示，应用进程 A 需要通过网络将用户数据传输给应用进程 B，这个数据块是网络用户需要传输的数据，数据传输的整个过程如下：

应用进程 A 将用户数据交给应用层 A，应用层 A 根据应用进程 A 的指令对数据进行处理，然后将处理后的数据通过网络传输给应用层 B。为了使应用层 B 能够对数据正确进行逆向处理，保证信息传输的正确性，应用层 A 需要将处理方法记录下来，写入首部，并将首部与用户数据作为一个"应用层数据"整体，一起交给应用层 B。应用层 A 与应用层 B 之间没有直连通道，无法直接传输数据，只能将应用层数据交给传输层 A。

传输层 A 需要通过网络将应用层数据交给传输层 B。为了传输层 B 能够正确处理该数据，传输层 A 将相关的信息写入首部，将首部和应用层数据形成"报文"，将报文传输给传输层 B。传输层实体之间也没有直连通道，传输层 A 需要把报文交给网络层 A 进行传输。TCP 服务还需要根据网络层的要求，将整个报文划分成不超过网络层规定大小的若干个数据单元，并对每个数据单元编号。

网络层 A 将每个数据单元加上网络层首部，形成"报文分组（数据包）"，以报文分组为单位，依次将所有报文分组传输给网络层 B。网络层也不能直接传输，根据数据包首部中的目的主机地址，选择一个最佳的相邻节点，将数据包交给数据链路层 A，由它将数据包传输给选定的相邻节点。对于主机 A 而言，这个相邻节点就是将主机 A 连入通信子网的源节点。

数据链路层 A 运用特定算法对数据计算出校验码，加上其他必要字段和数据包形成"数据帧"，交给网络层选定的相邻节点中的数据链路层。它也不能直接传输，需要交给物理层 A 进行传输。

对于物理层 A 来说，数据帧就是一个"比特序列"。物理层 A 需要做的就是将这个比特序列传输给网络层选定的相邻节点的物理层。物理层 A 根据物理传输介质特点，将比特序列变换成适合传输的信号形式，通过传输介质将信号传输给相邻节点。这样，数据就到达了通信子网。

通信子网的每个交换节点只有网络层、数据链路层和物理层，它们以类似的方式依次传递，将数据传输到与主机 B 相连的目的节点。关于通信子网数据传输的过程，在介绍网络层时讲述。

目的节点物理层以信号形式将比特序列传输给物理层 B，物理层 B 将信号反变换得到数据帧的比特序列。它将数据帧交给数据链路层 B。

数据链路层 B 通过校验码检查该数据帧，如果无误，就将数据帧中的数据分组提取出来，交给网络层 B。

网络层 B 检查收到的数据分组，如果没有错误，就从中抽出数据部分交给传输层 B。这样，接收进程就收到了报文中的一个数据单元（不要忘了在源端报文被划分成多个数据单元）。

用同样的方法，接收进程收到一个报文的所有数据单元，根据编号将它们合成，恢复报文原貌。在检查无误后，从报文中抽出数据部分，交给应用层 B。

应用层 B 根据首部信息，对数据部分进行必要处理，然后将数据交给应用进程 B。

这样，网络就完成了从应用进程 A 到应用进程 B 的数据传输。

1.4　互联网概述

从网络的发展历史可以看到，现有的互联网是各种物理网络与 ANSnet 互联形成的。

这里所说的各种物理网络包括各个国家、各个地区的网络，也是每个人目前上网时所使用的网络。互联网是当前研究得最多、应用最广泛、覆盖范围最广、规模最大的网络，英文的"Internet"、中文的"因特网""互联网"都是特指这个网络的专有名词。

1.4.1 互联网结构

互联网的结构随着互联网技术的发展和网络规模的扩大，经历了3个发展阶段。

1. 第一阶段：单一网络向互联网发展的阶段

按照 ARPAnet 的观点，网络被划分成通信子网和资源子网两级结构。通信子网是由所有节点(网络通信设备)和连接节点的链路组成，图 1-13(a)中的圆圈符号和连接圆圈的粗线就构成了通信子网。一个网络中的所有计算机((a)图中的 H 符号，大部分情况下用短线表示)，组成了本网络的资源子网，它包括了网络信息的提供者和使用者。

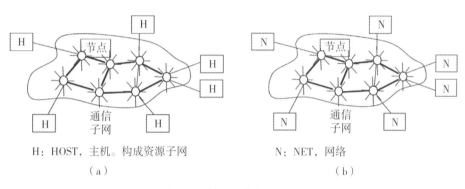

图 1-13　单一网络与互联网

建设一个网络，实际上是建设一个通信子网，计算机是由用户自己提供，并且自己连上网络的。如果一个通信子网所连接的都是计算机，这个通信子网就是单一网络(如图1-13(a)所示)。随着技术的发展和网络扩张的需要，通信子网不仅可以连接计算机，还可以连接不同的网络。如果一个通信子网连接的是网络，这个通信子网就是网际网(如图1-13(b)所示)。

早期的网络都是单一网络。随着联网的计算机越来越多，在一个已构成的通信子网中继续增加节点，网络覆盖的地理范围越来越大。早期的网络扩张就是以这种"摊大饼"的方式进行的。网络规模加大，节点的路由选择工作难度大幅增加，网络管理难度增加，网络传输速度下降。为了解决这一问题，设置一级子网，即原本用来连接一台计算机的端口用来连接一个子网络，如图 1-13(b)所示。子网络的出现，使得网络出现了主干网和子网两个层级。对于主干网这一层来说，一个子网无论物理结构多么复杂、有多少台计算机，都只是节点一个端口上的连接。在子网中增加计算机数量，改变子网络内部结构，都不会改变一个连接的现实。子网内部的任何变动都不会改变上层网络的逻辑结构。下级子网络是一个独立的、完整的网络，用符号 N 表示(大部分情况下用短线表示)，是一个"自治系统(AS)"，即子网可以采用自己确定的协议，自己管理自己的网络。自治系统只在需要与其他网络交换数据时才通过主干网向其他网络传送或接收数据。这样，以主干网为核心构成的一个网络分出了不同层次。在主干网这个层次，连接点不多，不会导致网络速度的降低；在下层网络这个层次，可以独立建立网络，一个子网的效率如何不影响其他子网以及主干网络。

　　单一网络是由通信子网连接计算机构成的，互联网是由通信子网连接网络构成的。两者的差别在于通信子网的连接单元有区别：单一网络中的通信子网连接的是计算机，互联网是将不同的网络连接在一起。连接计算机的节点可以是被称为内部网关的普通节点，连接网络的节点必须是边界网关。

2. 第二阶段：三级结构

　　互联网采用分级方式来解决计算机数量与网络效率之间的矛盾。分级方式不仅简化了本级网络，保证了本级网络的效率，还解除了网络扩展的限制，因为不论下级网络规模多大，在本网络中都只是一个点、一个连接。这种分级方式同样可以在下级网络中应用。互联网发展的第二个阶段就是推广"主干网—地区网—局域网"的三级结构，如图 1-14 所示。

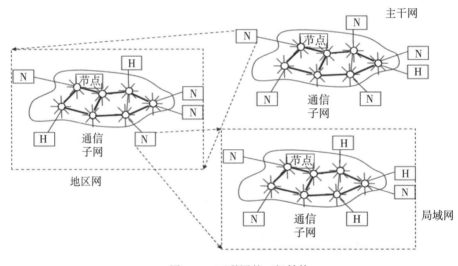

图 1-14　互联网的三级结构

　　在分级结构中，下级网络是一个自治系统，即自己管理自己，它可以采用与上级网络完全不同的协议而不用担心与上级网络相互影响。自治系统与主干网通过两者之间的连接点和边界网关协议（BGP）来连接和协调两者之间的联系。它们之间的连接点既是连接双方的纽带，也是分割双方的边界。只要解决好双方的边界连接问题，可以实现双方的完全独立。

　　图 1-15 显示了作为自治系统的地区网与上一级的核心主干网之间的关系。实际上局域网作为地区网的下一级，也是一个自治系统。这种方式大幅度减少了局域网建设的限制条件。

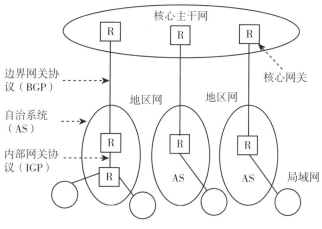

图 1-15 自治系统与主干网

3. 第三阶段：多层次 ISP 结构的互联网

ISP(网络服务供应商)向某一级网络管理者购买一批 IP 地址资源后，可以建立自己的网络；在该级网络管理者眼里，ISP 建立的网络只是本网络中的一个连接点。该 ISP 又可以向下一级 ISP 用户出售部分 IP 地址资源，成为下一级 ISP 的管理者。下一级 ISP 同样可以自建网络。由于组建网络在技术上不存在困难，任何一个 ISP 都可以通过自己的建网行为为互联网增加一个层次，改变互联网的网络结构。由于整个过程超出了单一机构的控制范围，无法事先规划网络结构。目前，互联网称为多层次 ISP 结构。

4. 互联网的结构

忽略互联网的层次，互联网可以看作由核心部分和边缘部分构成。

核心部分是网络中连接计算机的部分，为信息的提供者和获取者提供连接服务。核心部分作用类似于通信子网，但通信子网只有一个层次，无法描述互联网中层层相叠的网络结构现状以及随之而来的管理技术，为此提出核心部分这一概念。边缘部分由所有计算机组成，它们是网络信息的提供者和获取者，等同于资源子网。但资源子网一词一经提出就受到非议，因为除去通信子网后，计算机网络就剩下一堆计算机，实在难以称其为网络。因此，在后出现的互联网结构中，将网络所连接的所有计算机改称为边缘部分。

1.4.2 互联网的数据通信

1. 主机工作方式

网络中的各种数据交换都是在计算机的进程之间进行。一个进程可以简单地理解为一个运行的程序。显然，网络中的数据传输与接收都是由进程来完成的。每一个使用网络的进程都必须首先占用一个计算机端口才能通过网络发送或接收数据，网络中的数据交换都表现为从一个端口到另一个或几个端口之间的数据传输，因此，网络进程之间的通信又称为端口—端口之间的通信，简称为端—端通信。

端—端通信方式有客户/服务器和对等方式两种。

客户/服务器方式（Client/Server，简称 C/S）：通信总是由客户端进程发起，而服务器进程总是等待客户进程要求，随时响应并提供相应的进程服务。客户端提出信息服务要求，服务器端满足客户端的服务要求；客户端是主动方，可随时索取信息，客户端不工作也不影响网络上的信息服务。服务器进程是数据交换的被动方和信息服务提供方，必须时刻准备着某一个客户进程在任何时候提出的信息服务要求，并满足客户要求。在网络上的服务器端不能停止工作，一些著名的网站还必须提供双服务器机制，以便在一台服务器突发故障时，立即由另一台服务器顶替上，以保证服务不因故障而中断。

对等方式（Peer to Peer，简称 P2P）：两台主机进程地位相同，都可以成为服务的提供者和要求者。常见的共享目录的拷贝就是一种对等通信方式。

2. 通信子网工作方式

端到端的通信是指从源主机的端口到目的主机的端口之间的数据传输过程。在源主机和目的主机之间的通信子网中，数据又是如何交换的呢？在谈论 ARPAnet 的贡献时提到它的贡献之一是研究了报文分组交换的数据交换方法。在互联网中，各个节点正是以分组交换的方法进行数据单元的转发。为了说明互联网的分组交换，先说明一般网络的电路交换和报文交换。

1）电路交换

电路交换类似于电话系统。传输数据前，通过各个交换机的端口转接，在源主机和目的主机之间搭建一条实际的物理通道，一直占用，直到数据传输完毕，再释放它。

如图 1-16 所示，图中的实线就是网络中的若干台交换节点为本次通信而在源主机和目的主机之间搭建的，多段连接组成的一条临时通道，源主机中的数据传输单元通过这条通道被各个节点一站站往下传，直到目的主机。在传输过程中，整个通道为本次通信专用，网络中其他任何计算机在此期间都不能使用其中的任何一段通道。

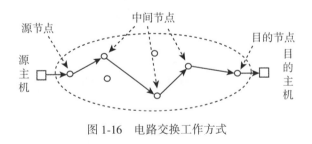

图 1-16　电路交换工作方式

专用通道数据交换速度快，但建立通道需要较长时间；通道占用期间，其他通信不能使用任何一段线路，线路利用率低。一旦通道因故被中断，需要重新建立一条连接源主机和目的主机的新通道。

2）报文交换

如图 1-17 所示，源主机将要传输的数据(文件)组成一个报文，以报文为单位进行传输；节点采用"存储—转发"方式，即从上一个节点接收报文，存储起来，找机会发给下一个更接近目的主机的节点。每经过一次传输，报文都更接近目的主机，直到最终到达目的主机。

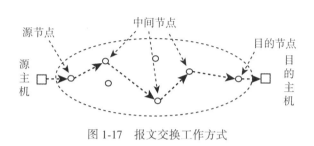

图 1-17　报文交换工作方式

在报文存储期间，所有线路都可以被其他通信进程使用；在报文传输期间，只有一段通道为本次通信所占用，其他通信进程仍可以使用所有其他线路，总体上提高了线路利用率。缺点是由于需要传输的文件五花八门，事先难以估算报文大小，难以预留存储空间；节点只能将报文存储在容量足够大、但读写速度慢的外存(磁盘、磁带)中，大大延长了传输时间。

3) 分组交换

为了克服报文交换的缺点，分组交换将报文划分成大小不超过某一上限的报文分组(数据包)，以分组为单位传输；节点采用"存储—转发"方式，即从上一个节点接收分组，存储起来，找机会发给下一个更接近目的主机的节点。

分组交换只是事先对传输数据单元在大小上进行了限制，传输数据集装箱化，其他处理方法与报文交换一样。数据单元大小有上限，中间节点可以预先在内存中开辟专用存储区，数据在中转期间可以放在内存中，大大缩短延迟时间，提高了速度。缺点是信息碎片化，发送方需要分割数据，接收方需要通过拼接还原数据原貌；由于碎片化，网络中传输单元数量大大增加，同时数据单元的流动速度大大加快，对于性能较差的交换节点，工作压力增大，容易导致数据拥塞，触发网络拥塞解决机制。

本章作业

一、填空题

1. 计算机网络系统是将地理位置不同、具有独立功能的多个计算机系统通过通信设备和线路连接起来，以功能完善的网络软件实现(　　)的系统。

2. 计算机网络向用户提供的最重要的两个功能是连通性和(　　)。

3. 三网即(　　)、有线电视网络和计算机网络。

4. 计算机网络的数据通信是为了实现目的主机和源主机的(　　)之间的数据通信。

5. 自从 20 世纪 90 年代以后，以(　　)为代表的计算机网络得到了飞速的发展，可以毫不夸张地说，其是人类自印刷术发明以来在通信方面的最大变革。

6. 世界上第一个正式的网络是美国的(　　　)网。

7. ARPAnet 可以发电子邮件、文件传输、(　　　)，成为 Internet 的雏形。

8. 目前，国际上应用广泛的 Internet 就是在(　　　)的基础上发展而来的。

9. 互联网在地理范围上覆盖了全球，其拓扑结构非常复杂，从工作方式上看，可以划分为(　　　)和(　　　)两大块。

10. 在网络边缘的端系统中运行的程序之间的通信方式通常可以划分成两大类：(　　　)和(　　　)。

11. 网络体系结构就是对网络系统层次的划分，以及各层功能的(　　　)。

12. 网络体系结构分层的好处有：①各层之间是独立的；②灵活性好；③易于实现和维护；④(　　　)。

13. OSI 模型将计算机网络体系结构分为 7 层，从下到上分别是物理层、数据链路层、网络层、传输层、(　　　)、表示层和应用层。

14. 和 TCP/IP 模型相比，OSI 模型的优点是(　　　)，缺点是(　　　)。

15. 网络协议有两类，一类是两个对等实体间的通信约定，称为(　　　)；另一类是上下相邻实体之间的通信约定，称为(　　　)。

16. 在网络的分层协议组织结构中，(　　　)是垂直的，协议是水平的。

17. 由一条物理链路连接的两个节点称为(　　　)。

18. 互联网在其发展过程中经历了"三级结构"阶段，这三级结构是指(　　　)、地区网和局域网。

19. 交换节点采用(　　　)方式传递数据包。

20. 在分组交换中，节点采用"存储—转发"方式，其具体方式是(　　　)。

21. 时延是数据从源端到目的端所需要的时间。包括发送、传播、(　　　)、排队时延。

22. 发送时延是主机或路由器发送(　　　)所需要的时间，处理时延是主机或路由器在收到(　　　)时要花费一定的时间进行处理，例如分析分组的首部，从分组中提取数据部分，进行差错检验或查找适当的路由等。

二、判断题

1. 计算机网络的功能之一是增强系统可靠性，也就是通过网络将多台计算机组合起来，共同完成某个艰巨的、大型的任务，即使少数计算机出现故障，也能通过重新分配任务，使整个任务得以顺利完成。

2. 网络中的计算机不论性能、价格上的差异，地位都是平等的。

3. 同一网络内的计算机必须采用相同的网络协议，通过通信子网进行信息交换的、分属于两个不同物理网络的两台计算机可以具有不同的体系结构。

4. 计算机网络系统中的计算机是独立的，分布式计算机系统中的计算机是相互联系、协调、有分工的，也就是不独立的。

5. ARPAnet 作为第一个正式的计算机网络十分原始，结构上是典型的单一网络，没有考虑安全性问题，只能传输明码，没有电子邮件功能。

6. 服务就是网络中各相邻层彼此提供的一组操作，是相邻两层之间的接口。

7. 分层设计方法将整个网络通信功能划分为垂直的层次集合。在通信过程中，下层向上层隐藏其实现细节。

8. 为了提高数据的传输速度，网络应用程序应充分考虑网络传输介质的类型。

9. TCP/IP 是一个五层体系结构，包括应用层、运输层、网络层、数据链路层和物理层。

10. 在网络边缘的端系统中运行的程序之间的通信方式通常可划分为两大类：客户/服务器方式和浏览器/服务器方式。

11. 从计算机网络的作用范围划分，可以将其分为广域网、城域网、局域网和个人区域网络。

12. 网络把许多计算机连接在一起，而互联网则把许多网络连接在一起。

13. 计算机网络是将地理位置不同、具有独立功能的多个计算机系统通过通信设备和线路连接起来，以功能完善的网络软件实现资源共享的系统。

14. OSI 模型将计算机网络体系结构分为 7 层，从下到上分别是物理层、数据链路层、网络层、传输层、会话层、表示层和应用层。

15. 网络体系结构分层的好处有：①各层之间是独立的；②灵活性好；③结构上可以分割开；④易于实现和维护；⑤能促进标准化工作。

16. 时延是数据从源端到目的端所需的时间。包括发送、传播、处理、排队时延。

三、名词解释

互联网 网际网 相邻节点 网络协议 自治系统 B/S 模式 排队延时 客户-服务器方式 发送时延

四、问答题

1. 什么叫计算机网络？什么叫分布式计算机系统？简述两者的相同点和不同点。

2. 常说的"三网"是指哪三种网络？

3. 网络中的时延由几个部分组成？它们的含义分别是什么？

4. 计算机网络系统分层可以带来哪些好处？

5. 说明计算机网络中"服务"和"协议"的区别与联系。

6. OSI 模型有几层？各层的主要功能是什么？

7. 依次说明计算机网络五层协议体系结构的名称，并简要说明各层的功能。

8. 互联网发展经历了哪三个阶段？在各阶段中，互联网有什么特点？

9. 互联网的两个组成部分，以及它们的主要作用。

10. 互联网中计算机上的进程之间的通信有哪两种方式？它们如何工作？

11. 在客户/服务器这种通信模式下，客户端和服务器端是如何工作的？

12. 简述三种数据交换技术的原理和特点。

第2章 物 理 层

2.1 物理层概述

现有的计算机都是数字计算机,计算机中的各种信息和指令都以二进制数据编码的形式存在,每一个二进制数据用"0"或"1"字符表示,计算机之间需要传输的数据、指令都是长长的二进制数据字符串。每一个二进制数据称为一个比特,因此计算机之间需要传输的内容称为比特串;在传输过程中,比特串是流动的,因此又称为比特流。在网络中的两个节点之间传输的是比特流。

物理层是 OSI 模型中的最底层,它下面的通信介质在模型之外。物理层是计算机与通信介质之间的接口。物理层的基本任务就是在节点之间传输比特流,具体过程是:发送方物理层将比特符号变成适合于传输线路传输的信号,通过传输介质将信号传送到相邻节点;接收方物理层从接收信号中将二进制数据提取出来。只有信号才能在通信链路中从一个节点传输到另一个节点。要完成比特流的传输,比特流中的二进制数据要变换成适合通信介质传输的信号形式,然后通过通信介质传输到相邻节点,在接收端物理层从接收到的信号中将二进制数据提取出来后,原来只在发送端出现的二进制数据就出现在接收端,这样,二进制数据就从一个节点传输到另一个节点。信号的形式与传输介质的类型紧密相关,如果通信链路是光纤,就要采用适合光纤传输的光信号,如果通信链路是同轴电缆,就要采用适合同轴电缆传输的电信号。具体的信号形式、参数由相应的通信协议作出详细规定。

实际通信方式与多种因素有关,如物理连接方式,包括点对点,多点连接或广播连接;传输媒介的种类包括双绞线,同轴电缆,光缆,架空明线,对称电缆,各个波段的无线信道;传输模式包括串行,并行,同步,异步等。

这些因素经过组合,实际采用的通信方式种类繁多,差别巨大。所有差别由物理层负责解决,高层只管按照自己的协议要求组织数据,而不必考虑底层连接的通信子网是宽带网、光纤网、还是无线通信网,采用何种通信方式。所以说,物理层对上层屏蔽(掩盖)了底层实际网络的差异。

物理层功能的实现主要由各种硬件(如网卡)完成。TCP/IP 网络模型没有考虑通信的具体细节,网络模型中物理层的实现交给了硬件生产厂商来完成。为了使不同硬件厂商生产的产品具有通用性,网络模型规定了物理层特性,它是各种硬件接口共同具有的特性,是硬件接口生产商必须遵守的。

物理层特性描述了以下四个方面:

（1）机械特性：说明接口所用接线器的形状、尺寸、引线数目、排列、固定和锁定装置等。符合机械特性的产品应用十分方便，不存在接不好、接不牢的现象。个别需要转接插头的设备，是因为在协议规范方面还没有协调好。

（2）电气特性：说明在接口线缆的哪条线上出现的信号应在何种范围之内。以电脉冲信号为例，需要说明什么样的电压表示1，什么样的电压表示0，一个比特的脉冲宽度有多大等。主要考虑信号的大小和参数、电压和阻抗的大小、编码方式等。

（3）功能特性：主要考虑每一条信号线的作用和操作要求。具体规定有很多，以最简单的串行口常用 RS-232C 标准为例，2 号线是发送，3 号线是接收，7 号线是地线。

（4）规程特性：主要规定利用接口传送比特流的整个过程中，各种可能事件的执行和出现的顺序。具体的规程有很多，以最简单的通信为例：①发送方给接收方发通知"我要发数据，数据量是 xx"，然后等待回音；②接收方作好接收数据准备后，发回"可以发送"，等待数据到来；③发送方开始发送数据，接收方同时接收数据。不经事先约定就发送数据是不符合规范的，必然对信息传输带来消极影响。

物理层规定了标准的数据传输服务模式，双方遵守同样的标准，就遵守了通信约定，实现了数据传输保障基础。数据链路层使用物理层提供的服务，而不必关心具体的物理设备和传输介质，只需考虑如何完成本层服务和协议。换言之，物理层在数据链路层和物理介质中间起到屏蔽和隔离作用。

物理层标准并不完善。它不考虑物理实体、服务原语及物理层协议数据单元，而重点考虑物理层服务数据单元(即比特流)、物理连接等。

2.2 通信基础知识

2.2.1 通信系统模型

计算机网络学科是计算机学科和通信学科相结合而发展起来的新学科，学习计算机网络有必要学习一些通信系统的基础知识。图 2-1 所示为通信系统模型，该模型适用于一切具有信息交流的场合。

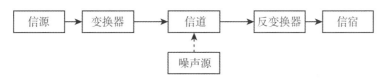

图 2-1　通信系统模型

通信系统模型中有三个概念：信息、消息、信号。通信系统的根本作用就是传输信息。"信息"简而言之就是一种要表达的意思和内容，意思和内容看不见摸不着，但它是客观存在的；从哲学的角度看，信息是一种物质。信息要传输必须用"消息"表达出来，消息看得见摸得着，是信息的载体；常见的消息是语言、文字、数据图像等，一切蕴含了信息的可感知物都可以成为消息。消息必须转换成"信号"才能被传输，信号是消息的载体。信号的种类很多，狼烟、信号弹、电信号、无线电波、捎口信的人等都传递了某种内容，都是信号；转换可以进行多次，如中/英文转换、暗语、密文就是消息的再转换，光/电转换、数/模转换就是信号的再转换。

通信模型中，信源是消息的发出者，消息中蕴含着信息，信息才是信源要发出的内容。变换器将消息转换成适合于在信道中传输的信号形式。通信系统中传递的实体是信号，信源要传递的是信息，信息只能依靠信号作为载体进行传递。信道是信号的传送通道。反变换器的作用是将消息从信号中提取出来。信宿是信息的接收者，它接收到的是蕴含着信息的消息。

计算机网络是通信系统的一种。在计算机网络中，消息都是数据，任何形式的意思、内容都蕴含在数据中。例如，图像数据蕴含着图像内容，音乐数据中的声调蕴含着某种特定的意思，Word 文本、Excel 表格中的具体内容无一不是用数据来表达的。因为网络组成都是电子设备，初始信号都是电信号，可以在传输过程中，根据传输需要，对电信号进行再变换。对于计算机网络而言，信源和信宿分别是发出和接收数据的计算机，分别称为源主机和目的主机；网卡可以看作变换器和反变换器；通信子网可以看作信道。

2.2.2 电信号

电子通信系统以及计算机网络中，一般传递的信号都是电信号(现在有了光纤网络，在光纤网络传输介质部分使用的是光信号)。电信号分为模拟信号和数字信号。模拟信号是在时间和幅度上都连续的信号；数字信号是在时间和幅度上都离散的信号，如图 2-2 所示。

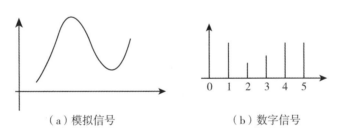

（a）模拟信号　　　　　　（b）数字信号

图 2-2　模拟信号和数字信号

在数字信号中，信息蕴含于数据(一般为整数，以便减少数据量)之中，在模拟信号中，信息蕴含于波的形状之中。数字信号和模拟信号相比，具有抗干扰能力强、可以再生中继、便于加密、易于集成化等一系列优点。与模拟信号相比，数字信号的缺点是在携带相同信息量的条件下，数字信号频带更宽，因而需要占用通信系统中更多的频带资源。采用模拟信号的系统有电话、广播电台、电视等，采用数字信号的系统有数字通信、数字电视、计算机系统、计算机网络等。早期发明的电子系统采用模拟信号，发明较晚的电子系统一般采用数字信号。随着数字通信技术的成熟，越来越多的早期系统也用数字技术进行改造。

2.2.3 信号的频谱与带宽

任何信号都有频率分量，信号越复杂、波形变化越剧烈，频率分量越多。如同人类社会的家谱一样，将一种信号所有的频率分量在频率域列出，就得到该信号的频谱。如果去除掉一些能量低于阈值的频率分量，在剩下的信号频谱中最高频率与最低频率的差值就是信号带宽 B（如图 2-3 所示）。波形信号又称为时域信号，信号的频谱又称为频域信号。时域信号和频域信号只是信号的两种不同表现形式，或者说是从两个不同角度看同一信号的观察结果。图 2-3 所示为模拟信号，数字信号同样有频谱，可以用频域信号表示。

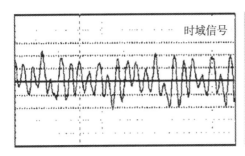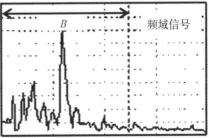

图 2-3　信号的时域与频域

2.2.4 信道的截止频率与带宽

信道是信号的传送通道，但同一信道对信号不同频率分量的传送能力不同，对有些频率分量不衰减或衰减很少，对另一些频率分量则衰减较大甚至完全衰减。信道对频率分量的衰减是有规律的，一般分为低通和带通两种情形，如图 2-4 所示。

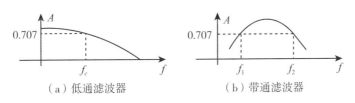

（a）低通滤波器　　　　　　　（b）带通滤波器

图 2-4　信道带宽以最高点的 0.707 倍为截止频率点

从最高点衰减到一定程度（可以取 0，也可以取最高点的 0.5 倍或 0.707 倍）所对应的上、下频率为截止频率，上、下截止频率之间的范围称为通信设备的通频带。在通信系统中，一般取 0.707 倍，因为信号强度衰减为原来的 0.707 倍意味着信号功率（信号强度的平方）衰减为原来的一半。如果通信系统设备具有低通滤波器特征，则系统带宽为 $B=f_c-0=f_c$；如果通信系统设备具有带通滤波器特征，则系统带宽为 $B=f_2-f_1$。

如果一个信号的整个频谱都位于通信设备的通频带之中，该信号的频谱（即所有频率分量）能够完整地传输到接收端，接收端得到的频域信号与发送端的频域信号几乎一样，信号中所蕴含的信息能够被接收端完整地获得。如果一个信号只有部分频谱位于通信设备的通频带范围内，则超出通频带的频谱分量被衰减掉，接收端只能得到通频带范围内的信号频率分量。由于接收端频域信号与发送端频域信号相比，发生了较大的变化，因而接收端时域信号与发送端时域信号在波形上差异较大，原信号中所蕴含的信息损失较大。为了保证网络传输信息不损失，需要确保传输信号的带宽不高于网络带宽，以保证信号的所有频率分量都能传输到目的地。

2.2.5　信道的最大数据传输率

物理层比特流传输意味着计算机网络在信道中是逐比特依次传输。网络速度的快慢，体现在信道在单位时间内传输的比特数量的多少。信道在单位时间内能传输的最大比特数被称为最大数据传输率。与之对应，信道在单位时间内实际传输的比特数被称为数据传输率。最大数据传输率是一个反映信道传输能力的参数，一个通信设备制作完成后，其能力就固定了，通信设备的最大数据传输率就已经确定了；数据传输率表示一次具体通信过程中的数据传输速度。同一个信道，在不同的通信过程中，实际传输速度很可能不同。用客车载客人数来类比，客车的座位只有 40 个，最多能载 40 人，这是在客车生产出来以后就确定了的。客车一次实际载客量不一定达到 40 人，可能这一次是 30 人，另一次是 25 人，但不可能超过 40 人，否则，就违规了。信道最大数据传输率相当于客车最大载客量；信道数据传输率相当于客车实际载客量，它是变化的。

通信理论已经证明，通信系统的最大数据传输率在理想的情况下，为信道带宽的 2 倍，也就是每秒钟可以传递 $2B$ 个二进制位数。在实际应用中，由于达不到理想的情况，实际数据传输率达不到 $2B$，究竟离 $2B$ 差多少，取决于实际通信状况。工程实践中常常留有余地，将最大数据传输率与网络带宽看作相等，这样，网络带宽就与网速挂钩了。在理论上，带宽和最大数据传输率是两个概念，但由于两者在数值上相等，在实践上常将两者混用。例如，一个带宽为 100M 的网络，认为其最大数据传输率达到 100Mb/s(比特/秒)。宽带网络 B 值远高于窄带网络，所以宽带网络一般速度快。

例如，一条平均宽度 10m 的公路，如果存在最小 5m 宽的瓶颈，整条公路的通行能力只能以 5m 宽来计算。通信子网包括作为交换节点的通信设备和传输介质，为了组建具有一定带宽的网络，通信设备带宽和传输介质带宽要匹配，这就需要在设计和建设通信子网时仔细选择，尽量使通信设备和传输介质带宽匹配。

2.2.6　信号调制解调技术

计算机及其网络通信设备中使用的都是数字信号。数字信号传输距离很短，直接用来通信，传输距离有限。例如，打印机电缆一般为 2m、3m，最多为 5m，更长的电缆，计算机指令难以传输到打印机。高频信号能够传输更远的距离，需要远距离传输时将原有数字信号变成高频信号，即进行调制。调制是指将要传的原始信号加载到一个被称为载波的高频信号中，形成调制信号(如图 2-5 所示)。调制信号是高频信号，能够传输很远，适合于传输。但接收端需要的是低频的原始信号。在调制信号传输到接收端后，通过解调将低频原始信号从高频调制信号中恢复出来，交给接收端。载波就像个运载工具，在发送端，低频原始信号上车，到达接收端，低频原始信号下车。

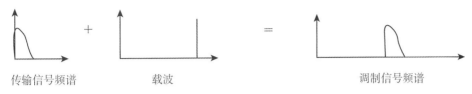

传输信号频谱　　　　　载波　　　　　　　　调制信号频谱

图 2-5　信号调制过程，又称为频率搬家

常用的调制技术有：调幅，调频，调相。调幅就是使载波时域信号的幅度值随传递时域信号而变化；调频就是使载波信号的频率随传递信号而变化（如图 2-6 所示）；调相就是使载波信号的相位随传递信号而变化。

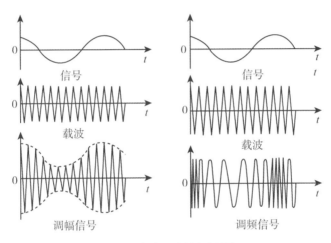

图 2-6　调幅、调频示意图

2.2.7　多路复用

前面提到，为了保证信息不损失，一定要做到信号的带宽小于信道带宽。实际情况是，由于硬件技术的飞速发展，一般计算机网络带宽远高于传播信号带宽。对于传输介质，如果不经过特殊处理，一般在同一时刻只能传输一路电信号。如果在宽带信道中只传递一路窄带信号，相当于在一条宽阔的公路上只走一辆汽车，这会造成信道带宽的浪费。多路复用技术就是事先的特殊处理技术，实现在一条宽带信道中同时传输多路信号。相当于在一条宽阔的公路上画了多路车道，多辆汽车在各自的车道中可以同时使用公路。

多路复用是指用一条线路同时进行多路通信传输。多路电信号不能同时在一根导线中传输，因为多路信号波形会自动叠加，接收端无法从叠加信号中还原出原信号。要实现多路复用就要先将多路信号合成一路信号，通过线路传输合成信号，接收端再从合成信号中还原出多路原始信号。多路复用技术可以使多路信号同时使用同一线路，其好处是提高线路利用效率。计算机网络系统中常见的多路复用方法有五种：频分复用、时分复用、统计时分复用、码分复用、波分复用。为了帮助理解多路复用技术的具体做法，我们介绍经典的频分复用和时分复用技术。

1）频分多路复用

频分复用将多路信号的频谱用调制的办法依次搬到高频区域，占据信道带宽的不同部分，合成一路宽带信号进行传输；在接收端，用滤波方法将各路信号从合成宽带信号中提取出来，分别交给不同的接收者。频分多路复用技术实质是被合成的多路信号在合成信号频谱上并没有混淆，因而在接收端可以将多路原始信号还原。例如，一路电话的标准频带：0.3~3.4kHz。对于每一路电话分配 4kHz 带宽，利用调制技术，将 3 路电话分别搬到频段 0~4kHz、4~8kHz、8~12kHz，就形成了带宽为 12kHz 的合成信号。只要信道带宽大于 12kHz，就能将合成信号频率分量无损地传输到接收端。在接收端用解调技术将合成信号再分解成 3 路（如图 2-7 所示）。

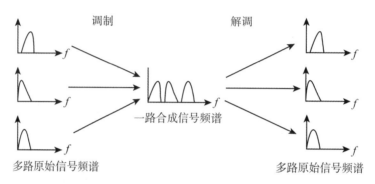

图 2-7　三路电话信号频分复用示意图

电话系统的频分复用技术已经十分成熟，而且已被广泛应用，目前已在一根同轴电缆上实现了上千路电话的同时传输。CCITT 建议：12 路电话共 48kHz 构成一个基群，占用 60~108kHz 频段；5 个基群构成一个超群，占用 312~552kHz 频段；5 个超群构成一个主群，占用 812~2044kHz 频段；3 个主群构成一个超主群，占用 8516~12388kHz 频段；4 个超主群构成一个巨群，占用 42612~59684kHz 频段。一个巨群包含了 3600 路电话，如果只简单地考虑信号所占频带，一个巨群信号不过 20M 带宽。

2）时分多路复用

时分复用是将一个单位时间段分成多个时间片，将每个时间片依次分配给多路通信，每一路通信的发送端和接收端都只在各自的时间片内连接传输介质，收发数据。如图 2-8 所示，有三路通信要利用同一通信链路同时通信，通信系统将单位时间划分成 3 个时间片，三路通信在各自的时间片内传输数据，它们轮流使用通信系统完成各自的数据传输任务。从一个单位时间段来看，它们同时在传输数据。

前面已经介绍，信道带宽等于最大数据传输率。10M 带宽意味着一秒钟可传输 10M 比特数据；100M 带宽意味着一秒钟可传输 100M 比特数据。反过来，传输一个比特的数据，100M 带宽信道所需时间为 10M 带宽信道的 1/10。每一路通信，数据总量是一定的，带宽越宽，数据传输越快，信道的空闲时间越多。时分多路复用的实质是利用一路通信的

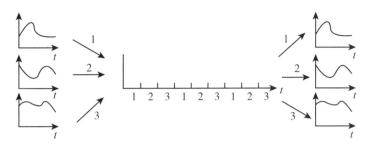

图 2-8　三路通信时分复用示意图

空闲时间传输其他通信任务。将多路信号分时传输，可减少信道的空闲时间，提高信道利用率。但通信双方以及各路通信之间，要建立严格的同步关系。

时分多路复用在电话系统中也得到了广泛应用。根据通信技术中的奈奎斯特准则，带宽为 B 的模拟信号，每秒等间隔传输 $2B$ 个采样点的采样数据，接收方就可完全恢复模拟信号波形。对于带宽为 4kHz 的电话信号，每秒采样 8k 次，每个采样值用 8 位二进制数表示，则一秒钟的采样数据量为 64k 比特。一路电话只需要数据传输率为 64kb/s 的信道，就可以将 1 秒钟的采样数据全部传输到接收端。如果 24 路电话复用，依次传输采样比特数据，24 个采样点+一个间隔，共 24×8+1 = 193 比特，每秒采样 8k 次，则 24 路电话需要的数据传输率为 193×8k = 1.544Mb/s。CCITT 规定：24 路电话复用一条 1.544Mb/s 主干线路被称为 T1 标准；4 个 T1 信道复用一个 T2 信道，T2 信道数据传输率 6.312Mb/s>4×1.544Mb/s，额外的比特主要用于帧定界和时钟同步；6 个 T2 流复用成一个 T3 线路；7 个 T3 流复用成一个 T4 线路。一个 T4 线路采用时分复用技术同时为 4032 路电话服务，T4 线路的最大数据传输率为 274.76Mb/s，不到 300M，用一根同轴电缆做 T4 线路则够用。

各种多路复用技术采用不同的方式，实现了多对通信同时使用一条线路，提高了信道的利用率，从整体上提升了网络的速度。

2.3　传输介质

传输介质是物理层的下层，已经不属于计算机网络模型范畴。但要组建、连接网络，必然要考虑使用什么传输介质，因此有必要了解一些传输介质知识。

传输介质通常分为有线介质（或有界介质）和无线介质（或无界介质）。有线介质将信号约束在一个物理导体之内，如双绞线、同轴电缆和光纤等；无线介质则不能将信号约束在某个空间范围之内。激光通信、微波通信、无线电通信，其信号都是直接通过空间进行传输，因此在这些形式的通信中，传输介质是空间，是一种无线介质。

在计算机网络系统中，有线介质通常有 3 类，分别是双绞线、同轴电缆和光纤。

1）双绞线

双绞线（Twisted Pair，TP）是目前使用最广、相对廉价的一种传输介质。它由两条相互绝缘的铜导线组成，导线的典型直径为 0.4~1.4mm。两条线扭绞在一起，可以减少邻近线对的电气干扰，反过来也可以减少外界电磁场变化在导线内产生的干扰电流。为了进一步降低电气干扰，还可以在双绞线外面包裹一层铜线网，以隔断线内外电磁场的互相影响。有铜线网的双绞线叫作屏蔽双绞线，没有铜线网的双绞线叫作非屏蔽双绞线，如图2-9 所示。屏蔽双绞线抗干扰能力更强，但会增加成本。一般使用双绞线都是因为其成本较低，因此，除特殊场合外，通常使用非屏蔽双绞线。几乎所有的电话机都是通过双绞线接入电话系统。

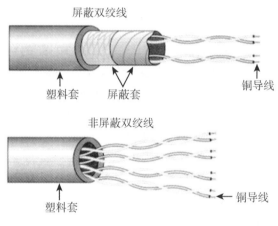

图 2-9　两类双绞线

双绞线既可以传输模拟信号，又可以传输数字信号。用双绞线传输数字信号时，其数据传输率与电缆的长度有关。在几千米的范围内，双绞线的最大数据传输率可达 10Mb/s，甚至 100Mb/s，因而可以采用双绞线来构造价格便宜的计算机局域网。

双绞线的质量标准有两个主要来源，一个是美国电子工业协会(Electronic Industries Association，EIA)的远程通信工业分会(Telecommunication Industries Association，TIA)，另一个是 IBM 公司。EIA 负责"Cat"(即"Category")系列非屏蔽双绞线(Unshielded Twisted Pair，UTP)标准。IBM 负责"Type"系列屏蔽双绞线标准，如 IBM 的 Type1、Type2 等。电缆标准本身并未规定连接双绞线电缆的连接器类型，然而 EIA 和 IBM 都定义了双绞线的专用连接器。对于 Cat3、Cat4 和 Cat5 来说，使用 RJ-45(4 对 8 芯)，遵循 EIA-568 标准；对于 Type1 电缆来说，则使用 DB9 连接器。大多数以太网在安装时使用基于 EIA 标准的电缆，大多数 IBM 及令牌环网则使用符合 IBM 标准的电缆。

2)同轴电缆

同轴电缆(Coaxial Cable)中的内外导体等材料是共轴的，同轴之名由此而来。外导体是一个由金属丝编织而成的圆形空管，内导体是圆形的金属芯线。内外导体之间填充绝缘介质(如图 2-10 所示)。

同轴电缆内芯线的直径一般为 1.2~5mm，外管直径一般为 4.4~18mm。内芯线和外导体一般采用铜质材料。同轴电缆可以是单芯的，也可以将多条同轴电缆安排在一起形成

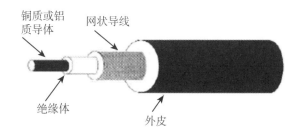

铜质或铝质导体　网状导线

绝缘体

外皮

图 2-10　同轴电缆

一根粗缆线。广泛使用的同轴电缆有两种：一种是阻抗为 50Ω 的基带同轴电缆，另一种是阻抗为 75Ω 的宽带同轴电缆。当频率升高时，外导体的屏蔽作用加强，因而特别适用于高频传输。一般情况下，同轴电缆的上限工作频率为 300MHz，即同轴电缆的最大数据传输率为 300MHz，有些质量高的同轴电缆的工作频率可达 900MHz。因此，同轴电缆具有很宽的工作频率范围。当用于数据传输时，数据传输率可达每秒几百兆比特。

由于同轴电缆具有寿命长、频带宽、质量稳定、外界干扰小、可靠性高、维护便利、技术成熟等优点，同轴电缆在闭路电视传输系统中一直占主导地位。

3）光纤

随着光通信技术的飞速发展，现在人们已经可以利用光导纤维来传输数据，以光脉冲的出现表示"1"，不出现表示"0"。

可见光所处的频段为 380~750THz 左右，因而光纤传输系统可以使用的带宽范围极大。目前的光纤传输技术可使人们获得超过 50000GHz 的带宽，且还在不断地提高。但光纤链路的实际最大数据传输率为 10Gb/s，这是因为光纤两端的光/电以及电/光信号转换的速度只能达到 10GHz，成为光纤链路的瓶颈。今后将有可能实现完全的光交叉和光互连，省去光电转换环节，构成全光网络，则网络的速度将增长上万倍。

光传输系统利用了一个简单的物理原理：当光线在玻璃上的入射角小于某一临界值 α 时，没有折射，光线将完全反射回玻璃，不会因为折射而漏入光纤之外。这样，光线将被完全限制在光纤中，几乎无损耗地传播（如图 2-11 所示）。光纤呈圆柱形，含有纤芯和包层，纤芯直径为 5~75μm，包层的外直径为 100~150μm，最外层是塑料，保护纤芯。纤芯的折射率比包层的折射率高 1%左右，这使得光局限在纤芯与包层的界面以内，并保持向前传播。

如果纤芯的直径较粗，一根光纤可以同时传输多路光信号，通常将具有这种特性的光纤称为多模光纤（Multi-mode Fiber）；如果将光纤纤芯直径减小到一定程度，光在光纤中的传播没有多次反射，这样的光纤称为单模光纤（Single-mode Fiber）。

光纤通信的优点是频带宽、传输容量大、重量轻、尺寸小、不受电磁干扰和静电干扰、无串音干扰、保密性强、原材料丰富、生产成本较低。因而由多条光纤构成的光缆已成为当前主要发展和应用的传输介质。

图 2-11 光纤传输原理

本章作业

一、填空题

1. 物理层的作用：将计算机中应用的数据(　　)变换成适合于通信介质的传输方式，通过通信介质将数据传输到其他节点。

2. 物理层的主要任务是确定与传媒接口有关的一些特性，包括：机械特性、(　　)、功能特性和规程特性。

3. 物理层的(　　)特性主要考虑利用接口传送比特流的整个过程中，各种可能事件的执行和出现的顺序。

4. 单工通信是指(　　)。

5. 通信的双方可以同时发送和接收信息的通信方式称为(　　)。

6. 数字信号是在时间和(　　)上都离散的信号。

7. 与模拟通信相比，数字通信的最大缺点是(　　)。

8. 计算机网络中常用的信道复用技术包括：频分复用、时分复用、(　　)、波分复用和码分复用技术。

9. 频分多路复用的方法：传输前，(　　)；传输后，(　　)。

10. 有线介质将信号约束在一个物理导体之内。常用的有线介质包括双绞线、(　　)和光纤。

11. 双绞线有(　　)和(　　)两种类型，它们的抗电磁干扰的能力不同。

12. 在几千米的范围内，双绞线的数据传输率可达(　　)，甚至 100Mb/s，因而可以采用双绞线来构造价格便宜的计算机局域网。

13. 一般情况下，同轴电缆的带宽为(　　)。

14. 光纤传输技术可使人们获得超过(　　)的带宽，且还在不断地提高。但由于光电转换接口等环节的限制，光纤链路的实际最大数据传输率为(　　)。

二、判断题

1. 物理层的任务是透明地传送比特流，但是哪几个比特代表什么意思则不是物理层要管的。

2. 物理层的一个作用是对用户屏蔽了底层网络的巨大差异，使网络应用程序员不必考虑底层网络是宽带网还是窄带网。

3. 信道带宽越大，信息的最大传输率就越高。

4. 一般认为，信道的最大数据传输率等于信道带宽。

5. 通信系统的最大数据传输率在最理想的情况下，为信道带宽 B 的 2 倍，也就是每秒钟可以传递 $2B$ 个字节。

6. 双向交替通信指通信的双方都可以发送信息，也能双方同时发送。

7. 双绞线既可以传输模拟信号，又可以传输数字信号。

8. 数字信号是在时间和幅度上都离散的信号。

9. 物理层的规程特性主要考虑利用接口传送比特流的整个过程中，各种可能事件的执行和出现的顺序。

10. 有线介质将信号约束在一个物理导体之内。常用的有线介质包括双绞线、同轴电缆和光纤。

三、名词解释

模拟信号　数字信号　信道　时分多路复用　时间片　多路复用技术　多模光纤　全双工通信　最大数据传输率

四、问答题

1. 什么是模拟信号？什么是数字信号？它们靠什么携带信息？

2. 最大数据传输率与数据传输率有何区别？

3. 多路复用有什么优点？简述频分多路复用的做法。

4. 简述传输介质光纤的优缺点。

第3章 数据链路层

3.1 基本概念

数据链路层的基本功能是向相邻节点无差错地传输数据帧。实际的传输工作由物理层完成，因此数据链路层的主要工作是保证数据传输无差错。

前文已经说明，物理层比特流传输过程中，由于多种偶然因素的影响，容易出现比特错误，数据链路层就是要消除比特错误。但数据链路层作为数据的发出者和接收者并不能阻止比特流在传输中发生错误。数据链路层能做的是及时发现错误，并改正错误，用通信的术语来说就是"检错"和"纠错"。

为了及时发现错误，数据链路层将传输数据组合成数据帧。数据帧是按照某种数据结构组合起来的数据单元，有若干个字段。这些字段中有上层需要传输的数据字段(数据包)，也有保证正确传输的字段，包括校验码字段、帧首帧尾字段、地址字段以及必要的控制信息字段。下面介绍各个字段的作用。

1)校验码

对于数据链路层而言，需要传输的数据包是一组毫无规律可言的二进制比特数组成的一个比特串，用 X 表示。因为没有规律，接收端数据链路层无法判断 X 中任何一个比特在传输过程中发生比特错误，为了检错，发送端数据链路层必须事先建立规律。数据链路层的做法是，以 X 为自变量，用规定的函数计算出函数值 Y，Y 就是校验码。发送端数据链路层将 X 的比特串和 Y 的比特串组合在一起形成 X+Y 比特串进行传输。现在，传输的比特串存在内在规律了，即 X、Y 数值分别是规定函数的变量值和函数值。如果在传输过程中发生比特错，必然导致 X 或 Y 的数值发生变化，从而破坏了比特串中建立的内在规律。

接收端数据链路层对接收到的比特串进行同样的计算，很容易确定内在规律是否还存在，从而确定传输数据是否发生比特错。是否存在这样的情况：发生了多处比特错，导致 X、Y 值均发生变化，但变化后的变量值和函数值恰好符合规定函数？理论上存在，但概率极小。工程上将小概率事件看作不可发生事件而直接忽略。

2)帧首帧尾

交换节点作为公共服务设施为所有使用本节点的通信服务，多个数据帧排成队列首尾相连一起传输，所有的数据帧在传输通道上都是以比特串形式出现，首尾相连的结果就是在传输通道中呈现一个长长的比特流队列。接收端要处理每个数据帧就必须首先从比特队列中提取出每个数据帧。每个数据帧都有一个帧首标志标记着比特流队列中一个帧的开始，有一个帧尾标志标记着比特流队列中一个帧的结束。接收端根据帧首标志开始数据帧的提取，根据帧尾标志结束提取。

帧首、帧尾是一组特殊的比特组合，这种组合是比特流中独一无二的，数据帧中其他任何地方都不得出现这样的比特组合，否则会引起数据帧提取的混乱。有了独一无二的帧首、帧尾标志，数据链路层就能轻易地从比特流中识别数据帧。在数据链路层看来，比特流就是一帧一帧组成的流动的帧队列，是帧流。

在一些数据链路层协议中，只使用帧首不使用帧尾，下一帧的帧首就是本帧的帧尾。这样处理可以最大限度地减少冗余数据。

3）地址字段

节点要为所有使用本节点的通信服务，不同的通信数据流向不同，为了保证数据帧传输到正确的目的地，数据帧中需要标记目的地址，目的地址字段对于数据接收设备接收数据是必不可少的关键信息。

数据帧中还有源地址，标记数据帧由谁发出。源地址的一种用途是纠错。一些高级的通信设备检错能力很强，不仅能检测出接收数据有比特错，还能确定是哪一位比特出错，进而完成纠错（一个比特的纠错很容易，只要把0或1改成1或0即可）。但这需要复杂的编码，大量的冗余数据，仅适合于小数据量的传输。计算机网络作为大型的公共通信设备，追求通信速度和通信效率，不能采用这样的方法。计算机网络采用要求源端重传的方式进行纠错，只需要检测出接收数据有错误，再要求源端重新发送该数据。为了实现重传纠错，就要求源端不仅发送数据，还要在数据上附加源端地址。

4）控制信息字段

有些协议需要在帧中添加一些协议需要的信息，这些信息就存放在控制信息字段。网络上传输的不光是用户数据，一些网络设备也需要在彼此之间进行一些信息交流。例如，要求源端重传就是网络设备之间的信息交流，这些信息放在数据字段中以数据帧的形式进行传输。如果把数据帧看作运输工具，那么这个运输工具不光传输用户数据包，还为网络设备传输交互信息和指令。

控制信息字段可以存放标记信息，来表明数据字段存放的是用户数据包还是网络指令。网络指令数据帧优先级更高，在网络中优先传输。

3.2　数据链路层功能

数据链路层的基本功能是在相邻节点之间向该层用户（即网络层）提供可靠的数据传送服务。数据链路层调用物理层服务来完成实际数据传输工作，因此，数据链路层只关注如何使传输能够做到可靠。具体而言，数据链路层三个基本功能是：封装帧，透明传输，差错检验。

封装帧就是数据链路层计算校验码，并将校验码与传输数据以及一些相关信息以字段形式组合成一个整体的过程，组合成的整体叫作数据帧。帧是一种数据结构，数据帧是一种结构化的数据单元。网络中所传输的都是经过封装帧处理后的数据帧，它们连在一起组成数据帧串。从数据链路层的角度来看，网络链路中传输的都是一个接一个的数据帧组成的数据帧流。

前面已经介绍过，数据帧比特串前后有帧首、帧尾标志。在一个比特流中，找到帧首帧尾就可以从比特流中提取出属于一个帧的完整比特串。帧首帧尾标志是一组特殊的比特组合，组合在比特流中必须具有唯一性，否则会引起数据帧边界确定错误。

透明传输功能就是为了防止数据帧边界确定错误。在数据帧中，数据字段是用户数据，在用户数据中很难避免出现与帧首帧尾标志相同的比特组合。透明传输在封装帧以前，对数据字段进行检查，如果发现有与帧首帧尾标志相同的比特组合，就对该比特组合进行处理，改变其比特组合。这样，在封装后的数据帧中，只有在数据帧比特串的首部和尾部，才会出现帧首帧尾标志，从而保证了数据帧的完整提取。经过透明传输处理，任何类型的数据都能传输，并且是以相同的外部操作进行传输。透明是通信领域的一个术语，意思是一个处理模块/部件/系统是透明的，看不见内部细节，也无需了解其内部，只需要在输入端加一个输入就可以在输出端得到一个输出，在其他领域更多地称之为黑箱。经过透明传输后，接收端对通过检验的数据字段进行反向处理，将被改变的比特组合恢复原状，最后向其上层网络层提交复原的数据包。

差错检验是接收端的数据链路层检验传输过来的数据中是否存在比特错。在源端，数据链路层建立了数据字段与校验码字段的函数关系；在接收端，数据链路层对接收的数据检查函数关系是否仍然存在，如果存在就说明数据在传输过程中没有比特错，检验通过。

3.3　PPP 协议介绍

本节简要介绍 PPP 协议，以便读者更深入地了解数据链路层工作原理。PPP(Point to Point Protocol：点到点协议)协议广泛应用于广域网数据链路层，是一种在相邻节点之间传输数据包的链路层协议。链路提供全双工(全双工是指一条链路可以同时进行收发双向数据流动)操作，并按照顺序传递数据包。PPP 协议设计的目的是建立点对点连接来发送数据，使其成为各种主机、网桥和路由器之间简单连接的一种通用的解决方案，是点到点通信的典型协议，目前在互联网上得到广泛应用。PPP 协议的帧格式如图 3-1 所示。

F	A	C	P	I	FCS	F
标志	地址	控制	协议	数据	校验码	标志

图 3-1　PPP 协议的帧格式

F 字段是帧首标志，是比特流中一帧的开始和结束标志。F 字段长度为 8 比特，二进制值为 01111110，用 16 进制表示为 7EH，H 表示数据是 16 进制。这意味着在数据帧的其他地方均不能出现 01111110 比特组合。A 字段是地址字段，长度为 8 比特。C 字段是控制字段，长度为 8 比特。A 字段和 C 字段均取固定值(A = FFH，C = 03H)，取固定值意味着两个字段没有实际作用。P 字段是协议字段，长度为 16 比特，有多种取值用来表示 I 字段中数据的属性，例如，取 0021H 表示 I 字段数据为 IP 数据包，是用户数据；取

8021H 表示 I 字段数据为节点之间交互的网络控制数据；取 C021H 表示 I 字段数据为链路控制数据。I 字段是用户数据字段，存放数据包数据(也可以存放网络设备间的交互信息或指令)，其长度取决于数据包的大小，是可变的。FCS 字段为帧校验码字段，长度为两个字节 16 比特，它存放对 I 域数据进行计算后得到的校验码。最后的 F 字段实际是下一帧的帧首标志，不属于本帧。

接收端数据链路层根据帧格式在比特流中扫描 F 字段，在两个 F 字段之间取出一段比特串，这个比特串依次由 A、C、P、I、FCS 字段组成。从这个比特串的前四个字节可以取出 A、C、P 字段，从这个比特串的最后两个字节可以取出 FCS 字段，剩下的就是 I 字段。

I 字段又称为信息域，是网络层需要传输的数据包，但它是经过数据链路层透明传输处理后的数据包。前文说过，在数据帧的其他地方均不能出现帧首标志 01111110 比特组合，但 I 字段存放用户数据，无法保证其中不出现 01111110 比特组合，必须通过某种处理，将这种组合破坏掉。透明传输是数据链路层的一种处理方式，若信息域中出现 7EH (即二进制的 01111110)，则转换为(7DH，5EH)两个字符，即在 7(即二进制的 0111)和 E(即二进制的 1110)之间插入了 D5H(即二进制的 11010101)，这样，信息域中出现的 01111110 比特组合就转化为 0111110101011110 比特组合，避免了数据帧边界的误解。透明传输还对信息域出现的其他特殊符号进行处理，当信息域出现 7DH 时，则转换为(7DH，5DH)；当信息域中出现 ASCII 码的控制字符(即小于 20H)，则在该字符前加入一个 7DH 字符。接收端数据链路层的透明传输处理则与发送端是相反的，将插入的字符去掉，经过接收端的透明传输处理，数据包恢复了原样。

PPP 协议发现错误帧，则丢弃该帧，不会要求源端重传，重传要求由目的主机的传输层或应用层提出，因此，PPP 协议有可能丢失数据。计算机网络数据传输有四种传输错误，比特错是一种，数据丢失是另一种错误。PPP 协议把比特错转化成了数据丢失，换了一种错误形式，交由高层处理。PPP 协议只检错，不纠错，是一种不可靠传输。

在 PPP 协议之前，互联网数据链路层上广泛使用的是 HDLC 协议，该协议会要求源端重传以纠正错误。为了做到这一点，HDLC 需要做很多工作。例如，为了重传出错的数据单元，就需要用源地址标明数据帧从何处而来，还要为每个数据帧编号，以便源端重传指定的数据帧。这样就需要启用地址域和控制域，协议中就要规定对这两个域的处理方法，会多出很多程序模块。因为网络质量的提高，比特错发生率大幅降低，数据丢失错误概率大幅减少，偶尔出现的错误还可以由高层进行纠正，因此省略、简化了比较繁忙的数据链路层的纠错工作，以此提高网络效率。PPP 协议是 HDLC 协议在新形势下的升级版和简化版。互联网是覆盖全球的计算机网络，由各个国家和地区的广域网互联而成。由于不同的广域网由不同的国家和地区管理，难以做到整个互联网的软、硬件同步升级，在互联网范围内存在着 PPP 协议和 HDLC 协议同时混用的情况。为了保证兼容，PPP 协议采用和 HDLC 协议相同的帧格式，这也是在 PPP 协议中 A 字段和 C 字段不再使用却依然保留的原因。

3.4　局域网

3.4.1　局域网概述

局域网产生于 20 世纪 70 年代。微型计算机的发明和迅速流行，计算机的迅速普及与技术提高，人们对信息交流、资源共享和高带宽的迫切需求等因素，直接推动着局域网的发展。计算机局域网技术在计算机网络中占有非常重要的地位，它具有覆盖的地理范围比较小、数据传输率高、传输延时短、误码率低、属于单一组织所有等五个特点。由局域网互联而成的广域网使得人们获取信息的范围更加广阔，得到的服务也日趋便捷。

1）局域网的拓扑结构

局域网的拓扑结构主要有总线型、环型和星型三种，如图 3-2 所示。

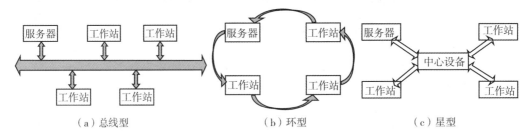

（a）总线型　　　　　　　　　　（b）环型　　　　　　　　　（c）星型

图 3-2　局域网的拓扑结构

总线型特点：所有的工作站都连接在同一根总线上，所有的工作站都通过总线收发信息；任何一台工作站在总线上发布消息，其他所有的工作站几乎可以同时收到该消息。总线型的优点是：价格低廉，用户入网灵活，一个站点失效不影响其他站点。

环型特点：所有工作站首尾相连，形成一个物理环路，每个工作站都可以通过环路向其他工作站发送信息；信息在环中沿着每个节点单方向传输，工作站收到信息后确认是否发给自己，如果是就接收，信息传递结束，如果不是发给自己，就沿着环路方向向下一家继续传送；由于经过每个工作站的延迟时间确定，源工作站很容易计算出数据传输到目的工作站需要多少时间，即数据传输时间确定。

星型特点：系统通过中心节点转发数据、控制全局，方便了网络的维护和调试；缺点是中心节点失效会导致全网崩溃。

局域网由其拓扑结构决定了它必然是以广播方式传输信息，是硬件决定的广播方式。以总线结构为例，每一台工作站都连接在同一条总线上，都能收到总线中传输的数据帧。至于该数据帧由谁发出、由谁接收，则由数据帧中的源地址和目的地址标明。

广播方式是网络数据传输的一种常见方式，其特点是一个源端向多个目的端发送数据，是一对多通信。前面所说的一台源主机向一台目的主机发送数据是一种一对一通信。一对一通信是网络上常见的另一种数据传输方式，需要通过复杂的路由计算建立一条连接源主机和目的主机的逻辑通道。广播方式不需要建立逻辑通道，只需要知道目的端在一个物理网络或逻辑群体之中，向这个群体进行广播，就可以保证目的端能够收到数据。但不同于火车站广播找人，计算机网络中的广播方式是传输数据，必须为群体中的每一台主机都发送一份数据，只有目的主机根据数据中附加的目的地址才可确定数据是发给自己的，才接收数据。其他主机则根据目的地址抛弃数据。这样，网络中大量的数据传输是无效的，降低了网络传输效率。

2）MAC 地址

MAC 地址是在数据帧中使用的地址，包括源地址、目的地址，都是 MAC 地址。数据帧中有地址字段，专门用来存储数据帧所需要的地址，其中，源 MAC 地址表明了数据帧从哪一台主机或节点发出，目的 MAC 地址表明了数据帧需要传输到哪台主机或节点上。局域网中的每一台主机都用 MAC 地址标识自己。MAC 地址是网络中一个独一无二的定长数据，标识一台主机。实际应用中，常用硬件设备网卡的产品序列号作为 MAC 地址。每一个合法厂家生产出来的网卡都有一个全球唯一的产品序列号，它由厂家代码和序列号组成。MAC 地址在计算机或通信设备开机后的初始化过程中，由操作系统从只读存储器 ROM 中读取并存放在计算机内存 RAM 中，以便操作系统随时使用（如图 3-3 所示）。

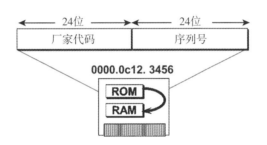

图 3-3　MAC 地址组成与应用

从前面介绍可以看到，PPP 协议数据帧中的地址是固定值，没有被使用，不用而保留是为了保证 PPP 协议与 HDLC 协议的兼容。在广域网中，数据帧在相邻节点之间传输，一对相邻节点通过一条传输介质和各自的一个端口连接，只要确定了端口，就确定了唯一的数据接收者。在广域网中，端口的选择由网络层路由算法完成，数据链路层不必根据目的地址做出选择，因而应用于广域网的 PPP 协议可以不使用地址。在局域网中，以总线型为例，所有工作站连接在同一根总线上，所有工作站都可以收到同一数据帧，真正的接收者必须用目的地址来确定，只有目的地址与自己的 MAC 地址匹配，才是真正的数据接收者。由于局域网数据传输天然的广播方式，数据帧中的源地址和目的地址是不可或缺的。这也说明，不同网络、不同数据传输方式中的数据链路层协议是不同的。

3）局域网的体系结构

ISO 在制定 OSI 模型时，局域网还不成熟，因此，OSI 模型的数据链路层没有考虑到局域网的特点。后来颁布的 IEEE802 标准，规划了局域网的体系结构，将数据链路层划分成逻辑链路控制（LLC）和介质访问控制（MAC）两个子层。在 20 世纪 80 年代初期，IEEE802 委员会首先制定出局域网体系结构标准，即著名的 IEEE802 参考模型。许多 802 标准后来都成为 ISO 组织的国际标准。局域网 802 参考模型与 OSI 的模型对比如图 3-4 所示。

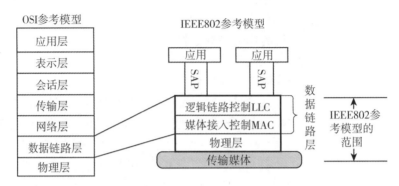

图 3-4　802 参考模型与 OSI 模型对比

LLC 功能是为上层的应用进程提供服务访问点（LLC SAP），两端主机的收、发进程各利用主机上的一个 SAP 进行通信，SAP 为进程提供网络通信服务。一台计算机有多个 SAP，所以计算机上的多个进程可以同时进行网络通信，一个 SAP 一次只能为一个进程提供服务。

MAC 有两个功能，一是在发送时，将传输数据装配成帧，接收时，从帧中取出数据；二是确定介质访问控制方式，它是局域网特有的需求。在局域网中，站点数量少，通常采用广播方式，即源站点通过共享传输介质向所有其他站点发送数据帧，只有目的站点接收该数据帧，其余站点直接忽略传来的数据帧。局域网所有站点都有权发送数据，但任一时刻只能有一个站点使用传输介质发送数据。介质访问控制进行公用传输介质管理，是局域网数据链路层的重要功能。

介质访问控制方式主要有两种：竞争方式和令牌方式。竞争方式是指局域网中的每一个站点都有同等的权利使用传输总线，谁抢先占用传输总线，谁就可以发送数据，其他站点必须等待，直到总线空闲才能使用。令牌方式是指局域网中的站点必须持有令牌，才有权使用传输介质发送数据。令牌是一种特殊的帧，在网络各站点中依规定的次序循环传输（游荡），欲发送数据的站点必须等令牌游荡到本站点，再捕捉令牌（即不往下一站传输）。不发送数据的站点则将上一个站点传来的令牌传给下一个站点。

竞争方式的典型代表是 CSMA/CD（载波监听多路访问/碰撞检测）介质访问控制方式，它的工作原理如下：

（1）每个工作站都能监听总线上是否有载波出现，从而判断是否有数据在传递。要发送数据时，若探测到总线中没有数据正在发送，就立即发出自己的数据，否则，边探测边等待。

（2）一旦有了一个以上的节点同时发出数据（称为碰撞），转而发送一个强干扰信号，以强化碰撞，目的是让所有的节点都知道发生了碰撞。

（3）而后退避一段随机时间，试着重发。

（4）只要有信息在传递，每个工作站都能接收到数据帧，所有工作站对帧中的目的地址字段进行检查，若是发给自己的就接收该帧，否则就忽略该帧。

4）几种典型的局域网

局域网起源于 20 世纪 70 年代，在 20 世纪 80 年代有三大种类的局域网形成了三足鼎立之势，它们是：以太网、令牌环网、令牌总线网。

（1）以太网及其标准。

IEEE802.3 标准描述了基于 CSMA/CD 总线的物理层和介质访问控制子层协议的实现方法。该标准的基础是 20 世纪 70 年代美国施乐（Xeror）公司研制的以太网，经改进后以 IEEE802.3 标准公布。由于 IEEE802.3 标准是依以太网制定的，因此 IEEE802.3 标准也称以太网标准。

以太网的发展有几个重要的时间节点：

1975 年，施乐（Xerox）公司研制成功一种基带总线局域网，速度为 2.94Mb/s，命名为以太网（Ether）；

1980 年，DEC、Intel、Xerox 三家公司联合提出 10Mb/s 以太网规约 DIX V1；

1980 年又修改为第二版规约：DIX V2，它是第一个局域网产品规约；

1983 年，IEEE802 委员会制定了第一个 IEEE 以太网标准，编号为 802.3，它与 DIX V2 差别极小，DIX V2 与 802.3 常常混用。

严格地讲，以太网是指符合 DIX V2 标准的局域网。

以太网采用总线型、星型拓扑结构和 CSMA/CD 协议，具有组网简单、扩展容易、速度快、价格相对便宜的优点，是办公环境组建局域网的首选。缺点是如果网上用户太多，通信碰撞概率大幅增加，由于碰撞发生后所有站点都要回避一个随机时间，降低了网速，频繁的回避将导致网络速度大幅度下降。

IEEE 802.3 标准规定了下列以太网：

10Base-5，10Base-2，10Base-T，10Base-F，10BROAD-36 等。其中，10 表示最大数据传输率为 10Mb/s；Base 表示基带传输，即传输的是未经调整的原始信号，通常是带宽较小的窄波信号；5，2，36 分别表示作为总线的电缆最大长度可达 500m，200m，3600m；T 表示中心集线器；F 表示光纤；BROAD 表示宽带传输，即传输的是经过载波调制的高频信号。

IEEE 802.3 标准具体内容就是对这些网络技术参数的具体规定。例如：

10Base-5 是粗同轴电缆以太网，最大长度为 500m，最大工作站数目为 100；

10Base-2 是细同轴电缆以太网，最大长度为 200m，最大工作站数目为 30，价格低廉；

10Base-T 采用中心集线器和双绞线，工作站与中心集线器最大距离为 100m。

IEEE802.3 标准对以太网所使用的帧结构也进行了规定，如图 3-5 所示。

（2）令牌环网及其标准。

最有影响的令牌环网是 IBM 公司的 Token Ring，它于 20 世纪 70 年代研制成功。令牌环网采用环型拓扑结构和令牌方式进行介质访问控制，具有节点访问延迟确定，速度快（16M/s），大数据量传输环境下效率高等优点。缺点是维护复杂，设备成本高。

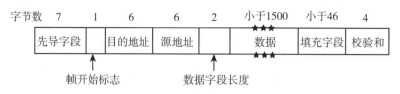

图 3-5 以太网的数据帧结构

令牌环网的组建技术要求由 IEEE 802.5 标准规定, 它由 IBM 公司制定, IEEE 收录并颁布。IEEE 802.5 标准规定的拓扑结构和工作方式如图 3-6 所示。

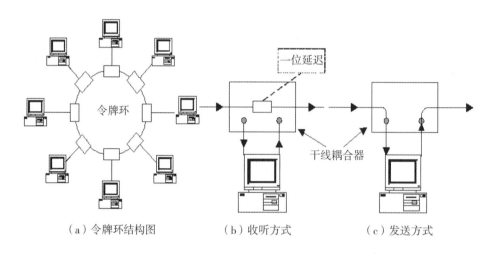

(a) 令牌环结构图　　　　(b) 收听方式　　　　(c) 发送方式

图 3-6 令牌环网拓扑结构和工作方式

IEEE 802.5 标准还定义了 25 种介质访问控制帧, 众多的数据帧结构也说明了令牌环网工作的复杂性。

(3) 令牌总线网及其标准。

令牌总线网(Token Bus), 拓扑结构为总线型, 介质访问控制采用令牌方式。它集中了以太网和令牌环网的优点, 组网简单, 延迟时间确定, 大数据量传输时效率高。但也继承了令牌环网的缺点, 就是管理复杂, 并且由于其需要在物理总线结构上维持一个逻辑环, 其复杂性更甚于令牌环网。

令牌总线网由 IEEE 802.4 标准规定。令牌总线网工作原理(如图 3-7 所示): ①网络上所有站点依次编号; ②令牌在网络中依编号在各站点中依次传递; ③持令牌的站点才能发送数据, 源站点发出的数据沿着编号依逻辑环在各站点间传递, 直到到达目的工作站。

3.4.2 局域网扩展

一个单位往往拥有多个局域网, 通常需要将这些局域网互联起来, 以实现局域网间的通信。局域网扩展是将几个局域网互联起来, 形成一个规模更大的局域网, 扩展后的局域网仍然属于一个网络。常用的局域网扩展方法有集线器扩展、交换机扩展和网桥扩展。

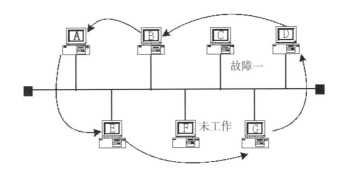

图 3-7　令牌总线网工作原理

1. 集线器扩展

集线器是一种连接设备，有很多端口，每个端口可以插接双绞线连接一台工作站。集线器和所有连接的工作站构成一个如图 3-2(c)所示的星型结构局域网。集线器是中心设备，是早期组建以太网的常用设备。

由集线器构成的局域网在物理结构上是以集线器为中心设备的星型结构，但实质只是将总线隐藏在集线器内部(如图 3-8 所示)，在逻辑上仍然是总线型结构。集线器的一个端口可以连接一台工作站，也可以连接另一台集线器。任何设备在一个端口上发送数据，所有的端口所连接的设备都能收到。集线器的端口数有 8，12，16，24 不等。

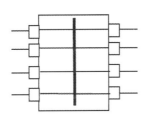

图 3-8　集线器内部结构示意图

在办公环境下，一个办公室中常有多台计算机，用一台集线器连接所有计算机，则在该办公室构成一个局域网。一台集线器构成一个局域网，几台集线器就可以构成几个局域网。再用一个集线器(上层集线器)将几台集线器连接起来，就能将几个局域网连接起来，共同组成了一个较大的扩展局域网，原来的局域网成为扩展局域网的子级局域网。图 3-9 显示了用集线器扩展局域网的方法，图中第三层的每个集线器都代表一个局域网。

集线器扩展局域网存在一些缺陷：多个子级的局域网组成一个大的局域网，其冲突域也相应地扩大到了多个局域网中。在这样的扩展局域网中，任意时刻仍然只能有一台主机发送数据。

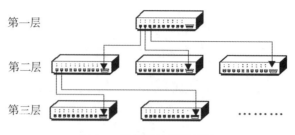

图 3-9　集线器扩展局域网

2. 交换机扩展

交换机是以太网中心连接设备，它有若干个端口，工作站通过传输介质接在端口上，组成局域网，整个网络构成一个星型结构。它的工作原理类似于电话交换机，是在交换机中将一对欲通信的工作站连接起来，如图 3-10 所示。对比图 3-8 与图 3-10，交换机尽管外形与集线器类似，但内部结构有了本质的区别。它只将通信的两个计算机端口连接起来，多对通信可以用多对端口连接实现，不同连接彼此独立，互不干扰，可以同时进行。因此，交换机扩展的局域网不再是"共享介质"工作方式，可以实现多对数据并发，避免了碰撞，提高了网络的效率。用交换机扩展局域网的一种组合方式如图 3-11 所示。

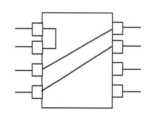

图 3-10　交换机内部结构示意图

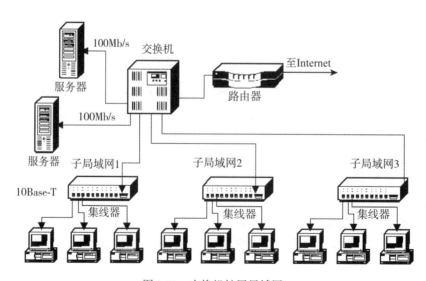

图 3-11　交换机扩展局域网

交换机的特点是按需连接,利用这一特点可以将不同地域的工作站由交换机连成一个网络,用交换机实现虚拟局域网(Virtual LAN, VLAN)。如图 3-12 所示,只要设置各个交换机上的端口连接关系,就可以把在物理上属于不同局域网的工作站组成 VLAN1、VLAN2、VLAN3 三个逻辑上的局域网。

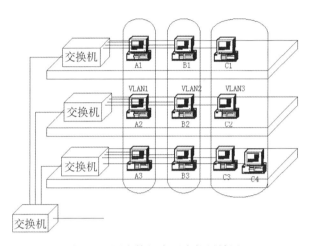

图 3-12　用交换机实现虚拟局域网

3. 网桥扩展

网桥是一种局域网扩展硬件设备。网桥有若干个端口,每个端口连接一段局域网,网桥本身也通过该端口的连接成为该网段中的一个工作站。一个网桥能够同时成为几个网段中的成员,成为这些网段连接的桥梁。网桥能够把一段局域网上传输过来的数据帧转发到它要去的另一段局域网上,从而使所有连接网桥端口的局域网段在逻辑上成为一个扩展局域网。

网桥工作原理如图 3-13 所示。网桥中设置了站表,记录每个工作站所在的端口;网桥端口作为网段的一个工作站,能够及时收到网段总线中传输的数据帧;网桥检查端口收到的每一个数据帧的目的地址,以过滤-转发的方式工作。

过滤:目的工作站与源工作站在同一网络段,丢弃帧。因为目的工作站与网桥端口同时收到了数据帧,无需网桥再做任何事。例如,A1 要向 A2 发出数据帧,A1 的做法是向局域网段 A 的总线中发出数据帧,A2、A3 和端口 1 都收到该数据帧。它们都检查数据帧的目的地址,得知是发给 A2 的,因此 A2 接收该数据帧,A3 抛弃该数据帧,端口 1 则查询站表,找到 A2 对应的端口为端口 1 自身,端口 1 抛弃该数据帧。这就是过滤。

转发:目的工作站与源工作站不在同一网络段,将帧发往目的工作站对应端口。收到源工作站发出数据帧的是与源工作站同在一个网段的端口,该端口与目的工作站不在同一网段,不能直接发送数据帧,但网桥中有与目的工作站处在同一网段的端口。在网桥内部,该端口将数据帧转发给与目的工作站同处一网段的端口,再由该端口将数据帧发给目的工作站所在网段,就完成了转发工作。

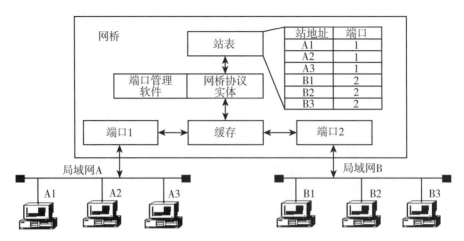

图 3-13　网桥工作原理

例如 A1 向 B2 发出数据帧,则端口 1 查到的目的工作站对应端口为端口 2,就采用转发方式,即通过缓存区向端口 2 发出数据帧,端口 2 立即向所在网段总线发出数据帧;由于端口 2 和局域网段 B 总线相连,B2 立即收到该数据帧。转发过程完成。

网桥只在必要而且可行的情况下才转发帧,并且网桥连接的局域网段两两之间的数据帧转发可以并行进行。例如,在端口 1 向端口 2 转发数据帧的同时,端口 3 可以向端口 4 转发数据帧。网桥转发数据帧时,端口之间仍然是隔离的,因此网桥扩展的局域网不会像集线器扩展局域网那样,将一个网段内的碰撞信号传输到另一个网段,扩大冲突域。

4. 几种常用的网桥

常用的网桥有:透明网桥,生成树网桥和源路由选择网桥。

1)透明网桥

透明网桥在设备刚启动工作时,站表为空表。网桥在站表中查不到目的工作站所在的端口,就采用广播方法发送帧,即向帧来源以外的所有其他端口转发帧。这样,整个扩展局域网的所有网段都有该数据帧,只要目的工作站确实存在于该局域网,就一定能够收到。

透明网桥以逆向学习方式逐步填充站表。网桥在发送帧的同时,查看帧的源地址就可以知道源工作站在哪个端口,然后将源工作站所在的端口信息记录进站表。这样,通过一段时间,站表逐步填满,网桥工作逐步步入正轨。

计算机表格查询与操作都比较费时,为了避免查表工作消耗太多时间,一般表格都不大。网桥使用的站表也是一种表格,也有长度限制。随着网桥不断进行逆向学习,站表一定会填满并溢出。网桥定期地扫描站表,将不发送接收数据时间最长的工作站表项(也就是使用网络可能性最小的站点表项)清除出站表,以腾出表项供给经常使用网络的工作站。

透明网桥的优点是整个工作过程可以自动实现,无需人工干预;缺点是可能形成广播风暴。广播风暴形成的条件有两个:①在网络逐步扩展的过程中,整个扩展局域网拓扑结构构成了环，形成回路；②扩展局域网中部分网桥站表中恰好缺乏目的工作站表项。这样，缺乏目的工作站地址的网桥会以广播方式发送数据帧，每经过一个这样的网桥都会导致数据帧数量倍增，又由于环结构的存在，数据流沿着环循环，网络中大量无效数据帧在网络中进行传输，网络效率下降，甚至崩溃。

2）生成树网桥

生成树网桥是在透明网桥基础上改进形成的，它能够在整个网络所有网桥中自动生成逻辑树结构，避免广播风暴。

生成树结构生成过程如下：①每个网桥首先假设自己是根网桥；②每个网桥广播自己的产品序列号，同时也收到了网络中所有其他网桥的产品序列号；③每个网桥选择产品序列号最小的网桥作为根网桥；④按照根网桥到每个网桥的最短路径构造生成树。

生成树网桥属于同一个网络的所有网桥，按照树结构形成彼此的数据传输方向，并只按照树指定的方向传送数据帧。每个非根网桥将帧传送给根网桥，由根网桥按照树结构传送到与目的工作站相连的网桥，由该网桥将数据转发给与目的工作站所在网段相连的端口。生成树网桥是用逻辑上非环的树结构，打破物理上的环状拓扑结构，从而避免了无效数据的循环重复。

3）源路由选择网桥

发送方通过事先探路，已经掌握了数据发送路径。对于发送帧，在目的地址设置标记，并将发送路径加入此帧。源路由网桥只处理设置了标记的帧，如果按照路径，此帧确实是发给自己的（路径上有本网桥的编号），则按照路径指示，将帧发往指定的端口；否则丢弃此帧。只有那些按照事先设置路径传输的数据帧能够存在，大幅度减少了网络中的无效数据，并且下一步的走向在路径中已经明确，不用网桥再查询站表，减少了数据帧在网桥中的延迟时间，提高了传输速度。但要做到这些，源工作站必须事先确定发送路径。

源工作站在发送数据前要广播一个小的发现帧，从多个发现帧上记录的路径中选择一条最佳的路径，加入数据帧。这种网桥的缺点是在确定发送路径阶段采用广播方式，导致网络中查找帧太多，降低了网络的传输效率。

3.4.3 高速局域网

随着技术的发展，新技术、新材料、新设备应用于经典局域网，出现了一些新型的高速局域网。常见的高速局域网有：FDDI 网络、快速以太网和千兆位以太网。

1. FDDI 网络

FDDI 网络在令牌环网的基础上作了改进，在拓扑结构上，仍然采用物理环状。不同于令牌环网的单环结构，FDDI 网络采用双环，一个环做正向数据传输，另一个环反向传输数据（如图 3-14 所示）。在传输介质上，采用了速度更快、带宽更大、更加便宜的光纤，提高了数据传输速度和可靠性。在介质访问控制方面，采用了多个令牌，使得网络中的多对工作站可同时发送数据。

双环的采用，提高了网络的容错能力。单环的令牌环网环路上任何地方出现故障，都会导致全网瘫痪；而采用了双环结构的 FDDI 网，在线路或节点故障的情况下，有能力自动利用双环构成新环路,从而保证了大部分网络仍然能够工作(如图 3-15 所示)。

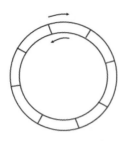 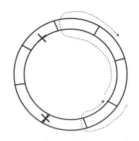

图 3-14　双环数据流向　　　　图 3-15　出现故障时的自组织方式

目前,FDDI 网主要用于连接一些局域网络之间的主干网,不再是传统意义上的局域网。

2. 快速以太网

快速以太网在经典以太网基础上作了改进,拓扑结构主要采用星型、树型,以发挥高速中心设备的优势。它使用高速集线器、高速交换机、新型网卡设备将数据传输率从 10Mb/s 提高到 100Mb/s。由于交换机具有多对通信并发的特点,可以使用多路电缆取代一路电缆。多路电缆含有收发数据专线(点—点方式),避免了碰撞的发生,提高了速度。

和经典以太网相比,快速以太网的管理软件、应用软件、数据格式均保持不变,因而在经典以太网到快速以太网的网络升级方面十分便捷。例如,10Base-T 升级到 100Base-T,只需要将 10Mb/s 交换机替换为 100M 交换机。

3. 千兆位以太网

千兆位以太网又称为吉比特以太网,数据传输率达到 1000Mb/s。它也是在经典以太网基础上作了改进。对中心设备和传输介质要求数据传输率达到 1000Mb/s;增加了光纤通道物理层协议,以便在以太网中利用光纤;引入了载波扩展、分组猝发等新技术;增加点到点专线连接,降低了冲突发生概率。

本章作业

一、填空题

1. 数据链路层使用的信道主要有(　　　)和(　　　)两种类型。
2. 点对点信道采用(　　　)的通信方式。
3. PPP 协议发现错误帧,则(　　　),但不会要求源端重传。
4. PPP 协议具备封装帧、透明传输、(　　　)功能。
5. 数据链路层的 PPP 协议是不可靠传输协议,这是因为 PPP 协议(　　　)。
6. PPP 协议为了保证透明传输数据帧,采用一种零比特填充方法。在发送端,该方法在扫描数据部分时，只要发现有(　　　)，则立即填入一个(　　　)。

7. 应用于数据链路层的地址称为(　　　)。

8. 硬件地址实际上是硬件设备的(　　　)。

9. 局域网是指较小区域范围内各种数据通信设备及计算机连接在一起的通信网络。局域网的特点是(　　　)。

10. 局域网的拓扑结构有总线型、环型和(　　　)三种。

11. 总线型局域网在网中广播信息，每个工作站几乎可以同时收到每一条信息。其优点是：价格低廉，用户入网灵活，(　　　)。

12. 介质访问控制方式包括(　　　)方式和(　　　)方式两种。(　　　)方式是一种有序的方式；局域网中的站点必须持有(　　　)，才有权使用传输介质，发送数据。

13. 10Base-5 以太网络的网速是(　　　)，传输信号形式是(　　　)，网络结构是(　　　)。

14. 100Base-T 以太网络的网速是(　　　)，传输信号形式是(　　　)，网络结构是(　　　)。

15. 以太网传输的数据帧可以有大有小，数据帧的数据字段最大长度不超过(　　　)字节。

16. 网桥是将局域网段连接起来，从而达到扩展局域网的目的。网桥检查每一个数据帧的目的地址，以过滤-(　　　)的方式工作。

17. 网桥工作在数据链路层，它过滤转发的数据单元是(　　　)。

18. 网桥在发送帧的同时，查看帧的源地址就可以知道通过哪个端口可以查找该工作站，网桥将该信息记录进站表。这种方式叫作网桥的(　　　)。

19. 在物理层扩展以太网，主要采用的设备是(　　　)。

20. 生成树网桥选(　　　)的网桥作为根网桥。然后，按根网桥到每个网桥的最短路径构造生成树。

21. FDDI 是一个使用(　　　)作为传输媒体的(　　　)网。

二、判断题

1. 链路(link)是一条无源的点到点的物理线路段，中间可以有其他的交换结点。

2. 一条物理链路上，可以由多条逻辑链路共享，因而可以构成多条逻辑链路。

3. 在 PPP 协议中，如果 I 字段是来自网络层的数据包，在封装进数据帧时，需要特殊处理，以保证帧首帧、尾标志的唯一性。

4. 在数据链路层看不到 IP 地址。

5. PPP 协议发现错误帧，则丢弃该帧，但不会要求源端重传，重传要求由传输层或应用层提出。

6. 集线器的每个端口都有发送和接收数据的功能。当集线器的某个端口接收到站点发来的有效数据时，就将数据转送到其他各端口，然后由端口再发送给与集线器连接的主机。

7. 交换机是一种常用的局域网扩展设备，通过过滤-转发数据帧的方式将多个局域网连接成一个扩展网络。

8. 网桥将收到的每一个数据帧转发到目的主机所在的端口，以保证网络中的每一台主机都能收到发给它的数据。

9. 网桥中设置了站表，记录工作站的对应端口，网桥检查每一个数据帧的目的地址，以过滤-转发的方式工作。

10. 总线型局域网在网中广播信息，每个工作站几乎可以同时收到每一条信息。其优点是：价格低廉，用户入网灵活，一个工作站的故障不影响网络的正常运行。

11. 以太网所使用的帧结构中，数据字段长度不能超过 1500 字节。

12. 网桥在发送帧的同时，查看帧的源地址就可以知道通过哪个端口可以查找该工作站，网桥将该信息记录进站表。这种方式叫作网桥的逆向学习。

13. 局域网的拓扑结构有总线型、环型和星型三种。

14. 数据链路层具备封装帧、透明传输、差错检测功能。

15. 介质访问控制方式有竞争和令牌两种。

16. 网桥是将局域网段连接起来，从而达到扩展局域网的目的。网桥检查每一个数据帧的目的地址，以过滤-转发的方式工作。

三、名词解释

MAC CSMA/CD 令牌 逆向学习 广播风暴 局域网 100Base-T 10Base-5

四、问答题

1. 数据链路层需要解决哪三个基本问题？其内容分别是什么？

2. 在 CSMA/CD 协议中，当两台计算机发生数据传输冲突后，局域网采取什么措施？

3. 在 CSMA/CD 协议中，"冲突"是如何发生的？

4. PPP 协议中的数据帧是否含有帧编号？是否含有检错码？

5. 哪种网桥在什么条件下容易形成广播风暴？

6. 局域网的拓扑结构有哪三种？各有何特点？

7. 简要说明网桥工作原理。

8. 网桥对所连接的局域网的基本要求是什么？

第4章 网　络　层

在 TCP/IP 模型中，网络层实现了众多的功能，可以分为以下几类：实现异构物理网络的互联；完成互联网中从源主机到目的主机的数据传输；数据传输的最佳路径选择；在路由器上实现的其他功能。

在 TCP/IP 模型中，TCP 和 IP 两个协议由于其巨大的作用而被纳入模型的名字之中。但随着网络需求的快速提升，老版本的 IPv4 协议渐渐变得难以胜任。本章最后，将简要介绍新版本的 IPv6 协议。

4.1　网络互联

4.1.1　网络互联概念

1. 什么是网络互联

网络互联是将不同类型的物理网络连接在一起构成一个统一的网络。在现实中，不同的国家、不同的地区、不同的公司或单位都从自己的应用需求出发建立了自己的物理网络，这些物理网络彼此之间可能有很大的差异。为了实现资源共享，必须将它们连接起来，成为一个统一的网络，覆盖全球的互联网就是这样形成的。将不同的物理网络连接并构成一个统一的网络，必须满足一些条件，采用一些方法。网络互联就是这样的技术。

2. 网络互联的好处

网络互联可以解决网络长度的物理限制，将异地的网络连接起来，实现更广泛的资源共享。网络互联手段还可以使我们在建立物理网络时，限制网络中计算机的数量和网络覆盖范围，提高单个网络效率，降低网络管理难度。

3. 网络互联的方法

实现不同物理网络的互联，不仅要实现物理上的互联互通，还要实现逻辑上的互联互通。

实现逻辑上的互联互通，首先要有统一的地址。在互联网上，所有计算机都有可能相互通信，只有采用统一的逻辑地址，才能在需要通信时找到对方，建立源主机和目的主机之间的数据传输逻辑通道。

实现逻辑上的互联互通，还要有统一的数据格式。互联网是由许多物理网络互联而成的，数据传输过程需要通过多个物理网络，每一步传输都是由物理网络中的通信设备完成的。只有采用统一的数据格式，数据单元才能被各个物理网络中的通信设备识别、处理、传输。

互联在一起的物理网络还必须采用统一的数据传输方法。已经有了统一的地址、统一的数据格式，再采用统一的方法建立连接源主机和目的主机的逻辑通道，使用同样的方法进行数据传输，就是顺理成章的。

事实上，想要连接互联网的计算机或物理网络必须采用 TCP/IP 模型，安装 TCP/IP 模型的各种协议，其中的 IP 协议（Internet Protocol）是互联网协议。IP 协议具有良好的网络互联功能，原因就在于它规范了 IP 地址和数据包格式，为不同物理网络的互联建立了一个统一的平台。各个物理网络为了能够互联，都遵循、执行 IP 协议，因而都能识别 IP 协议所规定的 IP 地址和数据包格式，都采用 IP 协议规定的方法进行数据传输。

物理网络采用 TCP/IP 模型还意味着物理网络中的主机都具有图 1-9 所示的相同网络模型层次。这样，不管物理网络间有多大差异，不管不同网络中的计算机之间在性能上、价格上有多么悬殊，它们在层次上是对等的，同层次上使用的协议和基本功能是相同的，同层次上的数据是能够互相识别的，对数据处理方法是一致的，完全能够处理对方网络传输过来的数据，不同的物理网络就在逻辑上互联在一起。

4. 网络互联的种类

互联网只是计算机网络中的一种，不采用 TCP/IP 模型的物理网络同样可以实现逻辑互联，条件是：两个物理网络有对等的层次，在对等层次上有相同的数据识别方法，在对等层次上进行逻辑互联。根据逻辑互联的层次，网络互联种类如图 4-1 所示。

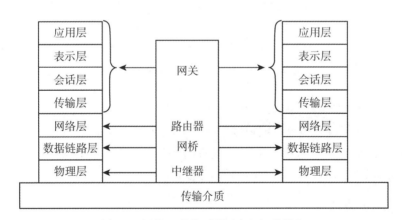

图 4-1　网络互联的不同层次和相关设备

1）物理层互联

物理层互联要求两个相连网络的信号形式相同，即两个网络物理层将比特流转化为信号的方式相同。这样，一个网络发出的信号通过通信介质传输到另一个网络，该网络能够识别其信号，从信号中提取出比特流，从而完成二进制数据在相连网络中的逻辑传输。

实现物理层互联的设备是中继器，中继器是通信学科中的叫法。在通信领域，中继器是一种远程通信设备。信号在传输过程中会随着距离的延伸而衰减，如果在传输中途完全衰减掉，目的站点就无法收到信号，中继器在信号完全衰减前，接收信号，放大信号，再往下传，被放大的信号又能在完全衰减前传输一段较远的距离。因而中继器是远程传输的接力站，基本功能是在远距离通信过程中进行接力传输。

在计算机网络领域，中继器的基本功能是实现两个或多个物理网络的互联。前面介绍的集线器以及交换机都是中继器的一种，它们将网络的总线直接连接起来，实现物理层上的网络互联。一个网络上的电信号通过集线器直接传输到另一个网络总线，进而传输到连接总线的所有工作站，只要这两个网络采用的信号形式相同，所有工作站都能识别信号，进而能够从信号中提取出比特数据，从而实现比特数据的传输，实现两个物理网络的逻辑连接。

两个网络信号形式相同，意味着它们在物理层上进行的数/模转换方式和物理层协议相同，使用相同的物理层协议是物理层互联的基础。物理层互联还要求网络使用的数据链路层协议相同，以便能够用同样的方法从同样的比特流中提取出同样的数据帧，并能进行同样的处理。所以，物理层互联往往连接的是同类型的网络，例如，10Base-2 与 10Base-2、10Base-5 与 10Base-5 等可以用集线器或交换机互联。而 10Base-2 与 10Base-5 则不行，因为一个是细同轴电缆做总线，另一个是粗同轴电缆做总线，两者信号形式不同。但它们都是以太网，数据帧格式相同，可以用网桥互联。

2）数据链路层互联

数据链路层互联的条件是两个网络在数据链路层使用的协议相同，数据帧格式相同，传输的数据帧在相连的网络中都能被识别、处理。

网桥连接的网络在物理层使用的协议可以不同，即各网络中的信号形式可以不同。网桥通过端口连接物理网络，端口具有物理层和数据链路层，与所连网络的物理层和数据链路层使用相同的协议。发送数据的网络通过传输介质将信号传输到端口，因为端口物理层使用与源网络相同的物理层协议，因此能够从信号中提取出比特流并交给端口数据链路层，又由于端口数据链路层与源网络数据链路层协议相同，因此能够从比特流中提取出数据帧。网桥采用过滤-转发方式，将数据帧转发到与目的网络相连的端口。目的端口物理层和数据链路层与所连目的网络的物理层和数据链路层使用相同的协议。目的端口数据链路层按照目的网络的处理方式将数据帧转化成比特流交给目的端口物理层，该物理层按照目的网络方式将比特流转化为信号并通过端口所连的传输介质将信号发给目的网络。由于信号形式相同，目的网络中的目的主机能够从信号中获取数据帧，收到源主机发来的数据。

作为数据链路层连接设备的网桥将所连网络分隔开来，互联网络并没有直接的物理相连，实现的是间接的逻辑互联，这一点不同于集线器进行的总线直接互联。分隔使得不同的端口可以使用不同的信号形式而不互相干扰，但不同的端口必须使用不同网络的相关协议。因此，一个网桥必须安装、运行多种不同的协议，对硬件设备要求较高。

不同型号的以太网可以用网桥互联，因为任何以太网使用的数据帧格式都是相同的。但以太网和令牌环网不能用网桥互联，原因就是由网桥直接转发的数据帧因格式差异不能为另一个网络所识别和处理。以太网和令牌环网需要用路由器互联，因为在都遵守 IP 协议的前提下，不论是以太网还是令牌环网，其数据帧中所包含的数据包格式是相同的，能够在网络层实现逻辑互联。

3）网络层互联

在互联网中，路由器是网络层互联设备。如图 1-7 或图 1-10 所示，路由器有物理层、数据链路层和网络层三个层次。路由器同样有若干个端口，互联的每一个网络都连接着一个端口。端口的物理层、数据链路层和网络层遵循与所连网络同层相同的协议。因此，数据来源网络发来的数据包能够通过端口发到路由器网络层，路由器网络层根据数据包中的目的地址，通过路由计算，得到转发网络，再将数据包转发给与转发网络所连接的端口。由于该端口数据链路层、物理层遵循与转发网络相同的协议，所封装的数据帧、所形成的信号形式都是转发网络能够识别的，因此数据包能够为转发网络所接收。数据来源网络发来的数据包就这样通过路由器传输到了转发网络。

与网桥类似，路由器的多个端口连接不同的物理网络，这些端口在路由器内部不直接相连，因此路由器在物理上将不同物理网络分隔开。每个端口与所连接网络遵循同样的协议，因此路由器可以通过端口与所连网络进行畅通无阻的数据传输。路由器从接收端口接收数据，在网络层查询数据包目的地址，根据目的地址计算转发端口，按照转发端口协议格式重新包装数据帧，将包装好的数据发往转发端口，从而实现了接收端口和转发端口的逻辑连接，进而实现两个端口所连物理网络的逻辑连接。所连物理网络采用相同的数据包格式是实现路由器连接的关键。

4）高层互联

从网络层角度看，网络层互联是由节点在不同物理网络之间转发数据包。如果两个网络在网络层采用的协议不同，数据包格式不同，转发过来的数据包不为网络所识别，则转发过来的数据就是一团数据垃圾，逻辑连接失败。实现两个网络的逻辑连接需要在更高的层次进行。

在网络层以上进行逻辑连接称为高层互联。互联网中的交互节点在系统结构上只有三层，最高层是网络层，不能进行高层互联。只有计算机才有更高的层次，因而高层互联设备需要由计算机来担任，用作高层连接节点的计算机称为网关。

网络层传输的数据包又称为报文分组，是由报文划分的，不是一个文件整体，而是文件碎片。报文是文件整体，只要格式能被识别，一个数据文件在任何计算机上都能读写、应用。

网关同样是用端口连接一个物理网络，端口遵循与所连物理网络相同的协议，因此一个接收端口能够收取所连网络发来的数据。只要高层收到一个报文的所有报文分组，就可以将它们合成为一个数据文件。再按照转发网络协议要求组织数据单元，向连接转发网络的端口发送，转发网络就能够传输这些数据单元，这样在高层就形成两个物理网络的逻辑连接。

不同网络的操作系统、码制、协议可能不同，网关在重新组织数据之前，需要根据这些不同进行转换。网关的主要作用就是进行这类协议翻译。

互联起来的网络可以看成一个整体，称为虚拟互联网络(如图 4-2 所示)，即逻辑上可以彼此异构，物理上设备差距巨大，但看起来好像是一个整体。连接网络的所有计算机通过这个虚拟互联网络连接起来。

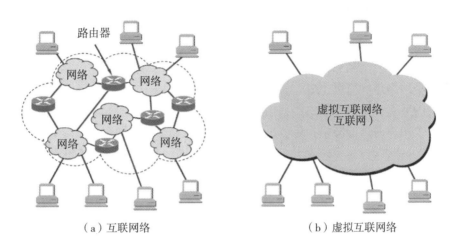

（a）互联网络　　　　　　　　　　（b）虚拟互联网络

图 4-2　虚拟互联网络

4.1.2　网络互联工具——路由器

路由器是互联网的标准组件，是实现网络互联的硬件设备。作为不同网络(具有不同的网络号，在逻辑上就属于不同的网络)之间互相连接的枢纽，路由器系统构成了互联网的主体脉络，是通信子网中的交换节点，也可以说，路由器构成了 Internet 的骨架。一个网络可以通过路由器与其他各种类型的大小网络相连，互联网本身就是这样通过逐步互联，发展成为今天覆盖全球的最大计算机网络。路由器的处理速度是网络通信的主要瓶颈之一，它的可靠性则直接影响着网络互联的质量。在互联网研究领域中，路由器技术始终处于核心地位，其发展历程和方向成为整个互联网研究的一个缩影。

路由器如何实现两个网络的互联？如图 4-3 所示，路由器是两个相连网络的共同边

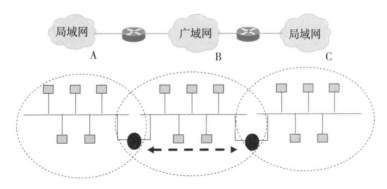

图 4-3　路由器连接不同网络示意图

界，更是两个相连网络的内部成员。路由器的一个端口连接着一个网络的总线，该端口拥有一个属于该网络的 IP 地址。由于它是网络的内部成员，遵循该网络中的各种协议，能够像网络中的其他工作站一样广播和接收数据帧。它也是另一个网络的内部成员，当它发现一个端口收到的数据帧所包含的数据包需要发给另一个网络，就会将数据包封装成另一个网络的数据帧，通过连接端口向该网络以广播的形式转发数据帧。由于一台路由器同时属于多个网络，它必须同时遵循、运行各个网络所采用的协议。

路由器是连接两个相邻网络的交换节点，反之，一个网络也是连接两个路由器的链路。如果这个网络足够简单(如图 4-3 所示的总线局域网结构)，两个路由器之间没有其他起连接作用的节点，这两个路由器就构成了相邻节点。

如果两个距离遥远的网络相连，可以通过通信链路直接将两个网络边界上的路由器连在一起(如图 4-4 所示)，该链路是一个特殊的直连网，与特殊直连网相连的端口不需要 IP 地址。

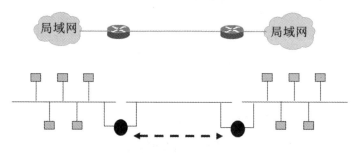

图 4-4　特殊直连网连接到路由器

路由器与网桥类似，都有处理器和内存(很多重要节点实际上是一台高档计算机)，都用端口与每个网络相连，都根据表信息作出是否转发、向哪个端口转发的决定。

路由器与网桥的区别是：

(1)路由器工作于网络层，实现网络级互联；网桥工作于链路层，连接不同局域网。

(2)路由器构成的互联网络可以存在回路；网桥构成的互联网络如果存在回路，有可能形成“广播风暴”，因此必须努力避免网络形成回路，这在实践中又是十分困难的。

(3)它们在安全策略、实现技术、性能、价格方面均有所不同。

(4)由网桥扩展的局域网仍然属于一个局域网，它们具有相同的网络号；由路由器连接的网络往往是不同的物理网络，它们有各自的网络号。

4.1.3　互联网络协议

IP 是互联网协议(Internet Protocol)的简称，它具有良好的网络互联功能，原因就在于它规范了 IP 地址、数据包格式以及处理方法，为不同物理网络的互联建立了一个统一的平台。也就是说，各个网络为了能够互联，都遵循 IP 协议，因而它们都能识别 IP 协议所规定的 IP 地址和数据包格式，都采用 IP 协议规定的方法处理 IP 地址和数据包。

1. IP 地址

1) IP 地址的概念

IP 地址是互联网中为每个网络连接(网卡)分配的一个在全世界范围内的唯一标识。IP 地址长度为 32 比特,由网络号、主机号组成。为了方便记忆,将 32 比特分成四个字节,每个字节用一个十进制数表示,十进制数之间用圆点分割,它是 IP 地址的十进制表示。如 172. 16. 122. 204(如图 4-5 所示)。

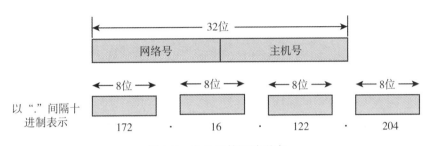

图 4-5　IP 地址的两种形式

2) IP 地址分类

按 32 位 IP 地址基本格式的第一个字节的前几位,将 IP 地址分为 A、B、C、D、E 五类地址(如图 4-6 所示)。A、B、C 类地址为单目传送(Unicast)地址,用来分配给计算机使用,既可以作为源地址标识发送数据的源主机,也可以作为目的地址标识接收数据的目的主机。D 类地址为组播(Multicast)地址,用于在一个组内进行广播,即一个 D 类 IP 地址标识多台目的主机;D 类 IP 地址只能作为目的地址。E 类地址为保留地址,以备特殊用途。

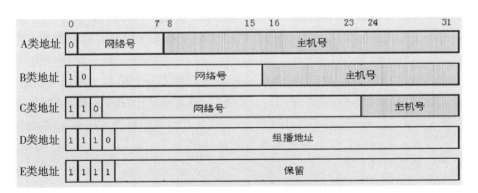

图 4-6　各类 IP 地址的特征

A 类地址网络号除去一个标记比特 0 后只剩下 7 位,这意味着在互联网中最多只有 $2^7 = 128$ 个 A 类网络,它们的网络编号分别是 0,1,…,127。A 类地址主机号有 24 位,意味着每个 A 类网络拥有 $2^{24} = 16777216$ 个 IP 地址可供分配。由于存在地址的特殊规定,一般网络号和主机号全为 0 或 1 的地址不能用来分配,可分配地址至少比理论值少 2 个。表4-1对各类地址作了总结。

表 4-1 各类 IP 地址特点

IP 地址类	格式	目标	最高位	地址范围	网络位/主机位	网络能包含最大主机数
A	N,H,H,H	较大组织	0	1.0.0.1～126.255.255.254	7/24	16777214
B	N,N,H,H	中型组织	1,0	128.1.0.1～191.254.255.254	14/16	65534
C	N,N,N,H	相对小的组织	1,1,0	192.0.0.1～223.255.254.254	21/8	254
D	N/A	多广播组	1,1,1,0	224.0.0.0～239.255.255.255	N/A	N/A
E	N/A	高级	1,1,1,1	240.0.0.0～255.255.255.254	N/A	N/A

IP 地址一般用十进制表示,可以根据第一个十进制数来判断一个 IP 地址属于哪一类。根据表 4-1,A 类地址的第一个十进制数在 1～126 之间,B、C、D、E 类地址的第一个十进制数分别在 128～191、192～223、224～239、240～255 之间。

3)特殊的 IP 地址

有几类 IP 地址不能分配给具体的计算机,它们有特殊的作用。路由器会按照这些地址的特殊作用进行路径选择。

(1)广播地址。主机地址部分全为“1”的地址是广播地址,将向 IP 地址中网络号指定的网络中所有主机发送数据。IP 地址全为“1”的地址(255.255.255.255)是有限广播地址,将向本网络的所有主机发送数据。

(2)“零”地址。主机号为“0”的 IP 地址表示该网络本身,是一个网络号。网络号为“0”的 IP 地址表示本网络上的某台主机。全 0 地址“0.0.0.0”代表本主机自己。

(3)回送地址。任何一个以数字 127 开头的 IP 地址。当任何程序用回送地址作为目的地址时,计算机上的协议软件不会把该数据包向网络发送,而是把数据直接返回给本主机。回送地址便于网络程序员测试开发的网络软件,也可以应用于其他一些特殊用途。

可见网络号和主机号为全 0、全 1 的地址都是特殊地址,都不能用来分配给网络或计算机。

4)子网和掩码

在一个网络内部,如果主机数量太多,会导致整个网络管理复杂,效率降低,速度下降。可以将一个网络划分成若干小规模的网络,称为子网络(或子网)。子网络主机数量不多,效率更高,更好管理。

子网掩码用来在 IP 地址的主机号空间划分子网,它用主机号的若干个高位作为子网号,作为新编的子网编号。与 IP 地址对应,子网掩码有 32 位二进制比特数字。通过掩码可以把 IP 地址中的主机号再分为两部分:子网号和主机号。如图 4-7 所示,子网掩码中为 1 的位相对应的 IP 地址部分为子网号,为 0 的位则表示的是主机号。

图 4-7　子网掩码指明了一个子网的网络号和主机号

对于一个子网来说,网络号和子网号构成了本子网的网络号。

在现实世界中,一个物理网络构成一个独立网络。在互联网逻辑中,子网就是一个独立的逻辑网络。路由器是根据子网络的网络号进行路径选择的,数据传输的目的地也是子网络。这个网络号是 IP 地址中的网络号加上子网号。

一个 IP 地址的网络号可以根据 IP 地址的类别很快得出,但 IP 地址的网络号并不是路由选择的根据,路由器需要的是子网络的网络号。IP 地址和网络的子网掩码进行相"与"运算,就可得到所需的子网号。因此,每个物理网络的管理员在确定了网络的子网划分方法(也就是确定本网络的子网掩码)以后,必须将子网掩码对外宣布,以供路由器在必要时能够使用。

IP 地址和掩码的反码进行"与"运算,可得到主机地址。主机地址是在传输数据到达目的网络后,进一步查找目的主机的关键信息。

5)IP 地址的分配方法

IP 地址是一种网络资源,最初由互联网最高管理机构所有。最高机构将 IP 地址分配给各个国家、地区,国家或地区的互联网管理机构将它们分配得来的 IP 地址再分配给机构、组织、商业网络公司,供它们组网所用。在这些分配过程中通常都是以网络号或子网号为单位分配,例如,某单位向上级网络管理机构申请一个 B 类网络号,则这个网络中65536 个 IP 地址都为该单位所有。后来有了地址块处理技术,又常以地址块为单位进行分配。地址块是由一个连续的 IP 地址组成的地址空间,可以用来组建物理网络。

每台计算机要上网,必须有一个 IP 地址。个人可以向本网络的管理员申请一个 IP 地址,绑定在自己的计算机上。由于 IP 地址资源不够用,并且在实际应用中并不是每台计算机都时时刻刻传输或接收数据,很多网络不再给个人分配 IP 地址,而是采用自动临时分配地址的方式,将一个空闲的 IP 地址分配给需要使用网络的计算机;当该计算机不使用网络时,及时自动收回 IP 地址,准备分配给其他计算机。若一个网络中同时使用网络的计算机很多,暂时没有空闲 IP 地址,则需等待空闲 IP 地址的出现。在使用上显得网速不那么快,好处是大量的计算机都能同时上网。

一个用户如果得到一个 IP 地址,需要将该地址绑定在网卡上,一个网卡通常有一个接口连接电缆,它是网络的物理接口。一个 IP 地址表示一个网络连接,是一个网络接口。

一台主机可以插入多个网卡，所以可以有多个物理接口；一个网卡可以绑定多个 IP 地址，所以可以有多个网络接口，也就是说一台计算机理论上可以有多个 IP 地址。

一个对外提供信息服务的物理网络不光有大量的客户机(Client)，还应该有多个服务器(Server)(如图 3-11 所示)，如 Web 服务器、Ftp 服务器、Email 服务器和 DNS 服务器，每个服务器都需要分配一个 IP 地址。服务器的基本含义是指一个管理资源并为用户提供服务的计算机软件，通常分为文件服务器、数据库服务器和各种服务器应用系统软件(如 Web 服务、电子邮件服务)。一台计算机如果能力足够强，可以安装多个服务器。但服务器需要为广大的计算机客户提供服务，负载过高。如果安装服务器的计算机运行能力不足，会导致速度下降，从而影响网络整体性能。此外，运行服务器的计算机的处理速度和系统可靠性都要比普通 PC 高得多，因为这些计算机在网络中一般是连续不断工作的。普通 PC 死机了可以重启，数据丢失的损失也仅限于单台电脑。运行服务器的计算机不同，许多重要的数据都保存在计算机上，许多网络服务都在计算机上运行，一旦该计算机发生故障，将会丢失大量的数据，造成的损失是难以估计的，而且计算机上的服务器提供的功能如代理上网、安全验证、电子邮件服务等都将失效，从而造成网络的瘫痪。因此，运行服务器的计算机或计算机系统相对于普通 PC 来说，在稳定性、安全性、性能等方面都要求更高，其 CPU、芯片组、内存、磁盘系统、网络等硬件与普通计算机有所不同，在质量与处理数据性能上更出色。这些计算机一般专门用来运行服务器，久而久之，这些计算机被人们称为服务器。所以，服务器也被看作是网络环境下为客户机提供某种信息服务的专用计算机。服务器是一种高性能计算机，作为网络的节点，存储、处理网络上 80% 的数据和信息，因此也被称为网络的灵魂。

一台能力超强的计算机上可以运行多个服务器，因为每个服务器都需要各自的 IP 地址，这些 IP 地址都要绑定在这台计算机上。只有在这种情况下，一台计算机才需要绑定多个 IP 地址。在多数情况下，一台计算机一般绑定一个 IP 地址。

2. IP 报文格式

IP 协议规定了网络层所传输的数据包格式。如图 4-8 所示，数据包由 IP 报文头和数据两部分组成，其中，数据部分是传输层所交付的要传递的数据。报文头是网络层为传递数据所加的各种控制信息，又称为数据包首部。IP 报文头的前 20 个字节是不可缺少的基本部分，又称为固定首部；固定首部后面可以有若干个任选项。IP 报文头大小是以 4 字节为单位计数，且随着任选项的多少而变化。填充项紧接着任选项后面，填充若干个比特位，以保证 IP 报文头的长度是 4 字节的整数倍。

IP 报文头中，各字段的意义如下：

版本(Version)为 4 比特，只有两种取值：0100 表示 IPv4，0110 表示 IPv6，表明所采用的 IP 协议的版本号。

头部长度(Header Length)是指本 IP 报文头的长度。IP 报文头的长度除了固定首部的 20 个字节外，还取决于有多少任选项。IP 报文头的长度以 4 字节为单位计算，如果没有任何任选项，则报文头长度只有固定首部的 20 个字节，记为 5。该字段只有四个比特，可以表达的最大数为 15，因此 IP 报文头的最大长度为 15×4＝60 字节，以二进制表示，该

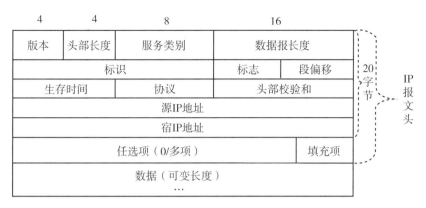

图 4-8　数据包格式

字段的取值范围为 0101~1111。

服务类型(Type of Service)确定分组的处理方式。这个字段包含两个部分：Precedence 和 TOS。TOS 目前不太使用，而 Precedence 则用于 QoS 应用。QoS(Quality of Service，服务质量)指一个网络能够利用各种基础技术，为指定的网络通信提供更好的服务能力，是网络的一种安全机制，是用来解决网络延迟和阻塞等问题的一种技术。在正常情况下，如果网络只用于特定的无时间限制的应用系统，并不需要 QoS，比如 Web 应用，或 E-mail 设置等。但是对关键应用和多媒体应用就十分必要。当网络过载或拥塞时，QoS 能确保重要业务量不受延迟或丢弃，同时保证网络的高效运行。

数据报长度(Total Length)是指整个数据包(包括 IP 报文头和数据部分)的总字节数。该字段为 16 比特，这说明 TCP/IP 模型中的数据包最大不超过 2^{16} 字节(64K 字节)。前面已经介绍，报文分组(数据包)是传输层在将数据交给网络层以前对报文对进行分割，以便网络中的数据传输单元不超过一个上限而得到的，从这个字段可以知道这个上限不超过 64K 字节，但并不是说这个上限就一定是 64K 字节。事实上，每个物理网络都有一个重要的参数 MTU(最大传输单元)，规定了该网络中传输单元上限，超过该上限的数据单元会被重新划分包装或丢弃。如果数据包大小超过一个网络 MTU，但又需要经过该网络传输，就需要在进入该网络时，将数据包再进行一次分割，以满足该网络对数据包大小的要求。对于一个报文，如果分割得过小，数据包数量过多，碎片化率提高，网络中传输单元数量增加，丢失的概率增加，报文重组工作量增大，网络效率降低。但如果分割得过大，重新分割的可能性会显著提高，反而增加新的工作量。因此，每个物理网络在设置参数 MTU 时，需考虑多方面因素。前面已经介绍，以太网数据帧的数据字段长度不超过 1500 字节，该数据字段就是网络层提交的数据包，因此通过以太网传输的数据包不能超过 1500 字节。考虑到以太网在互联网中的广泛应用，1500 成为一个常见的 MTU 参数值。

标识(Identifier)、标志(Flags)、段偏移(Frag Offset)三个字段联合使用，对大的上层数据包进行分段(fragment)操作。分段操作就是对数据包再次进行分片、分割，以便数据包在互联网上不同的物理网络中(它们都具有各自的、彼此不同的 MTU 参数)能进行传送。

如果一个大的数据包需要通过具有较小 MTU 参数值的网络进行传输，就必然要将这个大的数据包分段成若干个小的数据包；这些分段数据包通过这个网络后，又必须重新组合，还原成原有的形式，因此需要为分段数据包的还原作准备。标识字段长度 16 比特，用于存放被分段原数据包的编号，由同一个数据包分割而成的分段数据包，都在这个字段保存原数据包编号。一个实际网络中同时传输着成百上千个来源各异的数据包，在分段数据包需要合成原数据包时，这个字段是将原数据包中所有被分段数据包收集起来的唯一线索。数据包的分段在进入这个网络的路由器上进行，数据包的还原在离开这个网络的路由器上进行。可见路由器要做的事情很多。

标志字段长度为 3 比特，该字段第一位不使用，第二位是 DF 位，DF 位设为 1 时表明不允许路由器对该数据包分段。如果一个数据包无法在不分段的情况下在本网络中进行传输(也就是数据包的大小已经超过了本网络的 MTU 参数，还不允许分割)，路由器会丢弃该数据包并返回一个错误信息。第三位是 MF 位，当路由器对一个数据包分段，会在最后一个分段数据包的包头中将 MF 位设为 0，将其他分段数据包的 MF 位标记为 1。

段偏移字段长度为 13 比特，该字段标记了每一个分段数据包在原数据包中的位置，该位置是用距离原数据包第一个字节的偏移量信息表示的。例如，一个大数据包以 800 字节为单位进行分段，则各分段数据距离原数据包首字节的偏移量依次是 0，800，1600，…，那么分段数据包在各自的段偏移字段标记 0，100，200，…。为什么不直接标记 0，800，1600，…，而标记缩小了 8 倍的 0，100，200，…? 这是因为段偏移字段长度只有 13 比特，比标识字段长度 16 比特少了 3 位，数据表达范围缩小了 8 倍。为了能够正确标识分段数据在整个数据包中的正确位置，标记值必须缩小 8 倍。这也说明，分段数据的大小必须是 8 的整数倍。由于分段数据包在网络上的传送不一定能按顺序到达，这个字段保证了目标路由器在还原被分段数据包时能够对接收到的分段数据包进行正确排序。如果某个分段数据包在传送时丢失，则属于同一个原数据包的一系列分段数据包都会被要求重传。

生存时间(TTL)字段长度为 8 比特，规定数据包在网上传送的最大跳步数。前面已经介绍，数据在传输过程中，容易出现比特错。如果比特错发生在数据包中的目的地址字段，会导致目的地址被改写，该数据包无法到达不存在的目的地址，成为无用的数据垃圾。为了防止数据包无休止地要求网络节点搜寻不存在的目的地址，当数据包进行传送时，会先对 TTL 字段赋予某个特定的值。当数据包经过沿途每一个路由器时，路由器会将数据包的 TTL 值减少 1。如果 TTL 减少为 0，则该数据包会被丢弃。这个字段可以防止故障导致数据包在网络中不停地被无效转发。

协议(Protocol)字段标明了发送分组的上层协议号(TCP = 6，UDP = 17)。传输层为应用层提供 TCP 数据传输和 UDP 数据传输，这两种服务方式都需要借助网络层服务完成。网络层只提供一种 IP 数据报服务，不论传输层是哪种服务下派的任务，网络层都以同样的方式提供服务，但在数据包首部协议字段做了标明。

头部校验和(Header Checksum)字段存放着本 IP 报文头的校验码。网络层和数据链路层一样，其发送和接收两端采用同样的校验函数对数据各自计算一个校验码，通过对比来发现数据是否在传输后发生变化。网络层只对 IP 报文头进行检验，这是因为网络层实在太忙，对检验工作做了简化。

源 IP 地址和宿 IP 地址(Source and Destination Addresses)：这两个地段都是 32 比特，记录了这个数据包的源主机和目的主机的 IP 地址。源 IP 地址标明该数据包来自哪台计算机，目的 IP 地址标明该数据包要送往哪台计算机。

任选项(Options)：这是一个可变长的字段。该字段由起源设备根据需要编写。可选项目包含许多内容，涉及网络测试、调试、保密及其他。下面举几个例子。

松散源路由(Loose source routing)：路由信息表给出一连串路由器接口的 IP 地址，数据包必须沿着这些 IP 地址传送，但是允许在相继的两个 IP 地址之间经过多个路由器。

严格源路由(Strict source routing)：路由信息表给出一连串路由器接口的 IP 地址，数据包必须沿着这些 IP 地址传送，如果下一跳不在 IP 地址表中则表示发生错误。

路由记录(Record route)：当探路数据包离开每个路由器的时候记录路由器的出站接口的 IP 地址，整个路径依次记录的 IP 地址形成路由信息表。

时间戳(Time stamps)：当数据包离开每个路由器的时候记录时间。

通过以上对数据包格式的介绍可以看到，数据包大小可以在很大范围内变化；数据包首部中还有众多的可选项，对每个可选项都需要有对应的处理方法；此外，各个网络还有不同的参数设置。所以，即使是加入互联网的物理网络都遵循 IP 协议，各个网络中的数据包格式也可能有很大差别，这些差别需要连接两个网络的节点来化解。

3. 数据包在不同网络中的必要处理

一个数据包从起点到终点的传递，要经过多个不同的网络；数据包在经过每个网络时，都要满足该网络的协议规定；连接不同网络的路由器负责将数据包按照将要经过的网络的协议要求进行处理，以便该数据包能在该网络中传递；经过处理的数据包离开该网络时，路由器要将经过处理的数据包还原成本来面目。一个简单的例子是数据包大小的变化。

根据 IP 协议，数据包大小上限不得超过 64K，但 IP 协议还是相当宽泛的，有很多选项。不同的网络即便都采用了 IP 协议，还是可以根据自己的情况，作出各自不同的规定，独立地确定自己网络数据包的大小，并按此要求封装、传递、处理数据包；可能某个网络规定数据包大小上限为 64K，另一个网络数据包大小上限为 4K；在 64K 数据包的网络中能够直接传递 4K 的数据包；而 4K 数据包的网络不能传递 64K 的数据包，必须由路由器将大数据包划分成小数据包。

划分的方法如图 4-9 所示：①将数据包的数据部分划分成若干个分片，每个分片组成新数据包的数据部分；②将原数据包的首部复制若干份，作为新数据包的首部；③新的数据包首部和新的数据包数据部分组成新的数据包；④在每个新数据包首部中的 Identifier、Flags、Frag Offset 三个字段以及数据报长度字段做必要的记录，以便在离开该网络时能够将这些新生成的数据包还原成原数据包。

例题：一个数据包长度为 6000 字节(固定首部长度)。现在要经过一个网络传送，但此网络能够传送的数据包最大长度为 1500 字节。试问应当如何划分该数据包？新数据包的数据字段长度、段偏移字段和 MF 标志应为何数值？

解：

数据包总长度为 6000 字节，固定首部 20 字节，因此数据包数据部分长度为 6000−20 =

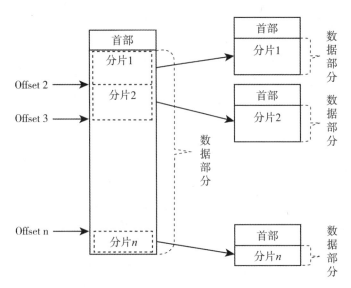

图 4-9　一个大数据包划分成若干个小数据包方法示意图

5980 字节。

传输网络最大数据包长度为 1500 字节，减去固定首部 20 字节，其数据部分最大长度为 1500−20＝1480 字节。因此划分的每个数据分片长度上限是 1480 字节。

一种划分方法是将数据包数据部分 5980 字节划分成：1480，1480，1480，1480，60 字节共 5 个分片。则分片首部的段偏移字段依次是：0，185（即 1480/8），370，555，740。分段数据包首部的 MF 标志依次是：1，1，1，1，0。

解毕。

这些在网络入口路由器新生成的数据包都符合本网络的协议要求，因此能够在本网络各种软硬件资源的支持下顺利传输通过本网络。在网络出口处，由出口路由器将这些新生成数据包重新合成原数据包。由于网络中传输的数据包数量众多，出口路由器如何知道哪些数据包是由同一个数据包分割生成的？出口路由器根据数据包首部中的标识（Identifier）字段内容进行识别。源主机发出的每个数据包，其 Identifier 字段内容各不相同，只有由同一个数据包分割生成的数据包才具有相同的 Identifier 值，因为在分割过程中 Identifier 值没有更改。出口路由器将所有具有相同 Identifier 值的数据包，取出数据部分按照其偏移值排进队列。当 MF 标志为 0 的数据包数据部分排进队列，并且队列已经填满，就可以重新组建数据包，得到完全还原的原数据包。剩下的工作是出口路由器为数据包选择新的转发网络，并转发出去。

4.1.4　数据包传输过程

1. 网络层提供的服务

在通信子网中，网络层是最高层。在资源子网中，网络层的上层是传输层，网络层为传输层提供从源主机到目的主机的数据包传输服务。前面已经介绍，网络层的基本功能是为数据包选择最佳路径并沿最佳路径转发数据包。一般意义上，计算机网络的网络层服务有两种方式：①先选择一条连接源主机到目的主机的最佳路径，再沿该路径传输所有数据包；②看一步走一步，即节点从上一个相邻节点接收一个数据包，再查询数据包首部目的地址，根据目的地址调用路由算法计算下一个最佳的相邻节点，最后向最佳相邻节点转发数据包。第①种方式是面向连接的虚电路服务，第②种方式称为无连接的 IP 数据报服务。面向连接与无连接服务是数据通信的两种不同的数据传输技术，每种方式都各有优点和缺点。

面向连接服务和电话系统的工作模式相似，其主要特点有：

(1)数据传输过程必须经过建立连接、传输数据与释放连接三个阶段；

(2)在数据传输过程中，各个交换节点按照数据包首部中记录的松散源路由或严格源路由字段中记录的路由信息表向下一个交换节点传输该数据包；

(3)传输连接类似一个通信管道，发送者在一端放入数据，接收者在另一端取出数据，传输的数据包顺序不变，因此传输的可靠性好。

无连接服务与邮政系统服务的信件投递过程相似，其主要特点是：

(1)各个数据包由沿途的交换节点一步一步地向目的地址传输，直到到达目的主机。即使是来自同一个报文的若干个数据包，它们的传输过程都是相互独立的；

(2)传输过程不需要经过建立连接、释放连接等复杂费时的阶段，过程相对简单；

(3)目的主机接收的数据包可能出现乱序、重复与丢失现象。

无连接服务是不可靠的，但是由于省去了很多协议处理过程，它的通信协议相对简单，通信效率比较高。

1)虚电路服务

面向连接服务作为一种数据传输技术可以用在网络系统的各个层次，虚电路服务是特指在网络层使用的面向连接服务，过程是源主机先以无连接 IP 数据报传输方式发送一个通信连接请求(虚呼叫)数据包。虚呼叫数据包在传输过程中，在数据包首部选择项的路由记录字段中逐一记录所通过的一系列路由器，当数据包到达目的主机，该记录就构成一条通往目的主机的最优路径；目的主机返回同意通信数据包，包中含有的路由记录字段记录的整个最优路径，然后在源主机与目的主机之间建立一条连接通路，也就是虚电路。所有后续数据包在自己的数据包首部选择项松散源路由或严格源路由字段中填写最优路径，每个交互节点按照记录的最优路径向相邻节点转发数据包；所有数据包转发完毕后，发出一个专门的数据包沿着连接通路逐一释放虚电路。

虚电路服务和电话系统有本质不同。电话系统是建立在电路交换方式上的，在两个通话电话之间建立了一条实际的物理电路，在通话期间线路独占，利用率不高。虚电路是建立在分组交换基础上的，是逻辑电路，其中的任何一条物理线路可以建立多条逻辑电路，同时为多对通信服务。

虚电路服务适合大数据量的传输，一批发送的多个数据包，都携带了同一个路径记录，中间节点不需要进行复杂的路径选择优化计算，只需要按照路径记录标记的端口传递数据，降低了延迟时间。由于只有一个通道，目的主机接收数据包的顺序与源主机的发送顺序一致。这些数据包是一个队列中的数据包，彼此之间有关联、有次序、不独立。如果有一个数据包发生错误，包括该包在内的所有后续数据包要重新发送。因此虚电路服务必须检查传输过程是否发生错误，如果网络传输出现了错误，虚电路服务必须负责解决这些错误，以保证最终传输完毕的所有数据包以及数据包之间的先后顺序都没有错误。因此，虚电路服务是可靠的数据传输服务。

2）IP 数据报服务

IP 数据报服务特指网络层使用的无连接服务。交换节点根据数据包首部中记录的目的 IP 地址，运用路径选择算法决定每个路段的传输路径。IP 数据报服务适合小数据量的通信。

这里需要说明的是，IP 数据报（又常被简称为"数据报"）就是数据包，因为在网络层传输的独立数据单元就是数据包。如果硬要强调两者的差异，数据包常用于描述网络层大量数据单元流动的场合，是网络层数据流中的一个个独立单元；而在讨论具体的一个数据包格式时，更多地使用 IP 数据报或数据报，例如，图 4-8 中描述数据包格式时，有一个字段"数据报长度"就是规定的数据包的长度。在计算机网络发展的历史中，不少概念都没有得到统一，出现了不少混用的情况，在本教材中也不加区分地混用。

在 IP 数据报服务模式下，每个数据包作为一个独立的传输单元，所走的路径可能彼此不同，可能出现后发的数据包先到达目的地，即目的主机接收数据包的顺序与源主机的发送顺序不一致，这种错误叫错序。正是由于每个数据包彼此无关联，IP 数据报服务也无法解决网络传输可能带来的丢失、错序、重复等错误，是不可靠传输。

在互联网中，网络层向传输层提供的基本服务是 IP 数据报服务，也就是 IP 数据报采用 20 字节的固定首部时能够提供的服务。互联网的网络层也是可以提供虚电路服务的，这需要在 IP 数据报首部中增加"松散源路由""严格源路由""路由记录"等任选项，属于特殊处理。一般地，认为网络层向传输层提供的常规服务是 IP 数据报服务。

2. 数据包传输过程

从图 1-12 可知，相邻节点网络层之间并没有直接通道，必须通过下面的数据链路层、物理层、通信介质完成相邻节点网络层之间的数据包传输。实际传输过程如图 4-10 所示。

传输过程如下：

（1）主机 1 是源主机，主机 2 是目的主机，主机 1 发往主机 2 的数据包中记录了主机 1 和主机 2 的逻辑地址，分别是 IP1、IP2。主机 1 和路由器 1 在一个网络中，路由器 1 是主机 1 的源节点，路由器 1 与该网络连接的端口逻辑地址为 IP3。主机 1 网络层根据 IP3 地址（每个主机都知道将自己连入网络的源节点地址），运用地址解析协议计算出与 IP3 对应的物理地址 HA3，然后将数据包和 HA3 交给主机 1 的数据链路层。

（2）主机 1 数据链路层按照本网络数据链路层协议规定的格式，将数据包封装进数据帧的数据字段，将本机物理地址 HA1 和路由器 1 端口物理地址 HA3 分别封装入数据帧的源地址和目的地址字段（数据帧中记录的是物理地址 HA，数据包中记录的是逻辑地址 IP，数据帧传输依靠的是物理地址 HA，在数据链路层看不到逻辑地址 IP），然后由主机 1 物理层以广播方式发出该数据帧。

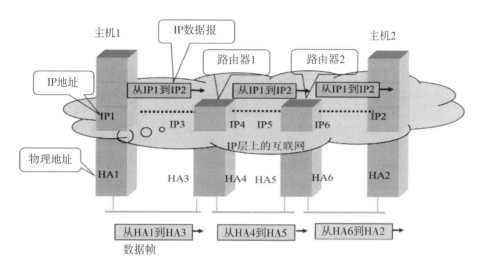

图 4-10　数据包传输过程

（3）路由器 1 作为该网络中的内部成员，可以收到该数据帧；通过目的地址 HA3，得知该数据帧是发给自己的，于是从数据帧中提取出数据包，交给路由器 1 网络层。

（4）如果是虚电路服务，路由器 1 网络层通过查询数据包中的路径记录得到下一个相邻节点端口的 IP 地址；如果是 IP 数据报服务，路由器 1 网络层根据数据包目的主机地址 IP2，运用路由算法确定一个最佳的相邻节点的端口 IP 地址。总之，两种服务用各自的方法确定了下一个相邻节点和端口 IP 地址。

（5）路由器 1 和这个相邻节点存在于同一网络中。路由器 1 网络层根据这个相邻节点端口 IP 地址，运用地址解析协议解算出对应的物理地址，然后按照本网络数据链路层协议要求封装帧，并通过在本网络中的广播方式将数据帧传输给这个相邻节点。

（6）这个相邻节点根据自己的物理地址收到数据帧并提取出数据包交给自己的网络层。该节点采用与路由器 1 相同的方式，在自己的相邻节点中选择一个最接近目的主机的节点，向该节点传输数据。如此重复，直到数据包到达目的节点（图 4-10 中用路由器 2 表示）。

（7）目的节点知道自己有几个端口以及每个端口所连接的网络，通过数据包首部目的地址 IP2，确定目的主机所在端口。对 IP2 运用地址解析协议计算主机 2 的物理地址 HA2，根据该端口数据帧格式要求，将数据包重新封装成数据帧，通过该端口以广播方式向主机 2 传输数据帧，完成数据包的传输。

图 4-11 以直观方式，再现了数据包在各个层次的传输过程。重点是在每个节点处，必须上三楼，在网络层确定数据包的下一步走向。

4.1.5　地址解析协议/反向地址解析协议

1. 逻辑地址与物理地址

IP 地址是逻辑地址，是网络层地址。路由器仅根据 IP 地址的网络号进行路由选择。

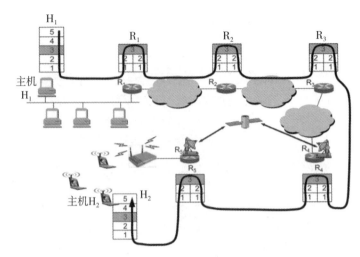

图 4-11　数据包在互联网中的传送

数据帧中的源地址和目的地址都是物理地址，又称为硬件地址，是数据链路层地址，数据帧传输依赖物理地址。它们之间的关系如图 4-12 所示。

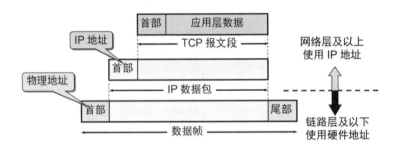

图 4-12　逻辑地址与物理地址

真正通信仍需依据物理地址，因为目的站点只有根据目的物理地址才能确定数据帧是发给自己的，也只有确定了数据帧是发给自己的，它才会接收数据帧，进而从数据帧中提取出 IP 数据包交给网络层，否则就将数据帧扔掉了。因此，只有使用物理地址才能将数据传输到设备上。

但数据包首部中只有逻辑地址，需要根据逻辑地址计算对应的物理地址。网络层中设置了地址解析协议，用来完成逻辑地址到物理地址的解析工作。

2. 地址解析协议

地址解析是由 IP 地址转换(映射)为物理地址的过程。完成这一转换的协议称为地址解析协议(ARP 协议)。ARP 协议是在网络层协助 IP 协议工作的一个重要协议。

ARP 协议工作原理如下：

网络中的每一个计算机或路由器，在其网络层中有一个 ARP 表，该表记录本网中的部分计算机、路由器的 IP 地址和对应的物理地址。ARP 协议正是通过查询该表获得与一个 IP 地址对应的物理地址。表的长度有限,可能无法记录所有相关计算机和路由器的地址信息。若表中缺少所要查询的计算机或路由器的物理地址记录,就无法直接根据 IP 地址获得对应的物理地址。此时,索要物理地址的计算机或路由器向网络广播带有该 IP 地址的 ARP 查询数据包,被查询的计算机或路由器收到后根据 IP 地址可以知道该主机正向自己索取物理地址,它向该主机返回带有自己物理地址的 ARP 数据包。

每一个计算机或路由器网络层定期清理 ARP 表,删除长期不用的项目,确保 ARP 表不会太庞大。

3. 反向地址解析协议

反向地址解析是由物理地址解析(映射)IP 地址的过程,对应的协议称为反向地址解析协议(RARP 协议)。和 ARP 协议一样,RARP 协议工作在网络层。

上网的主机必须拥有一个 IP 地址,否则其他主机无法向该主机发送数据,无法完成信息交流。很多联网的计算机没有自己固定的 IP 地址,但它们的物理地址作为网卡的产品序列号是唯一且固定不变的。它们在联网登录时,向管理该网络的服务器申请 IP 地址;服务器拥有并管理一批公共 IP 地址,它寻找一个空闲的 IP 地址分配给该主机;该计算机不使用网络时,服务器收回该 IP 地址,以供其他申请计算机使用。由于主机的 IP 地址是临时配备的,因而服务器无法事先记录主机的 IP 地址和物理地址。RARP 协议正是在服务器需要知道主机 IP 地址时,向其提供信息。RARP 协议工作原理如下:

无固定 IP 地址的计算机向 RARP 服务器发出一个 RARP 请求数据包,并在此数据包中给出自己的物理地址。RARP 服务器有一个 RARP 映射表,存放网络拥有的所有 IP 地址,并记录对应的物理地址,没有对应物理地址的 IP 地址就是空闲地址。当收到 RARP 请求分组后,RARP 服务器就从这个映射表中选一个空闲 IP 地址,写入 RARP 响应分组,发回给该计算机,并在表中做记录。该计算机就临时拥有了这个 IP 地址,可用它与外界联系,当该计算机不使用网络时,RARP 服务器收回该 IP 地址。

4.2　路由

4.2.1　路由概念

1. 路由概念

路由是由英文单词 routing 翻译而来的,意思是路由选择,选择途径,按指定路线发送,为传输任务规定路线。路由器的主要功能就是路由。

路由器是互联网的一个交换节点,通过端口连接网络,或者通过物理链路连接着一些相邻节点(也是路由器)。路由器连接不同的物理网络;反过来,不同路由器通过网络连接。为了便于说明,这里要明确三点:①目的主机是某个网络中数据包最终到达的主机;②目的网络是目的主机所在的网络;③与目的主机相连的路由器称为目的路由器(也称为目的节点）。目的网络也要通过路由器与其他网络相连，与目的网络相连的路由器可以认为是与目的主机直连，因而是目的路由器。与一个网络相连的路由器可能有多个，因而目的路由器可以有多个。

在一个广域网中，远离目的网络的交换节点的目标是采用间接路由方式将数据包传输给目的节点，再由目的节点以直接路由方式将数据包传输给目的主机。

2. 直接路由与间接路由

直接路由就是目的节点将数据包发送给目的主机的过程。由于目的节点和目的主机都在一个物理网络中，目的节点只需要通过与目的网络相连的端口，以广播方式发送数据帧。一个路由器通过多个端口连接多个网络，因此一个路由器必须能够运行所有连接网络的低层协议。

间接路由是路由器根据数据包目的地址确定的目的网络，选择一个距离目的网络最近的相邻路由器，通过与之相连的端口，将数据包封装在数据帧中发往该相邻路由器。

路由器的每个端口都有一个所连网络赋予的 IP 地址，通过查询端口 IP 地址的网络号就可以知道路由器连接了哪些网络。如果一个需要传输的数据包，其目的地址中的网络号与这些端口 IP 地址中的一个网络号相同，就说明路由器就是目的节点，就采用直接路由方式向这个端口广播数据帧；否则，调用路由算法计算最佳的相邻节点，以间接路由方式向其转发数据包。

3. 路由分类

路由器是根据本身拥有的一张路由表进行路径选择的，路由表记录了要去一个目的网络应该选择的端口号。路由器首先根据数据包目的地址，计算出目的网络号；接着查询路由表，确认选择哪一个端口；最后将数据包发往该端口，路由器就完成了数据包的转发工作。

路由表分为静态路由表和动态路由表。静态路由表是人为事先规定通信路径，它是根据常识做出的。例如，从武汉出发，分别要去北京、上海、广州，根据常识应该分别先去郑州、南京、长沙，将这些常识性的信息记录在表中，就形成了一张路由表。静态路由表的特点是一旦形成就固定不变，无法应对突发事件。例如，从武汉出发要去北京，如果郑州交通中断或者因为拥堵通行速度极慢，就不如绕道南京。静态路由表由于固定不变，无法根据当前情况作出应急选择，因而根据静态路由表作出的路径选择可能不是当前最佳。

动态路由表可以根据网络的现状动态改变表中内容，以保证作出的路径选择为当前最佳。要做到这一点，所有的路由器都需要定期监测、掌握周边网络现状，定期彼此交换自己所掌握的周边局部网络现状信息，根据其他路由器提供的网络信息，运用路由算法改写动态路由表。由此可见，采用动态路由表，路由器工作量要大得多，但能实现更快速、高效的传输，同时保证通信量的均衡。

根据路由器采用路由表的类型，可以将路由分为静态路由和动态路由。静态路由根据静态路由表进行路径选择；动态路由根据动态路由表进行路径选择。

互联网覆盖全球，互联网上网络数量难以精确统计，一张路由表只能记录少量目的网络，对于路由表中没有记录的目的网络，路由器无法做出选择。当一个路由器无法通过查表确定一个数据包该送往哪里时，就把数据包送往一个默认的端口。这种处理方式叫做默认路由。

4.2.2　路由器工作方法

如果一个路由器通过若干个端口连接若干个网络，则每个端口从所在的网络中得到一个 IP 地址。如图 4-13 所示，路由器 R4 的四个端口分别拥有 50.0.0.1、40.0.0.3、30.0.0.4、20.0.0.2 四个 IP 地址，同时每个端口有自己的物理地址。

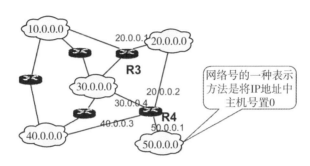

图 4-13　每个路由器端口从所属网络中获得一个 IP 地址

前面已经介绍，一个网络一旦划定子网以后，从选择路径的角度来看，子网就是一个独立的网络。该网络需要对外公布子网掩码，以公示本网络的子网划分方法。路由器是根据目的主机网络号+子网号进行路径选择，路由器从数据包中取出目的 IP 地址后，以下式计算网络号：

$$网络号 = 目的\ IP\ 地址 \cap 子网掩码$$

路由表记录了网络号、对应的子网掩码以及发送数据的端口号。表 4-2 是路由器 R4 的路由表：

表 4-2　路由器 R4 的一种可能的路由表

目的主机所在网络	子网掩码	下一跳地址
10.0.0.0	255.0.0.0	20.0.0.1
20.0.0.0	255.0.0.0	直接路由,端口 1
30.0.0.0	255.0.0.0	直接路由,端口 2
40.0.0.0	255.0.0.0	直接路由,端口 3
50.0.0.0	255.0.0.0	直接路由,端口 4

表中第一列为数据包要到达的网络；第二列是该网络对应的子网掩码，如果目的网络没有划分子网，就给出默认掩码；第三列说明了路由器需要做出的操作。例如，表的第一

行说明，如果数据要去 10 号网络，下一步要去的地方是 20.0.0.1，这是路由器 R3 一个端口的 IP 地址，就是要将数据送往 R3。R4 需要根据该 IP 地址求出对应的物理地址，然后以 20 号网络的格式要求封装数据帧，通过与 20 号网络相连的端口将数据帧送出。第二行说明，如果数据要去 20 号网络，以 20 号网络的格式要求封装数据帧，通过端口 1 将数据帧送出。以下以一个例题来说明路由器的工作过程。

例题：设某路由器建立了如下路由表：

目的网络	子网掩码	下一跳
128.96.39.0	255.255.255.128	接口 M0
128.96.39.128	255.255.255.128	接口 M1
128.96.40.0	255.255.255.128	R2
192.4.153.0	255.255.255.128	R3
默认		R4

现共收到 5 个分组，其目的地址分别是：

（1）128.96.39.10；

（2）128.96.40.12；

（3）128.96.40.151；

（4）192.4.153.17；

（5）192.4.153.90。

试分别计算其下一跳。

分析：一个 IP 地址与一个网络的子网掩码相与，得到的结果与自己的网络号相符，就说明这个 IP 地址属于这个网络。路由器采用试探的方法，寻找一个 IP 地址到底属于哪一个网络。具体流程是将收到的 IP 地址依次与各个网络的子网掩码相与，如果相与结果与第一列的目的网络号相等，则说明该 IP 地址属于该网络，即目的主机在这个网络中。然后，按照第三列的操作要求送出数据包。如果表中没有找到匹配网络，路由器需要把数据包发往一个默认路由器，由它去处理。

解：将收到的一个目的地址与路由表各项子网掩码依次相与，得到目的网络号（包括子网号）；计算结果与第一列匹配则根据第三列确定下一跳；如果没有相同的目的网络号，选择默认的下一跳 R4。

下面是各个 IP 地址的匹配结果：

（1）数据包目的 IP 地址与第一个子网掩码相与

$$128.96.39.10 \cap 255.255.255.128 = 128.96.39.0$$

计算结果与表中第一项目的网络相同，下一跳选接口 M0。

（2）数据包目的 IP 地址与第三个子网掩码相与

$$128.96.40.12 \cap 255.255.255.128 = 128.96.40.0$$

计算结果与表中第三项目的网络相同，下一跳选 R2。

（3）数据包目的 IP 地址依次与每个子网掩码相与

$$128.96.40.151 \cap 255.255.255.128 = 128.96.40.128$$

计算结果与表中任何目的网络都不相同，下一跳选默认路由 R4。

（4）数据包目的 IP 地址与第四个子网掩码相与

$$192.4.153.17 \cap 255.255.255.192 = 192.4.153.0$$

计算结果与表中第四项目的网络相同，下一跳选 R3。

（5）数据包目的 IP 地址依次与每个子网掩码相与

$$192.4.153.90 \cap 255.255.255.192 = 192.4.153.64$$

计算结果与表中任何目的网络都不相同，下一跳选默认路由 R4。

解毕。

4.2.3 网关协议

从图 1-14 和图 1-15 可知，互联网是分级结构，对于任意两个同层级物理网络来说，上级网络是下级网络的核心主干网，负责为下级网络提供连接服务，每一个下级网络都是一个自治系统（AS）。一个 AS 中的主机要索取另一个 AS 中的资源，其申请必须通过上级网络转发到另一个 AS 中；另一个 AS 中的资源也需要通过上级网络转发到本 AS 的主机中。

一个 AS 就是同一管理机构下的网络，有权自主决定在本系统内应采用何种路由协议，AS 内部的路由器必须运行同样的协议，彼此保持互联互通。比较大的 AS，还可将网络再进行一次划分，构成一个主干网和若干个区域网。一个部门管辖的两个网络，如果要通过其他的主干网才能互联起来，那么这两个网络是两个 AS。最小的 AS 可以是一台路由器直接将一个局域网连入上一级主干网。

一个 AS 内部的路由器称为"内部网关"，相应的协议称为内部网关协议（IGP），使用最多的是 RIP 和 OSPF 协议。连接到上一级 AS 的路由器称为"外部网关"，相应的协议称为外部网关协议（EGP），目前常用的是边界网关协议（BGP）。充当外部网关的路由器不仅要运行内部网关协议，还要运行上级主干网运用的路由协议。顺便说一下，网关本是指网络层以上的连接设备，这里把路由器也称为网关，只是计算机网络领域名词混用的另一个例子，网关这个词已经演化成不同网络之间连接设备的通称。

在一个 AS 中，所有路由器中的路由表只要能够涵盖 AS 内部的所有网络即可完成 AS 内的数据传输，对于外部的广大网络，只需要知道连接外部网络的网关地址即可。因此路由表一般不会太大。如果需要将数据传输到 AS 以外的网络中，需要通过外部网关将数据传输到上一级主干网上。核心主干网也是一个更高层次的 AS，两个自治系统之间的路由信息交换必须遵循 EGP。EGP 的作用是在 AS 之间交换网络"可达性"信息，外部协议发布内部网络"可达性"信息的条件有：①有物理连接通道存在；②AS 允许。EGP 涉及政治、经济、安全问题，是否最优已经不重要了，一般通过人工配置的静态路由表实现。

1. 内部网关协议

常用的内部网关协议有 RIP、IGRP 和 OSPF 协议。RIP 和 IGRP 协议使用 V-D 路由算法，OSPF 协议使用 L-S 路由算法。

1）RIP 协议

RIP 协议是 20 世纪 70 年代由施乐公司的帕洛阿尔托研究中心（PARC）设计的。它规定的工作方式是：

（1）每隔 30 秒，向相邻路由器广播路由表。

（2）路由度量为跳步数。最大跳步数为 15。

（3）引入更新定时器，无效定时器，保持定时器，刷新定时器。

①更新定时器：控制路由更新周期，30 秒，规定了路由表的更新周期。

②无效定时器：180 秒，若该时间内路由器不发出更新信息，其他路由器判定它为失效，进入"保持"。

③保持定时器：180 秒，路由器的"保持"状态时间。若在保持状态下，路由器发出了更新信息，则该路由器被其他路由器重新看作正常。

④刷新定时器："保持"时间过后，将对该路由器表项刷新，240 秒后仍无法获取来自该路由器的报文，删除该表项。

目前，RIP 协议已升级为 RIPv2 协议。

2）IGRP 协议

该协议是 Internet 网关路由协议，由 Cisco 公司 90 年代初期开发。它是为了纠正 RIP 的某些缺陷而设计，因而工作方式与 RIP 无大的差别。但它本身也不完美，在路径环检测方面存在问题，还不能支持长子网掩码 VLSM。

基于 IGRP 作进一步改进的是增强型 IGRP（EIGRP）协议，可基于带宽、延迟、负载、可靠性等因素综合考虑。

3）OSPF 协议

开放最短路径优先（OSPF）协议，在 20 世纪 90 年代开始广泛使用。其特点是路由器维持一个网络拓扑数据库，根据拓扑结构来决定最短路径；定期更新数据库；具有收敛快，支持路径距离精确度量、多重度量，支持冗余路径等特点。

2. 差错控制报文协议

ICMP 是差错控制报文协议，工作于网络层，也是 TCP/IP 模型中的网络层协议之一。它能检查并报告网络上存在的一些基本差错，并在一定程度上指出错误原因。

路由器需要定期检查周边网络状况，也需要定期与其他路由器交换网络状况信息。ICMP 用于规定网络检查项目、信息表达格式，可以让一个路由器向其他路由器或主机发送差错或控制报文，提供网络中发生的最新情况。ICMP 报文格式如表 4-3 所示。

表 4-3　ICMP 报文格式

0	7	8	15	16	31
类型		代码		校验和	
数据区（长度可变部分）					

从表 4-4 所示差错类别，可以看到 ICMP 部分功能。

表 4-4　ICMP 检测的差错类别

类型字段的值	ICMP报文的类型	
0	回送应答	主机发出
3	目的不可到达	
4	源站抑制	
5	重定向（改变路由）	路由器发出
8	回送请求	
11	数据报超时	
12	数据报参数出错	
13	时间戳请求	
14	时间戳应答	主机发出
17	地址掩码请求	
18	地址掩码应答	

ICMP 报文传输是利用 IP 数据包进行传输的，传输前将 ICMP 报文整体装入 IP 报文数据字段，再传出 IP 报文，接收方从 IP 报文中提取出 ICMP 报文。

4.2.4　路由算法

路由器的基本功能是路径选择，目的当然是选择最佳路径。所谓最佳的度量参数有：路径最短、可靠性最高、延迟最小、路径带宽最大、负载最小和价格最便宜等。可以使用任何一个标准，但必须将指标用数据表示。

路由器信息交换的方式由路由算法确定。路由算法可以分为静态和动态两类。

静态路由算法：预先建立起来的路由映射表。除非人为修改，否则映射表的内容不发生变化，因而不需要路由器之间交换信息。不使用路由表的广播方式也归于静态算法一类。

动态路由算法：通过分析接收到的路由更新信息，对路由表作出相应的修改。

1. 典型静态路由算法

1）洪泛法

路由器从某个端口收到一个不是发给它的数据包（也就是本路由器不是目的路由器）时，就向除数据来源端口以外的所有其他端口转发该数据包。这是一种广播方式，网络中原来的一个数据包经过该路由器广播以后，倍增为 n 个，加之其他的路由器会继续广播，数据继续倍增，导致网络中的数据量相当可观。其优点是简单，且保证目的主机能够收到，缺点是冗余数据太多，必须想办法消除。

2）固定路由法

路由器保存一张路由表，表中的每一项都记录着对应某个目的地如何选择下一个邻接路由器。当一个数据包到达时，依据该分组所携带的目的地址信息，从路由表中找到对应的目的路由器及所选择的邻接路由器，将此分组发送出去。

3）分散通信量法

路由器内设置一个路由表，该路由表中给出几个可供采用的输出端口，并且对每个端口赋予一个概率。当一个数据包到达该路由器时，路由器即产生一个从 0.00 到 0.99 的随机数，然后选择概率最接近随机数的输出端口。

4）随机走动法

路由器随机地选择一个端口作为转发的路由。对于路由器或链路可能发生的故障，随机走动法非常有效，它使得路由算法具有较好的稳健性。

2. 典型动态路由算法

采用动态路由的网络中的路由器之间通过周期性的路由信息交换，更新各自的路由表。典型动态路由算法有距离向量算法和链路状态算法。

1）距离向量算法（V-D 路由算法）

该算法有如下几个要点：

（1）该算法要求路由器之间周期性地交换信息。

（2）交换信息中包括一张向量表，记录了所有其他路由器到达本路由器的"距离"。

（3）"距离"的度量是"跳步数"或延迟。规定相邻路由器之间的"跳步数"为 1；延迟取决于选取最佳的原则，可以用延迟时间、传输通信费、带宽的倒数等数据化参数，参数越小越优。"距离"表示的是一种传送代价。

（4）每个路由器维护一张表，表中记录了到达目的节点的各种路由选择以及相应的距离，给出了到达每个目的节点的已知最佳距离 $D(i, j)$ 和最佳线路 k。每个路由器都是通过与邻接路由器交换信息来周期性更新该表。

（5）节点 i：路由器自身；节点 j：目的节点；节点 k：节点 i 的相邻节点。

（6）$D(i, j) = \min(d(i, k) + D(k, j))$。$D(i, j)$：本节点到达目的节点的最短距离；$D(k, j)$：本节点的邻节点 k 到达目的节点的最短距离；$d(i, k)$：本节点与邻节点 k 的节点距离；$D(k, j)$ 和 $d(i, k)$ 通过与邻接路由器交换信息得到。从本节点出发，有几个邻节点就有几个通往目的节点的路径选择，本节点到目的节点的最短路径就是这几种选择中距离最小的那个。

（7）节点 i 通过交换信息得知节点 k 出故障，$d(i, k) = \infty$，通过重新计算 $D'(i, j)$，找到新的最佳线路 s，改变表中记录为 $D'(i, j)$，s。

（8）节点 k 的相邻节点出故障导致 $D(k, j)$ 改变，重新计算 $D'(i, j)$，有两种可能结果：找到新的最佳线路 s，改变表中记录为 $D'(i, j)$，s；k 仍为最佳线路，改变表中记录为 $D'(i, j)$，k。

下面以一个例子来说明 V-D 路由算法。图 4-14 所示为一个 AS 网络的拓扑结构，可以看到其中有 12 个路由器，分别用 A~L 表示。

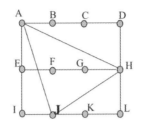

图 4-14　一个 AS 网络的拓扑结构

例子以延迟时间为距离，每个路由器通过发送"回响"报文，来测得自己与相邻路由器的距离。回响报文是网络节点之间的一种特殊数据包，以时间延迟为参数测量彼此的距离。收到回响报文的任何节点都要以最高的优先级，向发出回响报文的节点发出回应报文；发出回响报文的节点只要计算从发出回响报文的那一刻到接收到回应报文那一刻的时间间隔，就可以知道两者之间的数据传递延迟时间（若以跳步数为距离，规定相邻路由器的跳步数为 1）。

例子以路由器 J 为本路由器，说明如何根据 V-D 算法更新路由表。路由器 J 有 4 个相邻节点，分别是 A、I、H、K。路由器 J 只能从 A、I、H、K 获得路由信息，即得到 4 个路由信息表，如图 4-15 所示。图 4-15 还列出了路由器 J 要更新、填写的本节点路由表。

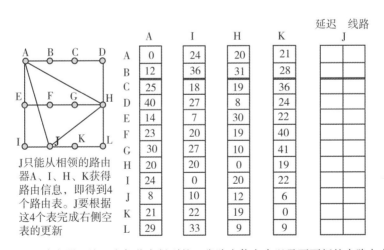

	A	I	H	K	延迟	线路
A	0	24	20	21		J
B	12	36	31	28		
C	25	18	19	36		
D	40	27	8	24		
E	14	7	30	22		
F	23	20	19	40		
G	30	27	10	41		
H	20	20	0	19		
I	24	0	20	22		
J	8	10	12	6		
K	21	22	19	0		
L	29	33	9	9		

J 只能从相领的路由器 A、I、H、K 获得路由信息，即得到 4 个路由表。J 要根据这 4 个表完成右侧空表的更新

图 4-15　路由器 J 从 4 个邻节点得到的 4 张路由信息表以及要更新的本路由表

每个路由信息表都指明各自路由器作为源路由器到其他目的路由器的最短距离。如图 4-16 所示，图中上部横列的 A、I、H、K、J 表示各个源节点，图中左部纵列的 A~L 表示各个目的节点，4 张表中的数据表示源节点到目的节点的最短距离。以 A 表为例，A 到 A 的最短距离为 0，A 到 B 的最短距离为 12，以此类推。

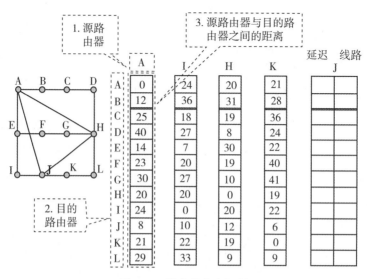

图 4-16 路由信息表解释

右侧空表是 J 需要形成的自己的路由信息表，第一列需要填充 J 到各个路由器的最短距离。看第一项，J 到 A 的最短距离如何计算。

J 到 A 的距离 = J 到邻节点的距离 + 该邻节点到 A 的距离

J 有 4 个邻节点，因而有 4 种选择，最短距离是 4 种选择中最小的那个。再来看每种选择如何计算。A 发来的表已经告诉 J：J 到邻节点 A 的距离为 8，邻节点 A 到 A 的距离为 0，因此 J 通过邻节点 A 到目的节点 A 的距离为 8+0=8。同样，J 通过邻节点 I、H、K 到目的节点 A 的距离分别为 10+24=34、12+20=32、6+21=27。4 个距离中，最小距离为 8，该距离是由选择 A 得来的。将 8 和 A 分别填入空表的第一行，完成第一行的更新。

图 4-17 显示了更新过程，就是源路由器和目的路由器分别对应的两个方框中的四列数据分别相加，然后取一个最小的填入空表第一列，产生最小距离的那个邻节点填入空表

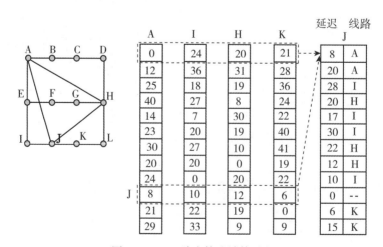

图 4-17 V-D 路由算法计算过程

第二列。所有行都更新完毕后，J 路由器得到自己的路由信息表，其中第一列将作为相邻路由器之间的交换路由信息，在下一个更新周期分别发往相邻节点 A、I、H、K。在路由计算的正常工作阶段，J 路由器根据这张生成的路由信息表，为接收到的数据包提供路径选择。

V-D 路由算法存在慢收敛问题，表现为好消息传播较快，坏消息传播较慢。为了说明，用图 4-18 所示的一个较为极端的拓扑网络结构加以解释。

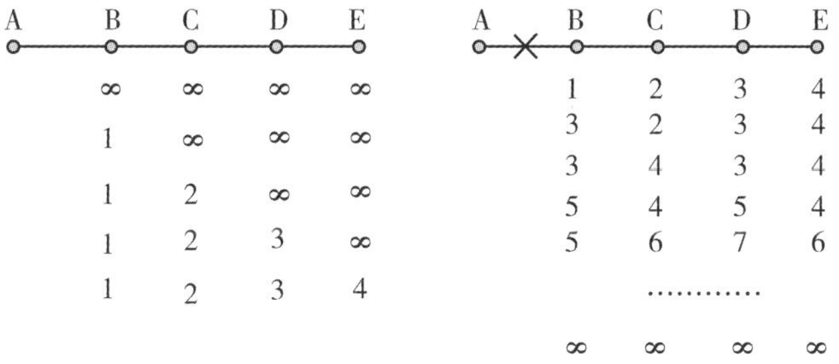

A	B	C	D	E		A	B	C	D	E
	∞	∞	∞	∞			1	2	3	4
	1	∞	∞	∞			3	2	3	4
	1	2	∞	∞			3	4	3	4
	1	2	3	∞			5	4	5	4
	1	2	3	4			5	6	7	6
							………			
							∞	∞	∞	∞

（a）A 与 B 之间原本中断　　（b）B、C、D、E 所记录的与 A 之间的最小距离

图 4-18　V-D 路由算法慢收敛示意图

图 4-18(a) 中，A 与 B 之间原本中断，B、C、D、E 所记录的与 A 之间的最小距离用跳步数表示，均为 ∞，现在故障排除，是一个好消息。这个好消息经过 4 个信息交换周期，就在网络中得到完全体现。这就是好消息传播快。(b) 图相反，原本 A、B 相连的状态被破坏，是一个坏消息，这个坏消息需要经过大约 16 个信息交换周期，才在 B、C、D、E 中完全体现，这还是事先约定的距离大于 16 则为无穷大的条件下取得的（习惯上，如果两个路由器的最小距离跳步数超过 16，就认为彼此不可达，用距离无穷大表示）。

V-D 路由算法的慢收敛问题是由于每个路由器真正掌握的只有相邻的网络局部区域状况，更远的网络区域状况需要依靠其他路由器提供信息，结果出现了以讹传讹的错误状况。如图 4-18 右图中的路由器 B，它在第一个交换周期就已经知道通过邻居 A 到不了目的地 A，但它的另一个邻居 C 却告诉它，C 到 A 的距离为 2。按照算法，B 就得出了通过 C 能够到达 A 并且距离为 3 的结论。但 C 到 A 的距离是基于 B 与 A 连通的前提下，这个前提没有反映在交换信息中。

2) 链路状态算法(L-S 算法)

V-D 算法的缺陷在于每个路由器不知道全网的状态，L-S 算法解决了这个问题。

L-S 算法的基本思想是：通过所有节点之间的路由信息交换（该信息是每个路由器到相邻路由器的距离。这种信息是确切无疑的，是由路由器自己测出来的），每个节点可获得关于全网的拓扑信息，得知网中所有的节点、各节点间的链路连接和各条链路的代价（时延、费用等，用权值表示）。将这些拓扑信息抽象成一张带权无向图，利用最短通路路由选择算法（Dijkstra 算法，迪杰斯特拉算法）计算出到达各个目的节点的最短通路。

L-S 算法具体步骤如下：

(1) 发现相邻路由器。

定期通过与相邻节点相连的端口向邻居发问候(hello)报文，从端口是否收到应答报文可以知道相邻路由器是否存在或是否正常工作。

(2)测量距离。

通过向相邻路由器发回响(echo)报文，计算延迟时间。这个延迟时间的一半就是链路代价，作为链路的权值。

(3)构造链路状态报文。

各路由器根据相邻路由器的延迟，构造自己的链路状态报文。图 4-19 显示了一个网络的拓扑结构图，并标示了相邻路由器之间的时间延迟距离。图中的每个路由器，都可以很容易地发现自己有哪些相邻路由器，并测出它们与自己的时间延迟距离。用这些信息构建自己的链路状态报文。图 4-20 显示了所有路由器的链路状态报文。

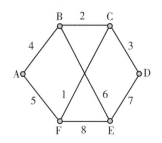

图 4-19　一个网络的拓扑结构图

(4)广播链路状态报文。

每个路由器利用洪泛法向外界广播自己的链路状态报文，确保本网中其他路由器都能收到。同样，每个路由器都能收到其他路由器发来的链路状态报文。图 4-19 中的每一个路由器都能收到图 4-20 所示的 6 个链路状态报文。

A		B		C		D		E		F	
序号		序号		序号		序号		序号		序号	
年龄		年龄		年龄		年龄		年龄		年龄	
B	4	A	4	B	2	C	3	B	6	A	5
F	5	C	2	D	3	E	7	D	7	C	1
		E	6	F	1			F	8	E	8

图 4-20　对应的链路状态报文

(5)计算新路由。

每个路由器都根据这些链路状态报文构造出图 4-19 所示的带权无向网络拓扑图。根据该图，利用最短路径算法算出本路由器到其他路由器的最短路径，建立新的路由表。

L-S 算法的主要问题是采用洪泛法发布链路状态报文。按照洪泛法的算法，每经过一个路由器广播，原来的一个报文会倍增为几个报文，并且会不断重复循环传播，导致网络中产生大量重复报文，进而降低了整个网络的速度。必须想办法消除重复报文，为此 L-S 算法在链路状态报文中设置了序号和年龄两个字段。

序号是路由器以递增方式为自己发出的每一个状态报文设置的编号，序号大的报文是后发的。每个路由器收到一个路由器（例如 A）发出的新的链路状态报文，会将新报文序号与已经收到的 A 报文序号进行比较，如果新到的报文序号小于或等于保留的报文序号，说明是重复报文，丢弃，并且不广播；否则，接收报文，然后向外广播该报文。序号机制成功地消除了报文的循环重复传播，使得每一种报文只会在整个网络各处被传播一次，一个状态报文被所有路由器收到以后，还在循环传递的这种报文会很快消失。

年龄是原始路由器发出报文时设置的一个数，是最大允许跳步数，是报文的生存时间。每经过一个路由器，年龄被减 1；当它为 0 时，所有路由器丢弃它。

L-S 算法还规定，每个路由器用问候（hello）报文和回响（echo）报文定期（10 秒）访问相邻路由器。若 40 秒钟未收到相邻路由器的回应报文，则认为该路由器不可达，就要修改链路状态报文。任何路由器发现链路状态有变化，才向外广播新的链路状态报文，从而触发一轮覆盖全网的路由表更新。

3. 拥塞控制

拥塞是指网络中的某一个或几个交换节点，由于需要转发的数据包太多，大幅超出交换节点处理能力，排队时延增加，直接效果就是局部网络速度下降严重。一般的拥塞解决方法是节点事先规定一个排队队列长度限定参数，当队列长度达到参数值时，不再接受新来数据包加入排队队列，而是直接抛弃新来的数据包。最极端的情况是节点抛弃本节点中的所有排队的数据包。抛弃数据包会导致前期传输工作全部浪费，引起大量的重复传输工作，因为发出这些数据包的源主机还会重新发出这些数据包。拥塞控制是为了避免触发拥塞解决机制而采取的措施。

从前面两类典型路由算法介绍可以看到，动态路由算法自动具备拥塞控制功能，它能够自动选择那些数据转发能力强、当前负载较轻的路线和交换节点，避免选择那些已经出现拥塞的交换节点，从而避免加剧拥塞现象，自动平衡全网络通信负载量。由于动态路由算法具有这些优点，使用动态路由算法成为建立网络的首选。

4.3 无分类编址 CIDR

以网络号为单位分配 IP 地址的方式存在如下两个问题：

1. IP 地址资源不足与浪费

一方面，随着网络技术的普及与推广，使用网络的用户越来越多，对 IP 地址的需求越来越大，而 IP 地址总数是确定的，总共只有 2^{32} 个；另一方面，一个网络号下 IP 地址浪费多。例如，一个单位为自己的 100 台计算机组建一个局域网而申请了一个 C 类网络号，共 254 个 IP 地址，多出来的 100 多个地址无法为其他单位所有，造成了浪费。

2. 主干网上路由表项目数太多

主干网路由表需要记录下层所有网络的网络号，以便进行正确路由选择。表格查询与管理(表项的插入、删除、修改)对计算机来说，都是比较费时的操作。路由表项目数太多必然降低整个网络的速度。

为此，IETF(Internet Engineering Task Force，互联网工程任务组，是全球互联网最具权威的技术标准化组织，成立于 1985 年底)于 1993 年研究出了 CIDR (Classless Inter Domain Routing，无类别域间路由选择)技术来解决这些问题。

4.3.1　CIDR 原理

1. 原理概述

CIDR 将 32 位 IP 地址分成网络前缀和主机号两部分，用紧跟斜线的数字表明前缀长度，前缀以外剩余的就是主机号。例如，地址 128.14.35.7/20，网络前缀为前 20 位，用地址掩码表示。网络前缀都相同的连续的 IP 地址组成一个 CIDR 地址块。

以网络号为单位的地址也是连续的地址块，但它是固定大小的地址块。网络号是长度固定的网络前缀，A、B、C 三类地址是网络前缀分别为 8、16、24 的网络前缀。CIDR 技术打破了 A、B、C 三类之间的壁垒，采用可大可小、灵活可变的地址块，减少了地址浪费的问题，用户可以根据自己的需要申请大小合适的地址块组建网络。例如，一个单位需要组建一个包含 400 台计算机的网络，原本需要组建两个 C 类网，在路由表中占据两项。利用 CIDR 技术，只需要一个合适的 CIDR 地址块，组建一个统一的物理网，并且在路由表中只占据一个表项。

地址块是 CIDR 地址分配单元，为了便于申请和应用一个地址块，需要明确地址块的最小、最大地址，明确地址块所拥有的 IP 地址数。一个地址块的最小、最大地址分别对应主机号部分全 0、全 1 地址。例如，在上面所示的 128.14.35.7/20 地址块中，主机号长度为 32−20＝12，最小地址后 12 位全为 0，即 128.14.32.0；最大地址后 12 位全为 1，即 128.14.47.255。但主机号部分全 0、全 1 地址一般不用，可分配给用户主机的最小地址为 128.14.32.1，可分配给用户主机的最大地址为 128.14.47.254。

CIDR 技术中，进行变化的只是网络前缀的长度，因此每个地址块中地址数为 2 的 N 次方，N 可大可小，它是根据需要而确定的。

地址块可以用块中任何一个 IP 地址加网络前缀来表示，网络前缀部分数值相等的地址块都是同一个地址块。

例题：试计算地址块 123.123.123.123/25 的 IP 地址数量，可用 IP 地址数量，第一个地址，最后一个地址，第一个可用地址，最后一个可用地址。

解：主机号长度＝32−25＝7，IP 地址数量＝2^7＝128，可用 IP 地址数量＝128−2＝126。

第一个地址为 123.123.123.00000000，即 123.123.123.0。

最后一个地址为 123.123.123.01111111，即 123.123.123.127。

第一个可用地址为 123.123.123.00000001，即 123.123.123.1。

最后一个可用地址为 123. 123. 123. 0<u>1111110</u>，即 123. 123. 123. 126。

解毕。

2. 地址块再分配

一个组织可以把申请到的地址块再次分解成若干个地址子块，只要保证每个地址子块大小仍然是 2 的 N 次方，就可以使用任何划分方法。为了避免一些地址浪费，一般有平均分配和依次分配两种方式。平均分配是指划分的子块地址数量尽可能平均或相差最小；依次分配是指将被分配的地址块一分为二，一块分配给用户，另一块作为待分配地址块继续划分，直到地址子块数量达到要求。

例如，要将地址块 206. 0. 64. 0/20 分成 4 块，由于子块数量为 4，采用平均分的方式依然可以保证地址块是 2 的 N 次方，这需要拿出主机号的最高 2 位加入网络前缀中。

平均分 206. 0. 64. 0/20 → <u>202. 0. 0100</u> <u>00</u> 00. 0/20 2^{12} = 4096 个地址。

平均划分结果：

<u>202. 0. 0100</u> <u>00</u> 00. 0/22 → 202. 0. 64. 0/22 2^{10} = 1024 个地址；

<u>202. 0. 0100</u> <u>01</u> 00. 0/22 → 202. 0. 68. 0/22 2^{10} = 1024 个地址；

<u>202. 0. 0100</u> <u>10</u> 00. 0/22 → 202. 0. 72. 0/22 2^{10} = 1024 个地址；

<u>202. 0. 0100</u> <u>11</u> 00. 0/22 → 202. 0. 76. 0/22 2^{10} = 1024 个地址。

为了满足各个下属单位对地址块大小的实际要求，很多情况下无法平均分解，这时可以采用依次分的方式。依次分方法是一次拿出待划分地址块中主机号的一个最高位进行分解，一次可以分出 2 个地址块。

依次分 206. 0. 64. 0/20 → <u>202. 0. 0100</u> <u>0</u> 000. 0/20 拿出主机号的最高位；

分配 <u>202. 0. 0100</u> <u>0</u> 000. 0/21 → 202. 0. 64. 0/21 2^{11} = 2048 个地址；

剩下 <u>202. 0. 0100</u> <u>1</u> 000. 0/21 → 202. 0. 72. 0/21；

再分配 <u>202. 0. 01001</u> <u>0</u> 00. 0/22 → 202. 0. 72. 0/22 2^{10} = 1024 个地址；

剩下 <u>202. 0. 0100 1</u> <u>1</u> 00. 0/22 → 202. 0. 76. 0/22；

剩余地址块对半分配：

<u>202. 0. 010011</u> <u>0</u> 0. 00000000/23 → 202. 0. 76. 0/23 2^9 = 512 个地址；

<u>202. 0. 010011</u> <u>1</u> 0. 00000000/23 → 202. 0. 78. 0/23 2^9 = 512 个地址。

4.3.2 CIDR 下的路由

如果路由器支持 CIDR 技术，路由器将根据路由表中的地址块决定下一跳。路由表由网络前缀和下一跳两项组成。

在子网技术下，一个 IP 地址只能求出一个确定的子网号，但在 CIDR 技术下，一个 IP 地址可以匹配长短不一的多个网络前缀。例如，一个数据包的目的地址为 202. 0. 71. 1，一个路由器路由表有表项 202. 0. 71. 0/25 和 202. 0. 68. 0/22，目的地址与它们都匹配，由哪个表项决定下一跳？

尽管有多个地址块与一个 IP 地址匹配，但它们最终指向的是同一台计算机。任何一跳都可以。这些地址块相互之间是包含关系，短前缀地址块包含长前缀地址块。长前缀地址块主机数量更少，跳到这种地址空间，后续跳步更少，定位更快，最长前缀匹配最佳，因此在路由表中找最长前缀匹配表项决定下一跳。但是，如果查表方式采用由第一项开始逐项查询的方式，不找到最后一项，不能确定匹配的前缀最长，并且这种查询方式很费时，会导致网络速度下降。

支持 CIDR 的路由器路由表是将路由表表项的所有前缀按二叉树形式组织起来的，查询时沿二叉树寻找到树叶，可以很快确定最长前缀。

4.4 运用于路由器上的几种技术

4.4.1 链路加密

链路加密是由路由器提供加密服务。在网络应用日益广泛的今天，网络安全问题突出。网络用户应该加强自身的保密意识，努力应对数据传输过程中的安全问题。用户无法制止网上窃听行为，甚至不能发觉是否存在窃听行为(如图 4-21 所示)。

采用加密技术能够为用户保证信息安全。加密技术是在数据传输之前，将数据的明文表示变成密文表示。明文就是大家都能看懂、理解、识别的数据；密文就是明文经过加密处理后得到的数据，这种数据表面看是一堆紊乱、无规律的数据，只有经过解密还原成明文，才能看到数据携带的信息。经过加密处理，在网络上传输的是密文。当密文数据传输到目的地后，接收用户采用与加密算法相对应的解密算法，将密文变成明文，就完成了数据的传输。窃听者能够在数据传输的过程中截获数据，但截获的只是密文，由于窃听者没有接收用户所拥有的解密手段，因而不能从加密数据中获得信息。

图 4-21 链路上的窃听，不影响正常通信

数据加密模型如图 4-22 所示。在发送端，明文 X 通过加密算法和加密密钥 K1 处理变成密文 Y；在接收端，密文 Y 通过解密算法和解密密钥 K2 处理变成明文 X。在进行解密运算时，如果不使用与加密密钥 K1 对应的解密密钥 K2，就无法解出明文 X。截获者正是因为不知道解密算法，没有解密密钥 K2，而无法得到明文 X，进而无法获取其中的信息。

图 4-22 数据加密模型

链路加密是在网络中的相邻节点之间进行的(如图 4-23 所示)。一个节点在向它的一个相邻节点转发数据包之前,用双方约定好的加密方法对数据包的数据部分进行加密,然后发往相邻节点。数据在传输介质上处于加密状态。节点对接收到的数据包采用与上一个节点配套的方法进行解密,然后进行路由计算、数据包发出等正常节点操作。但在向下一个节点传输前,采用与下一个节点配套的方法对数据包进行加密,向下一个节点发出的是经过加密的数据包,以保证链路传输过程中的信息安全。

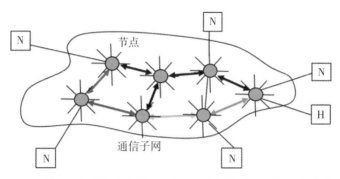

图 4-23   在每一对相邻节点之间的传输都要经过加密、传输、解密的过程

在到达目的主机之前,一个数据包要经过许多通信链路的传输,因而被用不同的密钥加密、解密多次。为什么需要反复的加密、解密操作?因为密钥是保证信息不泄露的关键,一套密钥只能有两个知情者,绝不能让第三方知道。为此,每对相邻节点之间都有一套只有这两个节点知道的加密、解密密钥,所以最终节点不可能知道解密密钥。为了保证网络上的任何一个最终节点能够从密文中解出明文,只能采用这种在相邻节点之间用不同密钥反复加密、解密的方法。

链路加密的优点是加密、解密工作由网络中的路由器自动完成,无须用户操心。缺点是加密、解密工作增加了计算量,加大了延迟,整个网络效率降低。

4.4.2   专用网

专用网是使用本地地址建立的网络。本地地址是仅在机构内部使用的 IP 地址,可以由本机构自行分配,不需要向互联网的管理机构申请,又称为专用地址(private address)、私用地址或私有地址。与之对应,全球地址是互联网的管理机构管理并颁发给用户的地址,可以在互联网中标识一台主机,是在互联网中唯一的 IP 地址,必须向互联网的管理机构申请。全球地址又称为公用地址、公有地址、公共地址。

本地地址也是 IP 地址,是 IP 地址空间中被指定、有特殊作用的 IP 地址。RFC 1918 (Address Allocation for Private Internets,私有网络地址分配技术文档)指明以下 IP 地址作为专用地址:

    10. 0. 0. 0 到 10. 255. 255. 255(1 个 A 类网)

    172. 16. 0. 0 到 172. 31. 255. 255(16 个 B 类网)

    192. 168. 0. 0 到 192. 168. 255. 255(256 个 C 类网)

这些地址只能用于一个机构的内部通信，不能用于与互联网上的主机通信。

专用地址只能用作本地地址而不能用作全球地址，互联网中的所有路由器对目的地址是专用地址的数据包一律不进行转发。在一个专用网中，除了地址是本地地址外，一切在互联网上能够使用的技术、协议都照常使用。

专用地址的使用极大地缓解了 IP 地址资源不足的问题，因为每个机构都可以不受限制地使用专用地址建立自己的专用网。例如，我们在家里安装自己的路由器时，需要将路由器 IP 地址设置为 192.168.1.1(或 192.168.0.1)，可以理解为你的计算机就在一个专用C 类网中，路由器与该网连接的端口被分配了该网络的 1 号地址。因为互联网路由器的封堵，使用专用地址的计算机只能在专用网内实现互联互通，专用网又称为内网。与之对应，互联网又称为外网、公共网。因为专用地址只能用在一个封闭的网络内，不会出现在作为公共网络的互联网上，所以专用地址网络号可以多次重复使用，不会出现因为某一个专用网络号被一个机构使用后，另一个机构就不能用的情况。专用地址是可重用地址。

4.4.3 地址转移技术

网络地址转换(NAT，Network Address Translation)是指将一个 IP 地址换成另一个 IP地址，常用于将本地地址转换为公用地址。

随着接入 Internet 的计算机数量的不断猛增，IP 地址资源也就愈加显得捉襟见肘，IP地址根本无法满足网络用户的需求。有了 NAT 技术，所有专用网内使用本地地址的主机在和外界通信时可以在 NAT 路由器上将其本地地址转换成公用 IP 地址。这样，一个本地网络，就可以用少量的公用 IP 地址，将本地网络中大量的计算机与互联网连接。

网络地址转换(NAT)方法于 1994 年提出，它需要在专用网连接到互联网的路由器上安装 NAT 软件。装有 NAT 软件的路由器叫作 NAT 路由器，它至少有一个有效的外部全球地址 IP_G。

网络地址转换的过程如图 4-24 所示，内网数据包中，IP_x 为源 IP 地址，是发出数据包的源主机 IP 地址。由于源主机在内网，IP_x 为是一个内部专用地址。后面的地址为目的 IP地址，是源主机要访问的目的主机地址，是一个公共地址。

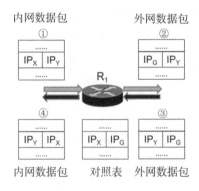

图 4-24 网络地址转换过程

内部主机 X 用本地地址 IP_X 与互联网上主机 Y 通信，形成内网数据包①，数据包中的源 IP 地址为 IP_X，目的 IP 地址为 IP_Y，所发送的数据包必须经过 NAT 路由器 R1。NAT 路由器将数据包①的源地址 IP_X 转换成一个空闲的全球地址 IP_G，目的地址 IP_Y 保持不变，形成外网数据包②，并在对照表中记录 IP_X 与 IP_G 的对应关系，然后将经过转换的请求数据包②发送到互联网。外网数据包②中的源、目的 IP 地址均为公共地址，会被互联网上的交换节点传输到互联网上主机 Y。主机 Y 按照数据包②请求内容(也就是主机 X 请求内容)发出响应数据包③。响应数据包③的目的 IP 地址就是主机 Y 所收到的请求数据包中的源地址 IP_G，它也是路由器 R1 的 IP 地址。路由器 R1 收到响应数据包③，知道数据包中的源地址是 IP_Y 而目的地址是 IP_G。经查询对照表，路由器 R1 将数据包③目的地址 IP_G 转换为 IP_X，形成内网数据包④，并转发给内部网。内网中的路由器根据数据包④目的地址 IP_X 最终将数据发送到内部主机 X。

4.4.4　隧道技术

隧道技术(Tunneling)是一种通过使用互联网络的基础设施在网络之间传递数据的方式。如图 4-25 所示，两个安装隧道协议的路由器 R1 和 R2 构成了隧道的源端和目的端，不管被传输数据是什么类型，R1 都将该数据包作为一个整体写入一个数据包的数据字段，即重新封装成一个互联网数据包，然后通过互联网发送给 R2。作为隧道的源端和目的端，在封装的数据包中，R1 的 IP 地址作为源 IP 地址，R2 的 IP 地址作为目的 IP 地址。

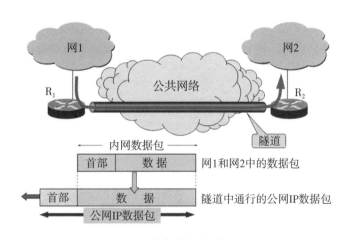

图 4-25　隧道路由器工作过程

将用户数据包封装进 IP 数据包，而不是直接传输用户数据包，是隧道技术的核心。这就好比将汽车开到列车上，然后由列车将汽车运送到目的地，然后放下汽车，由汽车独自前行。隧道技术使用的是点到点的传输方式，起点和终点就是隧道的两端。隧道起点路由器，完成用户数据包的封装，组建一个以隧道终点路由器为传输目的地的数据包。隧道实际上是一个网络，在隧道中传输的封装数据包实际上是在网络中传输，这意味着不同数据包走的线路可能完全不一样，但是从外界看来，所有数据包的起点、终点完全一样，宛如通过一个固定隧道完成数据传输。

常说的"翻墙"就是使用的隧道技术。在后面网络安全中介绍的防火墙,具有根据目的地址阻止某些数据包传输的功能,好比一堵墙,阻止了对某些特定网站的访问。隧道技术将用户数据包封装成一个封装数据包,而路由器从不检查数据包的数据字段,因此封装起来的用户数据包目的地址得以隐藏,就此躲过防火墙的检查。作为隧道两端的源端、终端路由器,与普通路由器无异,只有它们两者通过其内部参数知道它们构成了隧道两端。

隧道技术能够将两个同类型的但物理上分开的网络,通过公用网络连接起来。构成隧道两端的路由器必须执行相同的隧道传输协议。

1. 虚拟专用网

隧道技术可以用在很多方面,但应用较广泛的还是构建虚拟专用网(Virtual Private Network,VPN)。虚拟专用网是指运用隧道技术把同属一个机构、位于不同地区的多个专用网相连起来的。之所以说是虚拟的,是因为各个专用网在物理上是分开的、独立的,但在逻辑和功能上又是一个统一的专用网。

如图 4-26 所示,隧道将两个专用网"部门 A"和"部门 B"连接成一个虚拟专用网。它们同属一个机构,是同类型网络,数据包格式相同,传输协议相同。如果它们物理上互联,数据包能够自由通行。但是它们物理上分开了,成为两个独立的网络。如果按照一般技术将它们通过互联网连接起来,首先两个网络都需要 NAT 路由器将内部数据包转换为可以在公共网上传输的公共数据包;其次还需要一批公共 IP 地址提供给 NAT 路由器;第三,两个内网使用的协议应与公共网差异很小,因为 NAT 路由器除了改变内网数据包的地址外,并没有做其他修改。使用隧道技术后,这些要求都不再需要,只需要两个能够运行隧道技术协议的路由器。

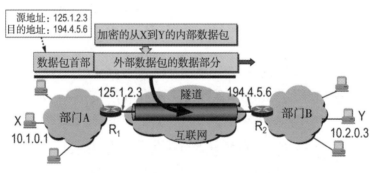

图 4-26　使用隧道技术实现虚拟专用网

"部门 A"网中主机 X 需要向"部门 B"网中主机 Y 发出数据包。主机 X 只需要按照内网协议要求封装一个源 IP 地址为 10.1.0.1、目的 IP 地址为 10.2.0.3 的数据包,并发出;路由器 R1 作为隧道的一个端点,将该数据包作为数据字段原封不动地封装在一个源地址为 125.1.2.3、目的 IP 地址为 194.4.5.6 的封装数据包中,并发给公共网络;路由器 R2收到这个数据包后,通过查询源地址知道该数据包来自隧道的另一端,它从封装数据包数据字段剥离出原始数据包,向它连接的"部门 B"网发出;内网相关路由器将这个数据包发给主机 Y。

从这个过程可以看到,内网即使采用与公共网差异巨大的协议来组建,不同物理内网之间的数据传输也不会受到影响,这给机构按照自己的需求建立内部网带来了极大的灵活性。为了提高安全度,隧道路由器还应该对内网数据包进行加、解密处理,这样,原始数据包在公共网络传输过程中也是安全的。

由同一个机构多个部门的内部网络所构成的虚拟专用网又称为内联网(intranet);一个机构和某些外部机构共同建立的虚拟专用网又称为外联网(extranet)。

2. 用隧道技术实现远程接入 VPN

有的公司可能没有分布在不同场所的部门,但有很多流动员工在外地工作,公司需要和他们的计算机保持联系。远程接入 VPN(remote access VPN)可满足这种需求。

远程接入 VPN 实际上是利用公共网建立隧道把员工计算机和专用网连接起来。在外地工作的员工计算机接入互联网,驻留在员工计算机中的 VPN 软件可以在员工计算机和公司的主机之间建立 VPN 隧道,因而外地员工与公司通信的内容是保密的,员工们感到好像就是使用公司内部的本地网络。

4.4.5 IP 多播

IP 多播是一个源点发送、多个终点接收的互联网上的一对多通信。它的要求是发送相同信息(如现场直播)。源点只需发送一次,由路由器按要求复制、分发。多播可以大幅减少网络中的数据量。

如图 4-27 所示,左图为不使用 IP 多播服务器发送数据的情况。每一台主机独自与服务器联系,服务器需要分别向每一台主机发出单播数据包。右图中,索取相同信息的多台主机以及为它们服务的多播路由器组成了一个多播组,服务器只需要向多播组发出一个多播数据包,然后由组内的多播路由器按照需求,向不同的端口复制、发送多播数据包。

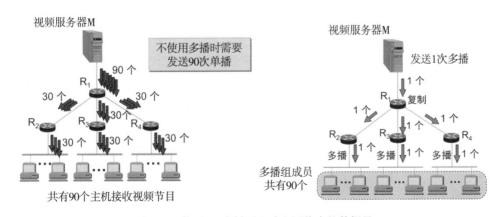

图 4-27　使用 IP 多播可以减少网络中的数据量

局域网具有硬件多播功能，不需要复制分组。在互联网上实现 IP 多播，需要能够运行多播协议的路由器——多播路由器，还需要使用多播 IP 地址。

D 类地址就是多播地址，共有 2^{28} 个 D 类地址，可以表示 2^{28} 个多播组，但不是所有 D 类地址都用于多播。只有 224.0.1.0 至 238.255.255.255 可用于全球多播；239.0.0.0 至 239.255.255.255 只能用于组织内部多播。

多播地址只能用于目的地址，不能用于源地址。加入同一个多播组的主机，就由多播协议分配一个代表本多播组的多播地址，同一个组中的所有计算机都拥有相同的 D 类地址，都能收到多播数据包。任何主机(不一定属于该多播组)都可以向一个多播组发送信息，进行向该组的 IP 多播。

IP 多播需要两种协议：网际组管理协议 IGMP 和多播路由选择协议。IGMP 主要功能是使路由器知道多播组成员的信息；多播路由选择协议负责两个方面：①每个多播路由器必须和其他多播路由器建立协调关系协同工作；②把多播数据包用最小代价传送给所有的组成员。

IGMP 的工作可分为两个阶段。

第一阶段：当某个主机加入新的多播组时，该主机应向多播组的多播地址发送 IGMP 报文，声明自己要成为该组的成员。本地的多播路由器收到 IGMP 报文后，将组成员关系转发给互联网上的其他多播路由器。

第二阶段：因为组成员关系是动态的，因此本地多播路由器要周期性地探询本地局域网上的主机，以便知道这些主机是否还是组的成员。只要某个组内有一个主机响应了探询，多播路由器就认为这个组是活跃的。但一个组在经过几次的探询后仍然没有一个主机响应，则不再将该组的成员关系转发给其他的多播路由器。

多播路由选择协议工作方式如下：

多播路由选择首先要将源主机和参与多播组的多播路由器组合在一起，建立以源主机为根结点的多播转发树，并以该树为传输路径，在多播转发树上的路由器不会收到重复的多播数据报。网络上的多播路由器是否加入一个多播组，取决于它所服务的网络中是否有主机申请加入这个多播组。不同的多播组对应于不同的多播转发树；同一个多播组，对不同的源点也会有不同的多播转发树。

路由器收到多播数据包时，先检查该数据包是否是在多播转发树中从源点经最短路径传送来的。若是，就向所有其他方向转发刚才收到的多播数据报，否则就丢弃。如果存在几条同样长度的最短路径，只能选择一条最短路径，选择的准则就是看这几条最短路径中的相邻路由器谁的 IP 地址最小。

4.5 IPv6 网际互联协议

1. IPv6 的提出

IP 协议(IPv4)是在 20 世纪 70 年代末设计的，使用长度为 32 位的 IP 地址。用户急剧增加，导致 IP 地址日趋短缺，严重阻碍了互联网的发展与普及。移动电话、家电上网等需要大量的 IP 地址。为了从根本上解决 IP 地址空间匮乏的问题，开始了 IPv6 的标准化工作，地址长度升级为 128 位。1992 年，7 个建议被讨论；1993 年，3 个比较好的建议被发表在 IEEE Network 上，经进一步讨论、修改、结合后，形成 IPv6。IPv6 与 IPv4 不兼容，但与其他 Internet 协议兼容，如 TCP、UDP、OSPF、BGP、DNS 等，但实际上还是需要开发另外一套协议栈。我国的互联网系统于 2006 年年初开始使用 IPv6 协议。

2. IPv6 的目标

IPv6 的设计，针对以下目标：
(1) 即使在不能有效分配地址空间的情况下，也能支持数十亿的主机；
(2) 减少路由表的大小；
(3) 简化协议，使得路由器能够更快地处理数据包；
(4) 增强安全性，提供比 IPv4 更好的安全性；
(5) 更多地关注服务类型，特别是实时数据；
(6) 支持多播；
(7) 支持移动功能；
(8) 协议具有很好的可扩展性；
(9) 在一段时间内，允许 IPv4 与 IPv6 共存，所以，两者还要在一定程度上兼容。

3. IPv6 数据包格式

IPv6 数据包格式如图 4-28 所示。

图 4-28 IPv6 数据包格式

各个字段作用如下：
1) 版本(Version)
版本字段用来表示 IP 数据报使用的是 IPv6 协议封装，占 4 位，对应值为 6(0110)。
2) 通信分类(Traffic Class)
通信分类字段用来标识对应 IPv6 的通信流类别，或者说是优先级别，占 8 位，值为

0~7 表示发生拥塞时源端可以降速，值为 8~15 表示发送速率固定的实时负载，值越小优先级越低。

3）流标签（Flow Label）

流标签字段是 IPv6 数据报中新增的一个字段，占 20 位，可用来标记报文的数据流类型，以便在网络层区分不同的报文。流标签字段由源节点分配，通过流标签、源地址、目的地址三个元素就可以唯一标识一条通信流，而不用像 IPv4 那样需要使用五个元素（源地址、目的地址、源端口、目的端口和传输层协议号）。

4）有效载荷长度（Payload Length）

有效载荷长度字段是以字节为单位的标识 IPv6 数据包首部中有效载荷部分（包括所有扩展报头部分）的总长度，也就是除了 IPv6 的基本报头以外的其他部分的总长度，占 20 位。

5）下一个头部（Next Header）

下一个头部字段用来标识当前报头（或者扩展报头）的下一个扩展头部类型，占 8 位。每种扩展报头都有表明其类型的数值。当没有扩展报头或者为最后一个扩展报头时，该字段的值表示上层使用的协议（UDP、TCP 或 ICMP）。

6）跳数限制（Hop Limit）

跳数限制字段，指定了数据包可以有效转发的次数，占 8 位。数据包每经过一个路由器节点，跳数值就减 1，当此字段值减到 0 时，则直接丢弃该数据包。

7）源地址（Source IP Address）

源 IP 地址字段标识了发送该 IPv6 数据包源节点的 IPv6 地址，占 128 位。

8）目的 IP 地址（Destination IP Address）

目的 IP 地址字段标识了 IPv6 数据包的接收节点的 IPv6 地址，占 128 位。

9）IPv6 扩展报头

在各字段介绍中我们讲到了，IPv6 报文中可以携带可选的 IPv6 扩展报头。IPv6 扩展报头是跟在 IPv6 基本报头后面的可选报头，类似于 IPv4 首部中的可选项，用于扩展传输功能。由于在 IPv4 的报文中包含了几乎所有的可选项，因此每个中间路由器都必须检查这些选项是否存在。在 IPv6 中，这些相关选项被统一移到了扩展报头中，这样中间路由器只需要处理已经存在的扩展报头，不必处理每一个可能出现的选项，提高了节点处理数据包的速度，也提高了其转发的性能。

IPv6 扩展报头附加在 IPv6 报头目的 IP 地址字段后面，可以没有，也可以有多个扩展报头。

4. IPv6 的主要变化

下面是 IPv6 与 IPv4 的主要不同。

（1）没有首部长度字段。IPv6 固定头部字段为 40 个字节。在 40 个字节的首部之后可以跟任意种类和数目的扩张首部，不过这都和路由没什么关系，路由器也不关心，这样路由器读取处理的时候就方便多了。

（2）数据包宽度由 IPv4 的 32 位变成了 IPv6 的 64 位。现有的计算机硬件都是以 64 位为基本单元，报文首部是 64 位，与硬件基本单元匹配，加快在 64 位体系结构上的处理。

（3）IPv6 首部没有用于数据分段的字段。因为 IPv6 另有一个独立的扩展报头用于该目的。做出如此设计决策是因为分片属于异常情况，而异常情况不应该减慢正常处理。

（4）IPv6 没有自身的校验和字段。因为上层协议（TCP、UDP 和 ICMP）数据单元都有各自的校验和字段，其校验和包括上层协议首部、上层协议数据。转发 IPv6 分组的路由器不必在修改跳限字段之后重新计算首部校验和，从而加快路由的转发。

（5）IPv6 路由器不对所转发的分组执行分段，如果不经分段无法转发某个分组，路由器就丢弃该分组，同时向其源头发送一个 ICMP 错误，也就是说 IPv6 分段只发生在数据包的源头主机上。

对比 IPv4 数据报头部格式可以看出，IPv6 去除了 IPv4 报头中的头部长度、标识、标志、段偏移、校验和、选项、填充字段，却只增加了流标签这一个字段，因此 IPv6 报头处理和 IPv4 报头处理相比大大简化，提高了处理效率。另外，IPv6 为了更好地支持各种选项处理，提出了扩展报头的概念，新增选项时不必修改现有的结构就能做到，理论上可以无限扩展，体现了优异的灵活性。

和 IPv4 相比，IPv6 不仅仅是地址位变宽了，可用 IP 变多了，而且 IPv6 采用了多项优化措施，使得 IPv6 传输更快了。优化最关键就是要找到瓶颈和短板，由于数据量很大，路由处理速度就是这个短板。IPv6 对头部设计上采取了简化措施，把一些不必要的东西，或者可以放到上层的东西从头部拿掉，让路由的职责单一，从而整体提高了网络的运行速度。

5. IPv6 地址表示

IPv6 地址有 16 字节，地址表示成用冒号（：）隔开的 8 组，每组 4 个 16 进制位，例如：8000：0000：0000：0000：0123：4567：89AB：CDEF。

由于有很多"0"，有下列优化表示方法：①打头的"0"可以省略，0123 可以写成 123；②一组或多组 16 进制"0"可以被一对冒号替代，但是一对冒号只能出现一次。上面的地址经过优化可以表示成：8000：：123：4567：89AB：CDEF。IPv4 地址目前仍然使用，需要写成一对冒号和用"."分隔的十进制数，例如，：：192.31.20.46。

本章作业

一、填空题

1. 一般，网络层中的服务模式有虚电路模式和数据报模式。互联网中的网络层服务模式是（　　）。

2. 网络层面向连接的服务又叫（　　）。

3. 不同类型网络能够连接是使相连的物理网络某个层次（　　），以实现不同物理网络之间在此层次上对彼此的数据互相识别。

4. 互联网网络层的传输机制会造成（　　）、丢失、重复等错误。

5. Internet 上主机的唯一标识是（　　）。

6. 互联网网络层传递的数据单元是数据包，或称为( )、( )；每个数据包都带有完整的源、目的 IP 地址。

7. 在网络传输可能出现的各种错误中，数据链路层校验码只检查( )错误，网络层校验码只检查( )错误。

8. 互联网传输的数据包可以有大有小，但最大的数据包长度不超过( )字节。

9. IP 地址分为 A、B、C、D、E 五类地址，其中 A、B、C 类地址为单目传送地址，而 D 类地址为组播地址，E 类地址为( )。

10. 一个 IP 地址与自己的子网掩码相与得到的是该 IP 地址的( )。

11. A 类 IP 地址的网络号长度为( )比特，主机号长度为( )比特。

12. 多播地址是( )类 IP 地址，只能用于目的地址，不能用于源地址。

13. 任何一个以数字 127 开头的 IP 地址都是( )。

14. IP 地址放在( )的首部，硬件地址放在( )的首部。

15. IP 数据报首部的固定部分长度为( )字节。

16. 通过 IP 地址得到主机号的方式是( )。

17. 地址块 130.14.35.7/20 的最小 IP 地址用 10 进制数表示是( )，最大 IP 地址用 10 进制数表示是( )，该地址块的地址数量是( )个。

18. 路由是指路由器从一个接口上收到数据包，根据数据包的目的地址( )的过程。

19. 静态路由表是固定不变的，由人为事先规定的两主机通信路径。和动态路由相比，其缺点是选择的路径可能( )。

20. V-D 动态路由算法的慢收敛问题是指( )。

21. 工作于网络层的地址解析协议 ARP 的作用是( )。

22. 地址解析是指由 IP 地址获取( )。

23. 路由器的两大工作：将数据包( )；与其他路由器( )。

24. 路由器不知道目的地的数据单元将被送到( )端口。

25. 1100：000A：0000：0000：0001：0E00：0000：0050 是( )地址，可以最大程度地简化为( )。

二、判断题

1. 数据链路层使用的中间设备叫作网桥，网络层使用的中间设备叫作路由器。

2. 在 IP 地址中，所有分配到网络号的网络，不管是覆盖范围很大的 A 类网络还是覆盖范围只在一栋楼里的局域网络，都是平等的。

3. 对于任何一个以数字 127 开头的 IP 地址，计算机上的协议软件不会把该数据报向网络上发送，而是把数据直接返回给本主机。

4. 在一个专用网中，除了地址特殊外，一切在互联网上能够使用的技术、协议都照样能用。

5. 直接路由使用主机号查询物理地址，间接路由使用网络号进行路由，因此路由表中只要保存网络号。

6. 地址解析是完成 IP 地址和 MAC 地址的相互映射。

7. 在同一个链路加密网络中，所有的节点都采用相同的加密方法和统一的密钥对所传输的数据包进行加密，以保证数据在传输过程中不会泄密。

8. 数据报中的源 IP 地址和目的 IP 地址在整个传输过程中是不变的，数据帧中的源 MAC 地址和目的 MAC 地址随着中间节点的变化而变化。

9. 一个部门管辖的两个网络，如果要通过其他的主干网才能互联起来，那么这两个网络还是两个 AS。

10. 路由可以分为直接路由、间接路由、动态路由、静态路由和默认路由五种。

11. AS 内部的路由器称为内部网关，连接到其他 AS 的路由器称为外部网关。

12. 无分类编址技术采用地址块对物理网络进行 IP 地址分配。地址块中地址数为 2 的 N 次方，N 可大可小，可根据需要确定地址块的大小。

13. 互联网网络层传输会造成错序、丢失、重复错误。这些错误的改正都由传输层完成。

14. 专用地址只能用作本地地址而不能用作全球地址。在互联网中的所有路由器对目的地址是专用地址的数据报一律不进行转发。

15. 172.17.110.12 是一个专用地址，公共互联网中的所有路由器对以这个地址为目的地址的数据包一律不进行转发。

16. NAT 能够实现将外网 IP 转换为内网 IP。

17. 多播地址只能用于目的地址，不能用于源地址。

18. 加入同一个多播组的主机拥有相同的多播地址。

19. 新一代的 IPv6 中，IP 地址由 32 位变成 128 位，地址空间增加 4 倍。

20. 一般来讲，网络层中的服务模式有虚电路模式和数据报模式。互联网中的网络层服务模式是数据报模式。

21. 不同类型网络能够连接是使相连的物理网络某个层次数据格式相同，以实现不同物理网络之间对彼此的数据互相识别。

22. IP 地址分为 A、B、C、D、E 五类，其中 A、B、C 类地址为单目传送地址，D 类地址为组播地址，E 类地址为保留地址。

23. 路由是指路由器从一个接口上收到数据包，根据数据包的目的地址进行路径选择，并根据选择结果转发到另一个接口的过程。

24. V-D 动态路由算法的慢收敛问题是指好消息传播快，坏消息传播慢。

25. 根据子网掩码求取一个 IP 地址的主机号的方法是用 IP 地址与子网掩码的反相与。

26. 地址块 130.14.35.7/20 的最小 IP 地址用 10 进制数表示是 130.14.32.0，最大 IP 地址用 10 进制数表示是 130.14.47.255，该地址块的地址数量是 2^{12} 个。

27. IPv6 地址长度为 128 位。

三、名词解释

虚电路 IP IP 地址 单目传送地址 返回地址 专用地址 公共地址 子网 子网掩码 地址解析 RARP 直接路由 默认路由 静态路由 动态路由 NAT VPN IGMP

四、问答题

1. 网络互联要解决的问题是什么？

2. 什么是网络互联？为什么要进行网络互联？不同类型网络如何能够连接？

3. 什么是虚电路方式？什么是数据报方式？比较两者的优缺点。

4. 简要说明局域网扩展和网络互联的区别。

5. 如果一个来自外网的、需要在本网络中传输的数据包大于本网络数据包大小的上限，就需要对该数据包进行分片。简述数据包的划分方法。

6. 解释 V-D 路由算法的慢收敛问题。

7. 什么是直接路由？什么是间接路由？

8. 专用网需要应用具有网络地址转换（NAT）技术的路由器与外部互联网相连。说明 NAT 路由器在收发数据两方面如何进行地址转换。

9. IP 地址分为几类？各如何表示？IP 地址的主要特点是什么？

五、计算题

1. 某单位分配到一个 B 类 IP 地址，其 net-id 为 129.250.0.0。该单位有 4000 台机器，不均匀分布在 16 个不同地点。试设计子网掩码，给每一个地点分配一个子网号码，并算出每个地点可以分给主机的最大、最小主机号码。

2. 一家大公司有一个总部和三个下属部门。公司分配到的网络前缀是 192.77.33/24。公司的网络布局如图所示。总部共有 5 个局域网，其中 LAN1~LAN4 都连接在路由器 R1 上，R1 再通过 LAN5 与路由器 R5 相连，R3 和远地的三个部门的局域网 LAN6~LAN8 通过广域网相连。每一个局域网旁边的数字是局域网上的主机数。试给每个局域网分配一个合适的网络前缀。

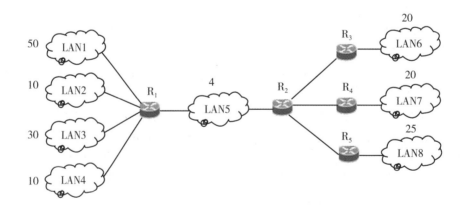

3. 已知 IP 地址是 141.14.72.24，子网掩码是 255.255.192.0，试求网络地址。

4. 假定网络中的路由器 B 的路由表有如下的项目（左表），现在 B 收到从 C 发来的路由信息（右表），试求出路由器 B 更新后的路由表。

目的网络	距离	下一跳路由器
N1	7	A
N2	2	C
N6	8	F
N8	4	E
N9	4	F

目的网络	距离
N2	4
N3	8
N6	4
N8	3
N9	3

5. 某计算机网络的路由器连接关系如图所示，图中的数字为两个路由器之间的时间延迟，试以时间延迟为距离为每个路由器构造链路状态报文。

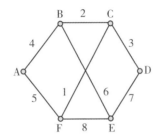

6. 计算地址块 128.14.35.7/20 的最小、最大 IP 地址和地址数量，并将它划分成地址数量差别最小的 5 个地址块。

7. 一个数据报长度为 6000 字节（固定首部长度）。现在经过一个网络传送，但此网络能够传送的最大数据包长度为 1500 字节。试问应当划分为几个短的数据报片？各数据报片的数据字段长度、片偏移字段和 MF 标志应分别为何数值？

8. 设某路由器建立了如下路由表：

目的网络	子网掩码	下一跳
128.96.39.0	255.255.255.128	接口 M0
128.96.39.128	255.255.255.128	接口 M1
128.96.40.0	255.255.255.128	R2
192.4.153.0	255.255.255.192	R3
默认		R4

现共收到 5 个分组，其目的地址分别是：

（1）128.96.39.10；

（2）128.96.40.12；

（3）128.96.40.151；

（4）192.4.153.17；

（5）192.4.153.90。

试分别计算其下一跳。

9. 有两个 CIDR 地址块 208.128/11 和 208.130.28/22。是否有哪一个地址块包含了另一个地址块？如果有，请指出，并说明理由。

10. 如下图所示，左边是某个网络的拓扑图，路由器 J 有四个邻居，分别是 A、I、H、K。在某个更新周期，路由器 J 收到分别来自四个邻居发来的路由表，如图中间部分所示。试运用距离向量算法，为路由器 J 更新如图右边部分所示的路由表。

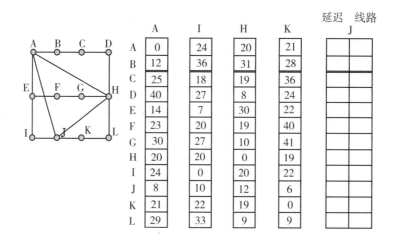

第5章 传 输 层

5.1 传输层概述

1. 传输层作用

传输层的根本作用，是利用计算机网络为应用进程之间提供数据传输服务。在计算机网络中，数据发出与接收的主体都是在计算机上运行的进程，而不是计算机，计算机只是进程使用网络的硬件平台。

计算机为数据输入输出准备了端口，一个进程不论是向网络发出数据还是从网络中接收数据，都要首先申请并占据一个端口，通过端口输入输出数据。网络通信必然有数据发送进程和数据接收进程，它们都占据着各自的端口。因此，进程之间的数据传输是通过端口进行的，两个进程之间的通信可以看成端口之间的通信，进程之间的通信也因此称为端到端的通信。端口是一种计算机的资源，由计算机操作系统管理，系统可分配的端口有很多个。一台计算机上的多个进程可以通过各自申请到的端口同时进行数据通信。

传输层向高层屏蔽了下面通信子网的细节，它建立的逻辑通信使进程看见的网络就是端口，进程利用网络发送和接收数据就是向端口发送和接收数据。这极大地简化了上层应用程序的编程工作。

2. 传输层服务

传输层为应用层提供的端到端通信服务有两种类型：面向连接的 TCP 服务和无连接的 UDP 数据报服务。它们都是利用网络层提供的 IP 数据报服务完成的，即 TCP 和 UDP 服务都是通过调用网络层 IP 数据报服务完成的。

网络层 IP 数据报已经能够将源主机发出的数据包交给目的主机，为什么还需要设置传输层？首先，IP 数据报服务只能完成主机之间的数据传输，而主机上有很多进程同时在运行，网络服务需要进行应用进程之间的通信，所以 IP 数据报服务还缺"临门一脚"；其次，IP 数据报服务采用 IP 地址作为数据传输的终点，IP 地址只能标识一台主机，却无法标识主机上同时运行的多个进程，因此，IP 数据报服务从机制上无法延伸自己的服务；第三，IP 数据报服务是不可靠服务，它只进行数据传输，不管数据的对错，因而不能提供令用户满意的数据传输服务。

传输层服务利用 IP 数据报服务进行数据传输，就必须做 IP 数据报服务没有做到、用户又需要的工作。因为通信的进程必须事先获得一个端口号，因此确定了端口就找到了进程，所以传输层服务采用"主机 IP 地址+端口号"作为传输层通信地址。接收端传输层在向接收进程提交数据前，需要对接收到的数据进行检查，以保证提交的数据都是正确无误的。UDP 服务通过数据校验，能够确保自己交出的数据单元没有比特错误；作为可靠服务的 TCP 在纠正错误方面比不可靠 UDP 服务做得更多，TCP 服务不光检查接收数据单元是否有比特错，还要保证多个关联的数据包没有多余，没有缺少，且排列顺序正确。所以，TCP 服务不仅能消除比特错，还能消除错序、重复、丢失错误，是可靠服务。在出现错误时，TCP 服务负责纠正所有的错误，保证接收进程能够收到正确无误的数据。

5.2 TCP/IP 体系中的传输层

5.2.1 传输层中的两个协议

传输层的数据传输协议包括传输控制协议（Transmission Control Protocol，TCP）和用户数据报协议（User Datagram Protocol，UDP），它们分别用来规范 TCP 和 UDP 两种服务。

TCP 是面向连接的，数据单元是 TCP 报文段。在网络中，面向连接的传输服务都是可靠服务，因此 TCP 服务是可靠服务。TCP 是一对一的通信服务，即有一个发送进程和一个接收进程的通信。TCP 利用网络，在发送进程和接收进程之间建立了一条全双工的管道，全双工意味着两个进程都可以通过该管道同时向对方发送数据和应答信息。

网络层有虚电路服务，虚电路是在网络中划出一条路径，所有的数据单元都是沿着这条路径传输。由于传输路径是一样的，并且不同单元按照发送先后依次发出，一组相关的数据单元的接收顺序与发送端完全一致，也就是没有出现错序错误。就传输过程而言，TCP 全双工管道做不到这一点。TCP 服务工作在传输层，TCP 看不到网络层的路由器，无法指挥路由器；TCP 服务的传输任务是利用 IP 数据报服务完成的，而 IP 数据报服务是一种无连接传输服务，它只是将 TCP 服务的一个批次的所有数据包一股脑地发送给接收端传输层，根本不关心数据单元的传输路径，也不保证这一批次数据包传输不会出现比特错、错序、丢失、重复等错误。接收端传输层接收、检查、处理所有错误，将所有数据包重新排好队，才会将数据交给接收进程。从接收进程的角度看，接收数据与发送数据完全一致，宛如通过一个可靠的管道传来。虚电路是真管道，TCP 是假管道。

UDP 是无连接服务，事先不连接，事后不确认。传输单元是 UDP 报文（又称为用户数据报）。UDP 接收端收到一个数据单元，经检查无误后，立即交给接收进程。它能保证交出的每个数据单元没有比特错误，但如果一次传输的是由多个数据单元组成的一个传输队列，UDP 不保证不出现数据单元丢失、重复、错序等错误，如果这些错误不能容忍，只能由接收进程自己来消除。因而，UDP 传输是不可靠的。UDP 服务追求"尽最大努力交付"，其优点是传输速度快，那些为了纠正错误而必须采取的、复杂费时的、影响传输速度的工作，UDP 一律不做。UDP 凭借简单、快速的特点，在多个领域得到广泛应用。

5.2.2 传输层地址

传输层地址是由 IP 地址和端口号组合而成的，IP 地址可以确定主机在网络中的位置，端口号可以确定进程在主机中的位置，因而这种组合就确定了互联网中唯一一个进程。传输层地址又称为插口、套接字。它的表示方法如下所示：

$$插口 = (163.43.23.13, 15000)$$

端口是操作系统分配给进程的数据流通道，用 16 比特标识，因而端口号范围为 0 ~ 65535，其中 0 ~ 1023 为专用端口，分配给网络上的专用服务进程。对于一般用户进程，操作系统在 1024 ~ 65535 范围内，找一个空闲的端口分配。

在互联网上有很多提供专用服务的进程，为了用户能够准确、快速地找到它们，这些专用服务进程必须放在固定计算机的固定端口上，并且要对外公布，不得随意变动。每一个提供专用服务的进程都有一个固定不变的专用端口，所有需要索取专门服务的进程，只要找到这些计算机端口，与之建立联系，就能享受所需的服务。但专用端口并不像普通端口那样成为服务数据流的通道。如果专用端口用来提供具体的服务，势必造成端口被长期占用，从而阻碍了其他进程的服务索取。实际上，服务进程与用户进程建立联系后，会向操作系统申请一个普通端口，然后通过普通端口对用户进程提供数据传输服务。专用服务端口只是供用户索取服务的窗口，真正的服务工作是在普通端口完成的。

5.3 UDP 协议

UDP 属于无连接的传输协议，它的数据传输功能是利用网络层提供的 IP 数据报服务完成的。它本身所做的工作是在 IP 数据报服务之上增加了端口功能。

UDP 服务具有如下特点：

(1) UDP 追求"尽最大努力交付"。它追求高速传输，拒绝一切影响速度的处理，不保证可靠交付，不需要维持连接状态，不对数据做任何处理。

(2) UDP 是面向报文的。应用进程以报文为单位向 UDP 服务接口提供数据，对应用进程交下来的数据，UDP 添加首部后形成 UDP 用户数据报直接交给网络层。UDP 对应用进程报文不组合、不拆分，应用进程报文大小必须由应用进程交付数据前自行处理，因此，应用进程在封装报文前必须考虑网络对数据传输单元大小的限制因素。

(3) UDP 不考虑拥塞控制问题，只以自己的速度发送数据，数据传输速度稳定。

(4) 用户数据报 UDP 只有两个字段：首部字段和数据字段。其中首部只有 8 个字节，冗余数据量在各种传输服务中是最小的，如图 5-1 所示。

首部字段包含源端口、目的端口、UDP 数据报长度、检验和等字段。伪首部并不是 UDP 数据报真正的首部，只是在计算检验和时，临时和 UDP 数据报连接在一起得到一个过渡的 UDP 数据报用于计算。伪首部既不向下传送，也不向上递交。检验和字段对数据部分进行检验，这一点不同于 IP 数据报的检验和字段。

(5) 接收端通过检验和来检查传输数据是否有错误，如果发现错误，则舍弃整个 UDP 数据报。

(6) UDP 服务能够实现一对一、一对多等多种服务形式。

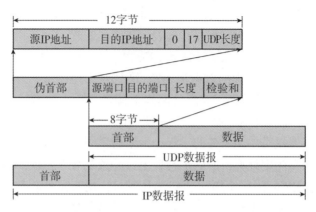

图 5-1　UDP 数据报首部

5.4　TCP 协议

5.4.1　TCP 服务特点

TCP 服务具有如下特点：

（1）TCP 服务是面向连接的，有建立 TCP 连接、传输数据、拆除 TCP 连接三步。

（2）TCP 服务数据传输是一对一的，每一条 TCP 连接只能有两个端点，是端点对端点的连接。

（3）TCP 服务是可靠的，数据传输结果无差错、无错序、不丢失、不重复。

（4）TCP 服务提供全双工通信，通信双方能够同时进行数据发送与接收。

（5）TCP 服务是面向字节流的，即 TCP 服务把应用报文看成无结构的字节流，将字节流划分成大小有上限的报文段，并以报文段为单位传输。

5.4.2　TCP 连接建立与拆除

TCP 管道采用全双工机制，其本质是通过一对互为起、终的单工通道实现双向数据传输。因此，TCP 连接的建立与拆除，是两组通信的建立与拆除。

1. 建立 TCP 连接

TCP 连接的建立经历了三次握手过程。以客户/服务器传输模式为例说明。

第一次握手：建立连接时，客户端发送 SYN 包（同步标志）到服务器，并进入 SYN_SEND 状态，等待服务器确认；

第二次握手：服务器收到 SYN 包，必须回复一个 ACK（确认标志）以确认客户的 SYN，同时自己也发送一个 SYN 包，两者合一，即 SYN+ACK 包，此时服务器进入 SYN_RECV 状态；

第三次握手：客户端收到服务器的 SYN+ACK 包，向服务器发送确认包 ACK，此包发送完毕，客户端和服务器进入 ESTABLISHED 状态，完成三次握手。

完成三次握手后，客户端与服务器开始传送数据。

2. 拆除 TCP 连接

由于 TCP 连接是全双工的，因此每个方向都必须单独进行关闭，方法是当一方完成它的数据发送任务后就发送一个 FIN(结束标志)来终止这个方向的连接。理论上，收到一个 FIN 只意味着这一方向上没有数据流动，另一个方向仍可以发出数据，所以一方在收到一个 FIN 后仍能发送数据。实践中，首先进行关闭的一方将执行主动关闭，而另一方执行被动关闭。

TCP 连接的拆除，经历了四次挥手过程。

第一次挥手：TCP 客户端发送一个 FIN，用来关闭客户端到服务器的数据传送。

第二次挥手：服务器收到这个 FIN，它发回一个 ACK。

第三次挥手：服务器关闭客户端的连接，发送一个 FIN 给客户端。

第四次挥手：客户端发回 ACK 报文确认。

5.4.3 数据传输可靠性实现方法

TCP 是基于不可靠、无连接的 IP 数据报服务的传输控制协议，同时 TCP 为上层应用进程提供可靠的、端到端的、面向连接的服务，两者之间存在着显著的差异。TCP 面向连接的服务要求，将在发送端排列成队列的数据单元依次发送出去，在接收端数据单元不仅本身是正确的，还要以其在队列中的先后次序交给接收进程。无连接 IP 数据报服务作为一种不可靠的数据传输服务，对排列成队列的多个数据单元的传输结果必然出现丢失、错序、重复、比特错等错误。在接收端，TCP 必须自行解决这些问题：对丢失的数据单元，要求源端补发；对于错序的数据单元，依据数据单元序号重新排队；对重复的数据单元，只保留一个剔除多余的；对于发生比特错的数据单元，丢弃，并要求源端重发。

TCP 服务以"确认"和"超时重传"机制保证传输的可靠性；以"流量控制"机制来避免接收端由于来不及接收而造成的数据单元丢失；以"拥塞控制"机制来控制发送端的数据发送速度，减少网络出现拥塞而触发拥塞解决机制带来的数据传输损失。确认、超时重传、流量控制、拥塞控制看起来好像属于不同的机制，其实它们是在一种机制下分别发挥作用。

我们从流量控制开始，来讨论它们是如何在一种机制下发挥作用的。

两个终端设备进行网络通信时，都必须在其内存中设置一定容量的缓冲区，以解决双方设备在数据处理速度上的差异带来的传输速率不一致的矛盾。发送方设置一个发送缓冲区，接收方设置一个接收缓冲区。

如果不进行专门的流量控制，对于接收缓冲区来说，如果数据出缓冲的速率(即向上层提交数据的速率)低于数据进缓冲区的速率(即发送方发送数据的速率)，接收缓冲区存放的数据就会逐渐堆积起来，最后造成接收方数据缓冲区溢出，从而导致数据的丢失。为了避免这种损失，设置流量控制机制来控制、降低发送方发送数据的速率。

流量控制技术经历了以下几个阶段的发展：

1）简单流量控制的停-等协议

如图 5-2 所示，A、B 构成了通信的双方，空心箭头表示发送方发送一个数据单元，实心箭头表示接收方发送一个确认消息。在该协议下，发送方每发送一个数据单元就暂停；接收方收到数据单元后，检查数据单元，如果没有错误，接收方发送一个确认消息给发送方，表示已经正确接收到数据，同时将接收数据上传应用层，此时接收缓冲区已经清空，可以接收下一个数据单元。如果数据单元有错误，就丢弃该单元，不向发送方发出任何消息。发送方只有接收到确认消息后，才会发送下一个数据单元。由于接收缓冲区一次只接收一个数据单元并且立即上传清空，保证了接收缓冲区不会溢出。接收方这种收到数据、检查并回复确认的工作方式，就是确认机制。

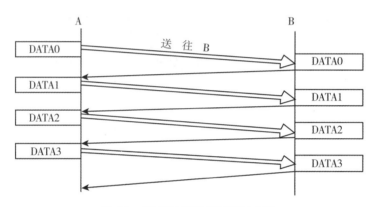

图 5-2 停-等协议流量控制示意图

发送方发出一个数据单元后，就处于等待状态，不收到确认消息，绝不发送下一个数据单元，以保证接收缓冲区不溢出。接收方只有在接收到的数据单元经检查没有错误的情况下，才会发出确认消息，在其他情况下，处于等待状态。

如果出现以下三种情况之一：

（1）接收端对数据单元检查的结果是接收到的数据有错误；

（2）数据单元在传输过程中被丢失（传输过程的每一个交换节点，数据链路层都会对包含数据单元的数据帧进行检查，如果数据帧有错，将被丢失）；

（3）接收端发出的确认消息在传输过程中被丢失（因为网络的传输单元是数据包，确认消息会以数据包的形式进行传输，和数据单元一样，确认消息出错，也会在中途被丢弃）。

将导致双方都处在等待状态，出现"死锁"，导致整个系统停顿。死锁并不是系统软硬件出现故障而无法工作，而是工作机制有漏洞。由于死锁是双方都按照工作机制处于等待状态所致，打破死锁僵局，需要有一方率先动作。

停-等协议采用称为"超时重传"的重传机制来防止死锁出现，即发送方每发送一个数据单元就开始计时，在规定的时间内没有收到对该数据单元的确认消息就认为该数据单元已经丢失，就将该数据单元再发送一次。这是发送方率先动作，防止死锁。

不能在规定时间内收到确认信息，原因不一定是数据单元丢失，也可能是网络拥挤导致速度降低，确认信息未及时送到，还可能是确认信息丢失。超时重传机制会导致数据单元重复的新问题，即多次收到同样的数据单元。采取的对策是为每一个数据单元编号，接收方检查编号，丢弃具有相同编号的重复数据单元，按编号为所有数据单元重新排队。

2）连续 ARQ 协议

停-等协议每发送一个数据单元，停下来等待确认，数据传输总体速率太低。连续 ARQ 协议可以一次发出多个数据单元，即采用批量发送、批量确认的方式，将数据传输的总体速率提高。

接收方发送确认消息时，需要根据数据单元编号说明是对哪一个数据单元的确认，即对每一个数据单元都发送确认消息。

如果某一数据单元没有被确认，就需要发送端对该数据单元进行重传。连续 ARQ 协议的做法是重新传输该数据单元以及后续的所有数据单元，以保证接收数据单元的排列次序不出现错序。

3）选择重传 ARQ 协议

连续 ARQ 协议是从出错单元开始对后续所有数据单元进行重传，会导致后续数据单元中已经正确传输的数据单元的重复传输，这种做法又降低了数据传送的效率。

选择重传 ARQ 协议在发送数据方面与连续 ARQ 协议完全一样，只是在对待出错数据单元的处理方面存在区别。选择重传 ARQ 协议只重传在规定的时间内未被确认的数据单元，这样就降低了无意义的重复传输。但在接收端，需要对所有接收数据单元重新排队。

4）流量控制——滑动窗口控制

ARQ 协议采用批量发送的方式提高数据传输速率，一批发送的数据单元越多，数据传输速率越高。但一批发送的数据单元太多，又可能导致数据溢出，溢出数据单元丢失，反而降低了数据传输速率。为了避免数据溢出，要控制发送速度，也就是控制同一批发送的数据单元的数量。一般采用滑动窗口控制进行流量控制。

将发送端数据单元排成队列，在发送队列上设置一定宽度的、可以单方向移动的窗口，在窗口内的数据单元可以发送，在窗口外的数据单元不能发送。收到确认以后，通过在数据单元队列上移动窗口，将已经被确认的数据单元移出窗口，同时，队列后又有新的数据单元移入窗口，成为可以发送的数据单元。由于只能单方向移动，被移出窗口的数据单元就再无发送的可能，因此只有被确认过的数据单元才能被移出窗口，可以在数据单元队列上移动的窗口称为滑动窗口。

窗口宽度越大，可以同批次发送的数据单元越多，发送速度越快。通过调整滑动窗口的宽度就能调整、控制发送端的数据发送速度，由此实现了流量控制和拥塞控制功能。

5.4.4　TCP 数据传输过程

TCP 从上层应用进程接收的是大小不一的报文，TCP 利用下层的 IP 数据报服务将数据发送出去。在利用下层服务前，TCP 必须将报文进行分割，形成多个大小不超过一定上限的数据字段。TCP 将分割的数据字段封装到报文段的数据部分，加上 TCP 首部，形成报文段，然后向网络层递交。

TCP 报文段的格式包括首部和数据部分（如图 5-3 所示），首部是该数据单元传输所必要的控制信息，数据部分就是分割的数据字段。首部的前 20 个字节是固定的，后面有 4N

字节是可选项。

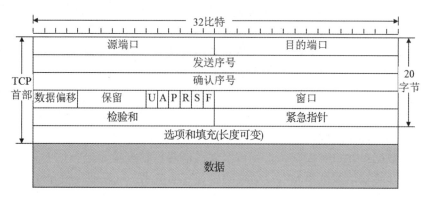

图 5-3　TCP 报文段格式

1. TCP 编号

TCP 将所要传送的整个报文看作连续的字节组成的字节流，对每一个字节编号；同时，将整个报文划分成若干个大小不超过上限的数据字段。数据字段的大小是源端与目的端事先协商的结果。每个数据字段在传输前加上报文段首部，形成一个完整的 TCP 传输报文段，整个报文经过如此处理形成一个报文段队列（如图 5-4 所示），然后以报文段为单位交由下层的网络层传输。

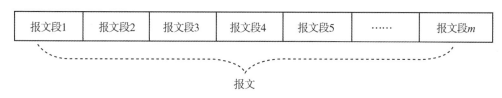

图 5-4　报文被划分成报文段数据

TCP 以报文段为单位进行传送，报文段中的第一个数据字节的序号放在 TCP 首部的"发送序号"字段中。首字节序号不一定是 1，可以是双方协商一致的任何一个正整数。接收方每接收一个字节，就在接收计数器中将发送序号加 1，接收完一个数据字段字节数为 n 的报文段，计数器数据增加的值正好等于 $n+1$（如图 5-5 所示）。

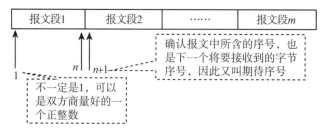

图 5-5　报文段传输过程中的序号处理方法

2. TCP 确认机制

发送方发出报文段前对整个报文段(首部+数据字段)进行校验和计算,计算结果存入报文段首部中的"校验和"字段,随报文段发给接收方。TCP 服务对包括数据在内的整个报文段进行校验,这一点与网络层只对数据包首部进行检验不同。

接收方对接收到的报文段使用接收的"校验和"进行检验。经过检查确认无误后,向发送方发回确认消息。确认消息也是一个报文段,其中在"确认序号"字段中存入接收计数器中的数值 $n+1$,它正好是下一个报文段数据字段的首字节序号。

接收方若收到有差错的报文段,则丢弃,不发送任何回应。这是因为发送方有一个超时重传机制,不会因为接收方不回应而导致死锁。如果发送方在规定的时间内没有收到确认,就将未被确认的报文段重新发送一次,这可能导致重复报文段的出现。接收方若收到重复的报文段(从报文段的发送序号就可以看出),也将其丢弃,但要针对该重复报文段发回确认信息。

如果接收的多个报文段出现错序且各个报文段本身无差错,则由 TCP 的实现者自行确定:可将该报文丢弃(对应于连续 ARQ 协议),或存于接收缓冲区内,待所缺序号的报文段收齐后再一起上交给应用层(对应于选择重传 ARQ 协议)。

接收方发回的"确认序号"正好是下一个报文段数据字段首字节序号,既是对前面报文段的确认,又是对下一个报文段的期待,因此确认序号又叫期待序号;发送方接到确认信息后,按照期待序号发送报文段。

接收方不必为每一个报文段发送确认信息,原因在流量控制机制中解释。

3. TCP 超时重传机制

发送方在设定的时间内没有收到对一个报文段的确认,便要将该报文段重发一次。这样可以避免系统死锁,产生的问题是可能导致某个报文重复出现。如前所述,对于重复报文段,接收方采用丢弃、发确认的方式处理。

4. TCP 流量控制机制

在发送方报文段队列上设置滑动窗口以控制数据传输速率,窗口内的报文段由源端传输层交给网络层发送出去,窗口外的报文段不能发送,必须等待(如图 5-6 所示)。

图 5-6　只有窗口内的报文段可以发送

窗口越大,一次性可发送的报文段越多,发送速度越快,但给接收方带来的压力也越大,因此窗口大小参数 rwnd 由接收方根据自身空闲缓冲区大小确定,并在发送确认报文时将窗口参数放在报文段首部"窗口"字段发给发送方，发送方根据该参数，调整滑动窗口实际宽度。

接收方收到报文段后，对报文段进行检查，并根据检查结果向发送方发出确认消息。在发送端，经过确认的报文段可以移出窗口(如图 5-7 中的报文段 1、2)，还没有收到确认的报文段可能还需要重新发送，因此不能移出窗口(如图 5-7 中的报文段 3)。这是因为窗口只能向队列后方单方向移动，一旦报文段从窗口左边被移出窗口，就再也没有机会进入窗口，因而失去重新发出机会。前面的报文段被移出，后面的报文段立即被移入窗口，变成可发送报文段(如图 5-7 中的报文段 4、5)。

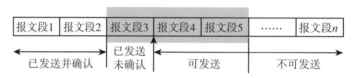

图 5-7 收到确认消息后窗口移动情况

只有窗口内最左边的报文段被确认，才能移动窗口，将其移出窗口(如图 5-8 中的报文段 3)。如果最左边的报文段未被确认，即使后面的报文段已经得到确认，也不能移动窗口，如图 5-9 中的报文段 3 未被确认，即使报文段 4、5 已被确认，也不能移动窗口，以保证报文段 3 有机会重发。

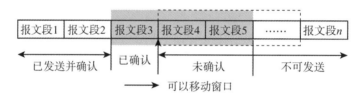

图 5-8 滑动窗口移动条件：最左边的报文段被确认

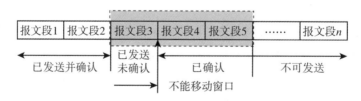

图 5-9 最左边的报文段未被确认，窗口不能移动

接收端不必为每一个报文段发出确认消息。例如图 5-6 中，窗口内的报文段 1、2、3 都被接收并且检查无误，接收方只需要针对报文段 3 发出确认。接收方发出的对某个报文段的确认消息，更准确地说是对下一个报文段的期待。在图 5-5 中可以看到，对报文段 1 的确认消息中，确认序号是报文段 2 的首字节编号，因此应该说是对报文段 2 的期待。在图 5-6 中，对于接收方而言，既然报文段 1、2、3 都已接收，下一步期待的就是报文段 4，

所以只需要针对报文段 3 发出确认。对于发送方，收到某一个报文段的确认，意味着该报文段之前的所有报文段都已经正确无误地接收到，可以移动滑动窗口，将这些报文段移出窗口。

对于接收方，图 5-10 中，报文段 3、5 已正确无误收到，但报文段 4 没有被收到。接收方针对报文段 5 发出对报文段 3 的确认，因为这是对报文段 4 的期待。紧接着，在报文段 4 收到并检验无误以后，接收方将发出对报文段 5 的确认，也就是对报文段 6 的期待，因为报文段 5 已经收到了，接收方对报文段 5 不再期待了。

图 5-10　确认消息是对下一个报文段的期待

例题：主机 A 向主机 B 发送了两个连续 TCP 报文段，其发送序号分别是 70 和 100。

(1)试求第一个报文段携带了多少字节的数据？

(2)主机 B 收到第一个报文段后发回的确认消息中，确认号应当是多少？

(3)如果 B 收到第二个报文段后发回的确认消息中的确认号是 180，试问 A 发送的第二个报文段中的数据有多少字节？

(4)如果 A 发送的第一个报文段丢失了，但第二个报文段到达了 B。B 在第二个报文段到达后向 A 发送确认，试问这个确认号应为多少？

解：

(1)因为两个报文段连续，因此第一个报文段最后一个字节编号比第二个报文段首字节编号少 1，为 99，第一个报文段携带了 70~99 编号的 30 个字节。

(2)主机 B 对第一个报文段的确认，是通过对第二个报文段的期待来表达的。第二个报文段的首字节编号为 100，因此发回的确认号为 100。

(3)B 发回确认号 180，说明接收字节计数器在对第二个报文段接收计数过程中，由 100 变成 180，因此第二个报文段的字节数为 180-100=80 字节。

(4)第一个报文段还没有收到，B 对第一个报文段继续期待，后续报文段的确认序号都是第一报文段的期待，因此确认号为第一报文段的首字节编号 70。

解毕。

5. TCP 拥塞控制机制

TCP 服务是可靠服务，它要尽力避免拥塞给网络带来的损失。当网络出现拥塞迹象时，它通过减少对网络的数据注入量来避免拥塞的发生。当一个网络上所有的 TCP 服务都降低向网络发送数据的速度，将有效缓解潜在拥塞路由器的负载压力，为路由器及时处理排队队列中的数据包赢得时间。

传输层无法直接与路由器联系，作为传输层上的 TCP 服务如何感知网络是否可能发生拥塞？TCP 服务是通过能否及时收到确认信息来间接感知网络的拥塞程度。如果确认信息回来得快，说明网络通畅；如果期待的确认信息迟迟不来，说明网络有了拥塞。

TCP 的拥塞控制使用滑动窗口实现，TCP 的发送端采用拥塞窗口宽度参数 cwnd 进行控制；当网络拥塞程度增加时，减小 cwnd，从而减小了对网络的数据注入量；当拥塞程度降低时，说明目前网络状态良好，通过增加 cwnd，提高发送数据的速度。实际上 TCP 的拥塞控制并没有自行开设另一个滑动窗口，而是和流量控制综合在一起，它们共用一个滑动窗口。窗口的宽度由两种机制共同决定：

$$滑动窗口实际宽度 = min(rwnd, cwnd)$$

TCP 拥塞控制使用四种机制共同完成：①慢开始；②拥塞避免；③快重传；④快恢复。TCP 传输过程是在慢开始、拥塞避免两个阶段循环重复。在满足一定条件时，触发快重传、快恢复机制。

"慢开始"是 TCP 传输阶段之一。在 TCP 传输刚开始时，因为不了解网络状况，为了避免自己的盲目加入加大网络可能存在的拥塞程度，设置 cwnd = 1，即只发送一个报文段，防止网络出现拥塞；如果很快收到接收端的确认报文后，将 cwnd 参数加倍，即设置 cwnd = 2 * cwnd，以倍增的方式扩大窗口宽度。这是一种几何级数增长方式，窗口宽度增长很快。

"拥塞避免"也是 TCP 传输的一个阶段。当 cwnd 已经增长到一定程度，再采用倍增方式很危险，容易导致网络拥塞的发生。TCP 协议设置了一个称为"慢开始门限"的阈值，cwnd 参数超过慢开始门限时，TCP 由慢开始阶段进入拥塞避免阶段。在该阶段，窗口宽度的增加方式变为 cwnd = cwnd+1，即改为一种线性增长方式。

线性增长还是增长，只是增长速度慢了。当网络状态较好时，所有的 TCP 服务都在提高速度，这必然导致网络数据注入量接近网络容量极限，导致网络的传输速度开始下降。如果在若干个往返时延内没有收到确认报文，TCP 判断网络发生拥塞，由拥塞避免阶段进入慢开始阶段。这时设置 cwnd = 1。

可见，TCP 传输过程就是在慢开始阶段和拥塞避免阶段之间不断重复，直到本次数据传输服务结束。

"快重传"是 TCP 传输的另一种机制。如果中间某个报文段没有收到，例如收到了 1，2，3，5，6，7 号报文段，唯独缺少 4 号报文段，这会卡住滑动窗口移动。接收端在收到后面的(如 5，6，7)报文段时，发送 3 号报文段确认报文(即对 4 号报文段期待)，4 号报文接收正常后再发 7 号确认报文(表示 7 号以前的报文段收到)；发送端在累计收到 3 个 3 号确认报文后，可以断定有数据单元丢失，就以一种较高的优先级立即发送 4 号报文段。

"快恢复"也是 TCP 传输的一种机制。在慢开始的初始阶段，cwnd = 1。尽管是采用增长速度很快的几何级数增长方式，由于基数较低，发送窗口的宽度在初始的几个周期内一直都很小，导致此时 TCP 传输速度很慢。在满足一些条件的前提下，TCP 传输可以临时加大传输窗口发出数据，然后恢复窗口正常运行时的宽度。例如，在 cwnd = 1 阶段，发送端收到三个确认报文时，在一定条件下可以立即设置 cwnd = 3，这样就可以发出三个报文段。因为三个确认报文说明三个报文段已经离开网络，再加发三个报文段不会加剧拥塞，这有利于快重传。收到新的确认报文后，恢复慢开始阶段，即恢复 cwnd＝1。

所以，TCP 传输速率不是恒定的，在不考虑流量控制的前提下，发送端 TCP 传输速率可以用图 5-11 所示曲线表示。而 UDP 传输不考虑拥塞控制，只以自己的速率传输数据，可以用图 5-12 所示曲线表示。UDP 服务这一特点使其适用于视频会议、音频电话等应用场合。

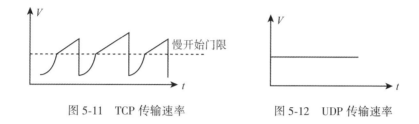

图 5-11　TCP 传输速率　　　　图 5-12　UDP 传输速率

本章作业

一、填空题

1. 从信息和信息处理的角度而言，运输层向它上层的应用层提供通信服务，其提供（　　　）之间的逻辑通信。

2. 传输层为应用层提供的端到端的服务有两种类型：（　　　）和（　　　）。

3. 传输层提供（　　　）服务和（　　　）服务，网络层只能提供（　　　）服务。

4. 传输层对报文数据进行差错检验，网络层只对（　　　）进行差错检验。

5. 在网络传输可能出现的各种错误中，数据链路层校验码只检查（　　　）错误，网络层校验码只检查（　　　）错误。

6. 数据帧中的地址是（　　　）地址，报文分组中的地址是（　　　）地址，报文中的地址是（　　　）地址。

7. 计算机网络中通信进程都是通过操作系统分配的端口进行通信，因而进程之间的通信又称为（　　　）。

8. 端口用 16 比特标识，端口号有 0～65535，其中（　　　）为专用端口，不分配给一般用户进程。

9. UDP 是面向报文的协议，是指进程报文的大小由（　　　）负责考虑。

10. UDP 是面向报文的协议，意思是对于应用层交下来的报文（　　　）。

11. UDP 尽最大努力交付，意思是对于应用层交下来的报文（　　　）。

12. UDP 使用尽最大努力交付，意味着 UDP 服务（　　　），不需要为各种连续发送协议在队列发送数据队列上设置滑动窗口。

13. TCP 连接可靠性的实现依靠确认、超时重传、流量控制和（　　　）四种机制。

14. 超时重传机制是指发送方在设定的时间内没有收到对一个报文段的确认消息，便（　　　）。

15. TCP 首部的确认序号又叫（　　　）序号。

二、判断题

1. 网络的用户不是指人，而是指进程，是进程在利用网络发送和接收数据。

2. 无连接服务不能保证报文到达的先后顺序，原因是不同的报文可能经不同的路径到达目的地，所以先发送的报文不一定先到。

3. 网络中的端口号分为系统专用端口和非专用端口，其中系统专用端口专门指定给网络系统进程和公共服务进程使用，普通用户的网络应用程序只能使用非专用端口。

4. 传输层的系统专用端口是为那些公共服务进程准备的，公共服务进程使用这些端口为客户端进程提供服务。

5. 数据链路层、网络层、传输层的 TCP 服务和 UDP 服务都会对各自的数据传输单元进行全面的检查，一旦发现数据单元出错，都会将整个数据单元丢弃。

6. 端到端的通信是利用网络层提供的 IP 数据报服务完成的，即 TCP 和 UDP 服务都是通过 IP 数据报服务完成的。

7. 传输层对报文数据进行差错检验，网络层只对报文首部进行差错检验。

8. TCP 和 UDP 是运输层的重要协议，其中 TCP 是面向连接的，UDP 是无连接的。

9. UDP 服务是一个不可靠的传输服务。不可靠是指 UDP 服务可能存在比特错、丢失、重复、错序等问题。

10. 传输层 UDP 和 TCP 均支持一对一、一对多、多对一和多对多的交互通信。

11. UDP 的伪首部长度为 12 字节，首部长度为 8 字节，UDP 将应用层数据加上这 20 个字节，然后交给网络层传输。

12. TCP 传输的确认机制要求接收端对接收到的报文段进行检查，如果没有错误就向发送端发出确认信息。

13. TCP 传输是面向字节流的，UDP 传输是面向报文的。

14. TCP 服务中的滑动窗口宽度由接收端根据自身的接收能力确定。

15. 传输层直接监测网络，如果网络发生拥塞或有发生拥塞的趋势，就调用拥塞控制机制，减缓向网络注入数据的速率，从而减缓或避免拥塞的发生。

16. TCP 服务对数据传输单元进行全面的检查，而 UDP 服务只对数据传输单元的首部进行检查。一旦发现数据单元出错，都会将整个数据单元丢弃。

17. TCP 协议要考虑拥塞控制问题，UDP 协议不用考虑拥塞控制问题。

18. 接收方若收到重复的报文段，则丢弃，与收到有差错的报文段处理方法完全一样。

19. 传输层对报文数据进行差错检验，网络层只对报文首部进行差错检验。

20. 端口用 16 比特标识，端口号有 0~65535，其中 0~1023 为专用端口，不分配给一般用户进程。

21. UDP 是面向报文的协议，是指进程报文的大小由进程负责考虑。

22. 各种连续发送协议在队列发送数据队列上设置滑动窗口，在滑动窗口内的数据单元可以发送。

23. 超时重传机制是指发送方在设定的时间内没有收到对一个报文段的确认消息，便要将该报文段重发一次。

24. TCP 连接可靠性的实现依靠确认、超时重传、流量控制和拥塞控制四种机制。

三、名词解释

专用端口 UDP TCP ARQ 伪首部 拥塞控制

四、问答题

1. 网络层 IP 数据报能够将源主机发出的分组交给目的主机，为什么还要设置传输层？

2. 简述 UDP 的特点。

3. TCP 最主要的特点是什么？

4. 简述 TCP 传输过程。

5. 在 TCP/IP 协议中，由哪些部分负责数据的可靠传输？

6. 试说明运输层在协议栈中的地位和作用，运输层的通信和网络层的通信有什么重要的区别？

7. TCP 可靠传输主要采用哪几种措施来实现？它们的主要内容是什么？

8. TCP 传输中确认报文的丢失并不一定导致重传，请解释原因。

9. 端口号有几位？哪些端口号是系统专用的？

五、计算题

主机 A 向主机 B 连续发送了两个 TCP 报文段，其序号分别是 200 和 300。

(1) 试求第一个报文段携带了多少字节的数据？

(2) 主机 B 收到第一个报文段后发回的确认消息中，确认号应当是多少？

(3) 如果 B 收到第二个报文段后发回的确认消息中的确认号是 500，试问 A 发送的第二个报文段中的数据有多少字节？

(4) 如果 A 发送的第一个报文段丢失了，但第二个报文段到达了 B。B 在第二个报文段到达后向 A 发送确认消息，试问这个确认号应为多少？

第6章 应 用 层

应用层位于网络模型体系结构中的最上层，因此，应用层的任务是为网络用户提供服务。用户需求复杂多变，难以用一套服务模式满足所有需求，必须针对需求特点设计。应用层中的各个协议都是为了解决某一类应用问题而设置，应用问题的解决一般需要接入网络的不同主机上的多个进程之间的通信和协作来完成。本章介绍几种应用层上的典型应用协议。

6.1 域名系统(DNS)

IP 地址是互联网上主机的唯一标识，因此，在网络应用中，主机需要通过 IP 地址来定位特定的服务器，尤其是访问热门网站时，其 IP 地址对建立连接更为重要。但 IP 地址由纯数据组成，很难记。域名是 IP 地址的字符串表示，用来代替主机的唯一标识。因为是有意义的字符串，更容易记住。对于使用网络的人而言，在浏览器中使用 IP 地址和使用域名都能够进行信息浏览，显然人们更愿意使用域名。

一个域名只是一个 IP 地址的代名词，网络系统中真正用来定位、确定路径的是 IP 地址。域名给用户使用，网络系统使用 IP 地址。在网络系统中，域名必须被转化为 IP 地址。域名系统的功能就是域名解析，也就是根据域名找到其对应的 IP 地址。域名系统(DNS, Domain Name System)根据用户输入的域名，自动解析出对应的 IP 地址，并将 IP 地址交给访问该计算机的进程。

一个字符串成为一个域名需要两个条件：①必须通过网络管理机构的注册；②不能在互联网上与另一个域名重复。一个域名只有首先通过注册，才能记录进 DNS 数据库，被整个互联网承认，DNS 才能根据记录找出对应的 IP 地址。如果域名存在重复现象，就意味着一个域名对应一个以上的 IP 地址，DNS 无法确定该给出哪一个 IP 地址。一个 IP 地址可以有多个域名，但一个域名只能对应一个 IP 地址，它们两者是一对多的关系。

6.1.1 域名结构

域名不过是 IP 地址的代名词，理论上，任何一个在互联网上独一无二的字符串都能作为域名，只要它不与互联网上使用的另一个域名相同。一个域名在网络上必须是唯一的，只有这样，才能根据域名解析出唯一的 IP 地址。为了保证域名的唯一性，域名的命名就不能随意了，必须满足互联网域名命名的规范要求。互联网采用层次结构的命名树，以避免在整个互联网范围内出现多个 IP 地址的域名相同。利用层次结构，网络管理员能够为自己管理的所有计算机系统进行命名，同时对拥有这些系统的机构进行标识，并且防止互联网上出现重复的域名。

层次结构的基础是域,域可以表示区域、领域等实际或抽象的域。域相当于目录,既可以包含子域(相当于子目录),也可以包含主机(相当于文件),从而形成了一个称为DNS树的结构(如图6-1所示)。

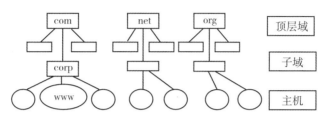

图 6-1 域名系统的树结构

DNS 命名结构如图 6-2 所示,域与域之间用小圆点分开,并按从右至左的顺序由顶级域向子域逐级解析。每个域都是其右边域的子域,最右边是顶级域,最左边是最小域(也就是主机)的名字。利用域名结构,每台计算机都可以用一个独一无二的 DNS 名字进行标识。例如针对图 6-2 域名,可以这样理解:. cn 表示中国互联网;. com. cn 表示中国商务互联网,它是中国互联网的一个子域;. sina. com. cn 表示新浪互联网,它是中国商务网的一个子域;www. sina. com. cn 是新浪网的 Web 服务器,它是新浪网中的一台主机。通过域名,就将新浪网的 Web 服务器主机唯一地标识了。

图 6-2 域名结构

国家或地区顶级域名,采用 ISO3166 的规定,如 cn 表示中国,uk 表示英国,hk 表示中国香港地区等。除国家或地区外还有一些国际顶级域名,例如使用 int,国际性组织可在 int 下注册。通用顶级域名,根据[RFC1591],有以下几类:

① com(全球商务机构);

② edu(北美的教育机构);(美国专用)

③ gov(美国的政府机构);(美国专用)

④ mil(美国的军事机构);(美国专用)

⑤ net(全球网络服务机构);

⑥ org(全球非营利性机构);

⑦ int(国际性组织)。

特定域由特定网络管理机构负责管理,该域内域系统的设置、域名的命名注册方式等,都由该域网络管理员自己决定。域网络管理员最重要的工作是防止注册域名重复。域名层次结构的设置，使域网络管理员的工作变得简单，只要保证新注册域名不与本域中已有域名重复即可。例如，对于 . com. cn 域管理员，只要 sina 还没有在本域注册，就可以接受 . sina. com. cn 域名注册，即使地球某个角落有一个已注册的 sina 用户。两个域名，只要有一个域或子域不相同，就不是重复的域名。将特定域的管理任务委托给遍布整个互联网的网络管理员，形成一个遍布整个网络由各个系统共同维护的分布式数据库。DNS 是互联网上一个联机分布式的数据库查询系统，采用客户/服务器的模式。

6.1.2 DNS 相关概念

DNS 服务器属于数据库服务器，它们将负责提供服务的主机和子域的信息存放在数据库的资源记录(Resource Record，RR)表中。

DNS 服务器使用的资源记录可以分为若干个不同的类型：

(1)起始权威服务器(SOA)：是接受域名注册并记录域名的服务器。对于这个域名，该服务器是全网络最权威来源。

(2)名字服务器(NS)：用于为一个区域中所有计算机提供 DNS 服务的 DNS 服务器。

(3)地址(A)：本类型的记录负责执行 DNS 的主要功能，将域名转换成 IP 地址。

(4)Pointer 指针(PTR)：用于提供 IP 地址到域名的转换。它的功能与 A 记录相反，只用于逆向查看。

(5)规范名(CNAME)：用于建立一个别名，指向 A 记录标识的主机的规范名，CNAME 记录用于提供一个对系统进行标识的替代名。

(6)邮件交换机(MX)：用于标识一个系统，以便将发送给域中的电子邮件转发至各个收件人、邮件网关或另一个邮件服务器。

DNS 查询 IP 地址的两种方式：

(1)递归查询：

通俗地讲，递归查询方式是：我替你查，将查询结果告诉你。具体步骤是：

①用自身数据库中的信息进行应答。

②若自身数据库中没有该 IP 地址，则请求其他 DNS 服务器。它收到了需要的信息或者出错消息后，再把信息转发给查询方。

递归查询是管理本域的 DNS 服务器为本域中所有用户计算机提供的域名解析方式，是 DNS 服务器针对客户提供的服务。

(2)迭代查询：

通俗地讲，迭代查询方式是：我给你指条路，你自己去查。具体步骤是：

①用自身数据库中的信息进行应答。

②若自身数据库中没有该 IP 地址，则引导客户转向另一个 DNS 服务器进行查询。

迭代查询是 DNS 服务器为其子域 DNS 服务器提供的域名解析服务方式，是 DNS 服务器针对另一个 DNS 服务器提供的服务。

6.1.3 DNS 名字查询过程

域名解析全过程可以划分成以下步骤：

(1)用户在浏览器中输入一个 DNS 名字。用户计算机用自身数据库中的信息进行应答，如果在本地查询不到，进入下一步。

所有用户计算机和各个 DNS 服务器都在自身数据库中记录最近访问过的若干域名以及域名对应的 IP 地址。因为最近被访问的域名再次被访问的概率很高，记录在本地有很大可能避免烦琐的 DNS 查询。

(2)浏览器通过 API 调用生成一个客户机系统上的转换器，转换器建立一个包含服务器名的 DNS 递归查询消息。

(3)客户机将递归查询消息用 UDP 数据报提供给它所在域的 DNS 服务器。

(4)客户机的 DNS 服务器用自身数据库记录进行应答，如果自身数据库中没有该域名信息记录就查看自身的资源记录，若自身是权威信息源，则生成一个应答消息，发回给客户机。如果不是权威服务器，则生成一个迭代查询，并提交给根名字服务器。根名字服务器就是某些顶层域的权威机构，一般分散在世界各地。

(5)根名字服务器自身数据库记录也缺乏该域名信息而无法直接应答就查看资源记录，确定顶层域服务器，将一个应答消息发送给客户机的 DNS 服务器，引导其向顶层域服务器请求。

(6)客户机的 DNS 服务器生成一个新的迭代查询，送给顶层域服务器。顶层域服务器查看名字中的第二层域，给客户机的服务器发回应答消息，其中包含有第二层域的权威服务器的地址。

(7)客户机的服务器生成另一个迭代查询，发送给第二层域的服务器。如果还包含其他域的名字，那么第二层域服务器将查询请求转交给第三层域服务器，第二层域服务器也可以将客户机的服务器查询转交给另一个区域的权威服务器。该过程将一直持续下去，直到客户机的服务器收到需要查询的主机区域的权威服务器为止。

(8)主机区域的权威服务器是该域名的注册者，一定有该域名的信息，它接收到来自客户机的服务器查询后，查看它的资源记录，以确定请求的服务器的 IP 地址，并且在应答消息中将该 IP 地址返回给客户机的服务器。

(9)客户机的服务器接收到来自权威服务器的应答消息后，会将该 IP 地址返回给客户端。

若域名中的某一部分并不存在，说明这是一个不符合规范的错误域名。出错消息将被返回给客户机，同时名字转换过程宣告失败。

6.1.4 逆向名字转换

逆向名字转换又叫做逆向域名解析。域名系统的目的是将 DNS 名字转换成对应的 IP 地址，但有些情况下必须将 IP 地址转换成 DNS 名字。例如网络系统自动记录的运行日志中，将 IP 地址转换成 DNS 名字，有利于日志可读性。

逆向名字转换的难度在于：一个 IP 地址可能有多个域名与之对应；IP 地址与域名系统树型结构没有任何关系。如果没有结构条件，只能采用遍历整个域名服务器组所有记录的方法，效率低。为了避免这种情况，DNS 建立了一个结构，使域名解析机制用于逆向解析。

IP 地址的具有形如 aaa. bbb. ccc. ddd 的天然结构，逆向解析将其表示为 ddd. ccc. bbb. aaa 形式，加特殊后缀：in-addr. arpa，按 ddd. ccc. bbb. aaa. in-addr. arpa 进行解析。后缀 in-addr. arpa 表示逆向解析，要根据从事逆向解析的域服务器 in-addr. arpa 或 arpa 进行。

一个逆向解析域服务器负责一定范围内的 IP 地址逆向解析。在互联网根服务器上专门提供一个数据库，记录若干个能够逆向解析的顶层域服务器及其负责的 IP 地址范围，引导查询指向正确的 in-addr. arpa 域服务器。顶层域服务器的 DNS 树包含一个特殊的分支，它将圆点分隔的十进制 IP 地址用作域名(如图 6-3 所示)。通过 IP 地址四个域的十进制数据，找到正确的树叶，查找其中记录的域名。

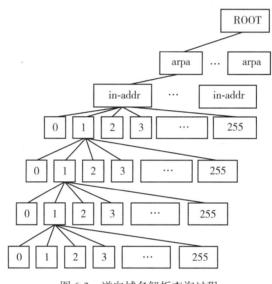

图 6-3　逆向域名解析查询过程

并非每个 IP 地址都有域名。例如，用户计算机可以绑定网络管理员提供的 IP 地址，但用户计算机一般作为客户端，没有对应的域名。所以，并非任何 IP 地址都能得到逆向名字转换结果。事实上，只有向外界提供公共信息服务的服务器才需要域名。

6.2　文件传输协议 FTP

文件是计算机及网络系统中信息存储、传输、处理的主要独立单元。大多数计算机网络支持网络文件访问功能。网络文件访问有两种形式：联机存取(文件访问)，全文拷贝(文件传输)。这两种方式与用户利用图书馆查询信息的两种方式十分类似。文件访问：不获取文件的拷贝，只打开文件进行读写操作，它相当于用户在阅览室阅读，有大类的书籍可供用户同时查询，但仅限于阅览室开放时间段。文件传输：远地文件拷入本系统，类似于用户从图书馆借书，可以长期拥有，随时翻阅，但书的数量有限。

在网络上常用的上传、下载操作都与 FTP 有关。

FTP 具有如下特点：

①应用 TCP 连接服务。一次文件传输使用两个 TCP 连接服务,分别进行控制连接和数据连接,使用两个端口号。

②FTP 是交互式操作,基于客户/服务器模型。

③客户机连接到服务器时,使用一个控制连接,保持打开状态,供客户机和服务器交换命令和应答消息。

④经过身份认证的客户机能够再创建一个数据连接,与 FTP 服务器建立管道,并与服务器之间进行文件的传送。

FTP 工作原理可以用以下几点进行描述:

①服务器提供固定端口 21 给客户端。当客户机请求进行文件传输时,服务器将在端口 20 上建立第二个连接,服务器使用该端口传输文件,在文件传输后立即终止该连接。

②客户端与服务器之间建立双重连接。

③控制连接传输控制信息,数据连接传输文件。

④客户进程通过控制连接向服务器发控制命令(请求),服务器与客户端建立数据连接,进行数据传输,传输结束撤消数据连接。

⑤FTP 使用 TCP 协议作为传输服务控制协议,并使用 ASCII 码文本作为命令和应答消息,这些 ASCII 字符串是以明文形式在控制连接上传输的。

6.3 远程登录协议 Telnet

远程登录是用户通过网络登录远程计算机系统,和当地的用户一样,可以自由访问系统中权限规定的所有资源,它是一种联机信息访问和查询的方法,类似于用户进入阅览室以后,有权翻阅所有的图书。

远程登录方式是十分必要的。客户/服务器模式虽然可以提供各种类型的远程资源服务,但服务器必须为每种服务创建一个服务器进程。服务器进程一般功能单一,一种进程只能提供一种专门服务。因为用户的需求是多样的,计算机系统需要创建各种进程来满足要求。但是难以为每种资源服务需求都创建服务器进程,这不仅会导致进程功能冗余,还会因进程数量过多而增加管理复杂度,降低系统效率。

操作系统管理本地所有资源,就能够为本地合法用户提供各种资源服务。远程登录的实质就是远程用户在本地用户中寻找一个应用代理,由该用户在本地系统中代替远程用户索取服务,并将服务结果传输给远程用户。由于代理是本地用户,因而可以获得操作系统提供的全面资源服务。所有提供远程登录服务的网络系统必须配置具备代理功能的本地用户账户,这些账户需实现远程登录服务器角色。

远程登录使远程用户利用当地操作系统,而不是利用功能单一的服务进程享受资源服务。远程登录使计算机系统不必创建众多服务器进程,只需为远程登录用户创建一个连接远程登录服务器的进程,远程用户通过该连接传输服务要求,远程登录服务器通过该连接返回服务响应。

远程登录工作原理:

(1)用户端 Telnet 客户进程与远程端计算机系统登录服务器建立 TCP 连接。

（2）客户程序将用户命令传递到登录服务器，同时接收从登录服务器回传的字符数据。

（3）登录服务器将用户命令交给操作系统处理。

（4）登录服务器接收操作系统的返回数据，并通过 TCP 连接传输给远程用户。

Telnet 是一种典型的基于 TCP/IP 协议的客户/服务器应用，它使用户能够远程登录并使用计算机系统资源。对用户来说，远程登录与在本地计算机中登录没有明显区别，唯一的不同之处在于响应时的微小延迟，尤其是在远程计算机距离很远或网络通信繁忙时，这种延迟比较明显。

6.4　电子邮件

电子邮件也是一个文件。就信息传输而言，电子邮件是文件传输的一个特例，但直接采用文件传输协议建立电子邮件，系统效率会大大降低，也不能满足电子邮件的特殊要求。电子邮件协议与文件传输协议的区别是电子邮件是后台工作，文件（信件）传送给指定的用户，被缓存在用户账户中，邮件递送时可以进行其他任务。文件传输是前台工作，双方必须建立连接，发送数据和接收数据同步进行。因此，电子邮件系统必须单独开发。

6.4.1　电子邮件系统体系结构

以 TCP/IP 电子邮件系统为例，如图 6-4 所示。

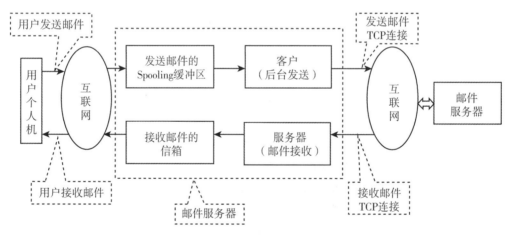

图 6-4　TCP/IP 电子邮件系统结构图

TCP/IP 电子邮件系统包括用户个人机和邮件服务器，用户个人机和邮件服务器通过互联网相连，本地邮件服务器和外地邮件服务器也是通过互联网相连。邮件服务器包括发送邮件缓冲区，后台发送，邮件接收和用户信箱四个部分。

TCP/IP 电子邮件系统的邮件发送过程是：用户个人机→发送邮件缓冲区→后台发送→对方邮件接收→对方用户信箱→对方用户个人机。其中，后台发送→对方邮件接收过程采用 TCP 连接的"端到端"传输，可靠性有保障。

TCP/IP 电子邮件地址的格式：local-name@ domain-name。其中，domain-name 是邮件服务器域名，是全球唯一的；local-name 是邮箱正式名，在邮件服务器内唯一。用户还可以为自己的邮箱起别名，多个别名对应一个正式名，发信者只需记住一个别名。一个别名也可以通过邮件列表对应多个正式名，可实现群发功能。

6.4.2 电子邮件协议

1. SMTP 协议

TCP/IP 协议族中的标准邮件协议是简单邮件传输协议（Simple Mail Transfer Protocol，SMTP）。SMTP 是一个应用层协议，用于规范和管理互联网中的邮件传输。

在 TCP/IP 电子邮件系统的邮件发送过程中，用户个人机→发送邮件缓冲区的传输过程，是个人计算机到邮件服务器之间的传输，这一段传输是通过互联网完成的。后台发送→对方邮件接收的传输过程，是一个邮件服务器到另一个邮件服务器之间的传输，这一段传输是也通过互联网完成的。这两段传输过程就是由 SMTP 协议规范和管理。

SMTP 消息是由 TCP 协议传递的。发送端 SMTP 启动与接收端 SMTP 之间通信时，首先建立一个 TCP 连接，然后发送端 SMTP 开始将命令发送给接收端 SMTP。接收端 SMTP 为它接收到的每个命令返回一个应答消息和一个数字代码。在双方的通信过程中，各种 SMTP 事务被启动，用来完成邮件传递的任务。

SMTP 使用服务器上的 25 号端口。SMTP 消息的传递采用 ASCII 文本命令。

2. POP3 协议

POP3 协议是邮局协议第 3 版（Post Office Protocol-Version 3，POP3），是为本身不能与 SMTP 服务器之间进行事务处理的客户计算机提供邮箱服务的服务程序。

在 TCP/IP 电子邮件系统的邮件发送过程中，用户信箱→用户个人机的传输过程，即下载邮件的传输，是邮件服务器到个人计算机之间的传输，这一段传输是通过互联网完成的。这段传输过程由 POP3 协议规范和管理。

使用 POP3 协议，服务器会将客户机请求的 Email 邮件数据发送给客户机。POP3 服务器可与 Internet 保持持续连接，能随时为离线用户提供接收邮件的服务。POP3 服务器接收到邮件后，将这些邮件保存在一个电子邮箱中，直到用户连接到服务器并且请求访问这些邮件为止。

POP3 也使用 TCP 协议提供信息传输服务（使用 110 号端口），并且使用文本命令和应答信息与客户机进行通信。

3. Internet 邮件访问协议 IMAP

IMAP 的功能与 POP3 相类似，同样使用文本命令和应答信息，但是 IMAP 服务器提供的功能比 POP3 更加强大。

IMAP 能够将 Email 邮件永久存放在服务器上，并且提供了更加广泛的可供选择的命令，使客户能够更好地访问和操作邮件。IMAP 对网络和系统资源的要求也比 POP3 更高，它需要大量的磁盘空间用来存储邮件，同时要求服务器具备更强大的处理能力，以便执行更多命令，IMAP 需要占用更多的网络带宽。

4. MIME 协议

MIME 协议是多用途互联网邮件扩展（Multipurpose Internet Mail Extension）。MIME 协议是建立在 SMTP 协议基础之上的应用层协议，是为了适应计算机信息多媒体化发展趋势而设计的，它的作用是将 SMTP 不能传输的多媒体形式信息与 SMTP 能够传输的 ASCII 码形式信息进行相互转换。

1）MIME 协议必要性

计算机已进入多媒体时代，大量的电子邮件包含了多媒体信息。SMTP 协议只能传送 ASCII 文本电子邮件，且每一行 ASCII 文本不超过 1000 个字符。多媒体信息形式的文件不能满足这两个要求，因此 SMTP 不能直接传送重要且常用的多媒体文件。为了让电子邮件能够传输多媒体信息电子邮件，一个办法是在覆盖全球的互联网上开发、升级或替换 SMTP 协议，由于互联网的不同部分属于不同国家或地区，这不是一件容易的事。折中方法是使用 MIME。MIME 协议建立在 SMTP 协议基础之上，在发送端 MIME 首先将原本不能传输的多媒体信息转换成可传送文本形式，然后用 SMTP 传输该文本，在终端 MIME 再将文本形式的信息还原为多媒体信息。

编码是将信息由一种形式转化为另一种形式的有效方法。MIME 采用编码方法实现多媒体信息与 ASCII 码信息的相互转换，并且允许双方选择方便的编码方法，甚至允许发送方将同一个邮件分成几个部分，每个部分使用不同的编码方法。发送方在邮件首部说明信息遵循的格式、数据编码的类型等信息，供接收方还原信息时使用。

2）MIME 编码方法

MIME 编码方法常用的编码方法有 Base64 编码和 quoted-printable 编码。

（1）Base64 编码：

Base64 编码的方法如下：依次将二进制邮件的每 24 比特分成一组，一组中的 24 比特又分成 4 个小组，每一小组 6 比特；用一个 ASCII 码符号表示一个小组；这样一组 24 比特可以用 4 个 ASCII 码符号表示。将每小组的 6 比特二进制数换算成十进制数，数值范围为 0 到 63。Base64 编码方法用 64 个 ASCII 码符号来表示这 64 种 6 比特二进制比特组合，编码规则为：

小组十进制数值：0，1，2，…，63

对应的 ASCII 码：A，…，Z，a，…，z，0，…，9，+，/

例题：下面是一串将要通过邮件传输的二进制代码，请用 base64 编码将其转化为字符串。

01001001 00110011 01111101

解：①分成 6 比特一组：

　　010010　010011　001101　111101

　　②计算每组的十进制数值：

　　18　　　19　　　13　　　61

③按照 A ~ Z 对应 0 ~ 25，a ~ z 对应 26 ~ 51，0 ~ 9 对应 52 ~ 61，+ ~ /对应 62 ~ 63 的 Base64 编码方法写出每一组的对应字符，得到字符串：STN9。

解毕。

例题：一个二进制文件共 6500 字节长。若使用 Base64 编码，并且每发完 80 字节就插入一个回车符 CR 和一个换行符 LF，试计算一共发送了多少个字节？

解：①Base64 编码每 6 个比特用一个 ASCII 码符号（8 比特）表示，所以 6500 字节用 Base64 编码共有 6500 * 8/6 = 8666 余 4，最后 4 比特补 2 个 0 凑成一个符号，共 8667 个符号

②分成 80 个符号一行，共分为 8667/80 = 107 余 46，共 108 行；

③每行末尾插入回车符、换行符，共 2 个字节

即需要插入 108 个回车符 CR 和换行符 LF，共 108 * 2 = 216 个字节

④所以，需要发送的总字节数：

$$8667 + 108 * 2 = 8883$$

解毕。

（2）quoted-printable 编码方法：

quoted-printable 编码方法如下：对于所有可打印的 ASCII 码，除了特殊符号等号" = "外，都不改变。等号" = "和不可打印的 ASCII 码以及非 ASCII 码的编码方法是：先将每个字节的二进制编码用两个 16 进制数字表示，然后在前面再加上一个等号" = "。

例如，对于字符串："" 系统" = system"，两个汉字（系统）和一个等号（ = ）需要编码，其他都是不用改变的可打印 ASCII 码。汉字"系"和"统"的二进制编码分别为：11001111 10110101 和 11001101 10110011，其 16 进制数字表示为 CFB5CDB3。用 quoted-printable 编码表示为 = CF = B5 = CD = B3。等号（ = ）的二进制编码为 00111101，其 16 进制数字表示为 3D。用 quoted-printable 编码表示为 = 3D。所以字符串"" 系统" = system"的 quoted-printable 编码表示为：" = CF = B5 = CD = B3" = 3Dsystem。

6.5　WWW 与 HTTP

WWW（World Wide Web）网是建立在互联网应用层上的一种网络应用，互联网上的所有采用 HTTP 协议的服务器共同构成 WWW 网（万维网）。WWW 网是一种基于互联网的分布式信息查询系统，提供交叉、交互式信息查询方式，通过超级链接找到存放在服务器上的信息。

超文本传送协议（HyperText Transfer Protocol，HTTP）是 WWW 的基础协议，可以传递简单文本、声音、图像或任何可从 Internet 上得到的信息。HTTP 是一种面向事务的客户/服务器协议，其典型应用是在 Web 浏览器和 Web 服务器之间传递信息。浏览器是运行于客户计算机上的应用进程，在浏览器和服务器之间为每个事务建立 TCP 连接后，浏览器与服务器之间便可以进行 HTTP 消息的交换。

早期的计算机网络传输的信息都是纯文本的，所以早期的计算机信息处理协议都是针对纯文本的，随着软硬件技术的进步，计算机逐渐能够处理语音、图像、动画、视频等形式的信息，出现了多媒体计算机技术。多媒体（Multimedia）是多种媒体的综合，一般包括

文本、声音和图像等形式。在计算机系统中，多媒体指组合两种或两种以上不同形态的媒体元素，实现人机交互式信息处理与传播的媒体。

多媒体是超媒体（Hypermedia）系统中的一个子集，而超媒体系统是使用超链接（Hyperlink）构成的全球信息系统，全球信息系统是互联网上使用 TCP/IP 协议和 UDP/IP 协议的应用系统。二维的多媒体网页使用 HTML、XML 等语言编写，三维的多媒体网页使用 VRML 等语言编写。以往许多多媒体作品使用光盘发行，在计算机网络发展到一定程度后更多地使用网络发行。

"超媒体"是超级媒体的缩写，是一种采用非线性网状结构对块状多媒体信息（包括文本、图像、视频等）进行组织和管理的技术。超媒体在本质上和超文本是一样的，只不过超文本技术在诞生初期的管理对象是纯文本，所以叫作超文本。随着多媒体技术的兴起和发展，超文本技术的管理对象从纯文本扩展到多媒体，为强调管理对象的变化，就产生了超媒体这个词。

超级链接直观地看，就是在一个文档内部或不同文档之间，按照事先设置的连接关系跳转。早期的文档，信息的组织方式是从前到后的一种线性关系。在一个线性文档中寻找感兴趣的内容，需要从前到后一步步进行扫描。超级链接技术可以在文档内部建立一种非线性的组织方式，例如一个文档如果建立了目录导航，就可以在目录上点击感兴趣的章节，直接跳到文档中该章节所在部分。超级链接技术还可以在网页之间建立这种联系，能够从一个网页跳到另一个网页。超级链接的便捷性已经被充分验证。

超级链接作为一种页面元素，在本质上属于一个网页的一部分，它是一种允许页面同其他网页或站点之间进行连接的元素。各个网页链接在一起后，才能真正构成一个网站。所谓的超链接是指从一个网页指向一个目标的连接关系，这个目标可以是另一个网页，也可以是相同网页上的不同位置，还可以是一个图片，一个电子邮件地址，一个文件，甚至是一个应用程序。而在一个网页中用来超链接的对象，可以是一段文本或者是一个图片。当浏览者点击已经链接的文字或图片后，链接目标将显示在浏览器上，并且根据目标的类型适配打开方式。

WWW 的工作方式是采用客户/服务器模式（C/S），客户端程序是浏览器，服务器端是 WWW 服务器。由于客户端程序始终是各种类型的浏览器，WWW 方式下的客户/服务器模式又称为浏览器/服务器模式（B/S，Brower/Server）。

WWW 网中有众多的 WWW 服务器，服务器有众多的页面，通过统一资源定位器（URL，Uniform Resource Locator）确定页面位置。统一资源定位器是对可以从互联网上得到的资源的位置和访问方法的一种简洁的表示，是互联网上标准资源的地址。互联网上的每个文件都有一个唯一的 URL，它包含的信息指出文件的位置以及浏览器应该怎么处理它。URL 由三部分组成：协议类型，主机名，路径及文件名，如图 6-5 所示。

图 6-5 URL 的三部分组成

在 WWW 环境中，信息以页面为单位进行组织，所有信息都要以网页文件的形式保存、传输并显示出来。信息页面由语言来实现，网页包括静态网页和动态网页两种。静态网页由 HTML 标记构成，是一种固化的网页，内容由编制者事先写好。动态网页由后台采用数据库技术动态生成，在各个信息页面之间建立超文本链接以便浏览。页面一般包括：文本、图像、表格、超链接等基本元素。实现页面的常用语言有：HTML，ASP，JSP，PHP 等。HTML 是超文本标记语言，用于创建 Web 网页，ASP，JSP，PHP 等语言是镶嵌在 HTML 文件中的，拓展一些附加特征，在浏览器上解释和显示。

6.6 DHCP 协议

6.6.1 DHCP 协议概述

DHCP(Dynamic Host Configuration Protocol，动态主机配置协议)是一个局域网的网络协议，它使用 UDP 协议工作，主要有两个用途：①给内部网络或网络服务供应商自动分配 IP 地址；②是用户或者内部网络管理员对所有计算机进行中央管理的手段。DHCP 有 3 个端口，其中 UDP67 和 UDP68 为正常的 DHCP 服务端口，分别作为 DHCP Server 和 DHCP Client 的服务端口；546 号端口用于 DHCPv6 Client，而不用于 DHCPv4，是为 DHCP failover 服务的，这是需要特别开启的服务。DHCP failover 是用来作"双机热备"的。双机热备是为了避免 DHCP 服务器失效给用户产生影响，它允许两台或多台 DHCP 服务器指派相同的地址范围。主服务器分发租用，次服务器监视主服务器的状态。两台服务器在所有时间彼此共享租用信息。为防止 IP 地址被复制，次服务器有自己的地址库，以备主服务器失效时启用。

DHCP 分为两个部分：一个是服务器端，另一个是客户端。DHCP 服务器集中管理所有的 IP 网络配置参数，并负责处理客户端的 DHCP 要求；客户端使用从服务器分配下来的 IP 配置信息。

DHCP 除了能动态地设定 IP 地址，还可以将一些 IP 地址保留下来给一些特殊用途的机器使用，它可以按照硬件地址来固定地分配 IP 地址。同时，DHCP 还可以帮客户端指定 router、netmask、DNSServer、WINSServer 等多种服务。用户只需手动勾选 DHCP 选项即可完成网络参数配置，无需额外设置其他 IP 配置参数。

6.6.2 DHCP 协议的功能与工作过程

DHCP 是一种帮助计算机从指定的 DHCP 服务器获取它们的配置信息的自举协议。DHCP 使用客户端/服务器模式，请求配置信息的计算机叫作 DHCP 客户端，而提供信息的叫作 DHCP 服务器。DHCP 为客户端分配地址的方法有三种：手工配置、自动配置、动态配置。DHCP 最重要的功能就是动态配置。除了 IP 地址，DHCP 分组还为客户端提供其他的配置信息，比如子网掩码。

1. DHCP 的工作流程

1）发现阶段

即 DHCP 客户机寻找 DHCP 服务器的阶段。DHCP 客户机以广播方式（因为 DHCP 服务器的 IP 地址对于客户机来说是未知的）发送 DHCP discover 发现信息来寻找 DHCP 服务器，即向地址 255.255.255.255 发送特定的广播信息。网络上每一台安装了 TCP/IP 协议的主机都会接收到这种广播信息，但只有 DHCP 服务器才会作出响应。

2）提供阶段

即 DHCP 服务器提供 IP 地址的阶段。在网络中接收到 DHCP discover 发现信息的 DHCP 服务器都会作出响应，它从尚未出租的 IP 地址中挑选一个分配给 DHCP 客户机，向 DHCP 客户机发送一个包含出租的 IP 地址和其他设置的 DHCP offer 提供信息。

3）选择阶段

即 DHCP 客户机选择某台 DHCP 服务器提供的 IP 地址的阶段。如果有多台 DHCP 服务器向 DHCP 客户机发来的 DHCP offer 提供信息，则 DHCP 客户机只接受第一个收到的 DHCP offer 提供信息，然后它就以广播方式回答一个 DHCP request 请求信息，该信息中包含向它所选定的 DHCP 服务器请求 IP 地址的内容。之所以要以广播方式回答，是为了通知所有的 DHCP 服务器，它将选择某台 DHCP 服务器所提供的 IP 地址。

4）确认阶段

即 DHCP 服务器确认所提供的 IP 地址的阶段。当 DHCP 服务器收到 DHCP 客户机回答的 DHCP request 请求信息之后，它便向 DHCP 客户机发送一个包含它所提供的 IP 地址和其他设置的 DHCP ACK 确认信息，告诉 DHCP 客户机可以使用它所提供的 IP 地址。然后 DHCP 客户机便将其 TCP/IP 协议与网卡绑定。另外，除 DHCP 客户机选中的服务器外，其他的 DHCP 服务器都将收回曾提供的 IP 地址。

5）重新登录

以后 DHCP 客户机每次重新登录网络时，就不需要再发送 DHCP discover 发现信息了，而是直接发送包含前一次所分配的 IP 地址的 DHCP request 请求信息。当 DHCP 服务器收到这一信息后，它会尝试让 DHCP 客户机继续使用原来的 IP 地址，并回答一个 DHCP ACK 确认信息。如果此 IP 地址已无法再分配给原来的 DHCP 客户机使用（比如此 IP 地址已分配给其他 DHCP 客户机使用），则 DHCP 服务器给 DHCP 协议的客户机回答一个 DHCP NACK 否认信息。当原来的 DHCP 客户机收到此 DHCP NACK 否认信息后，它就必须重新发送 DHCP discover 发现信息来请求新的 IP 地址。

6）更新租约

DHCP 服务器向 DHCP 客户机出租的 IP 地址一般都有一个租借期限，期满后 DHCP 服务器便会收回出租的 IP 地址。如果 DHCP 客户机要延长其 IP 租约，则必须更新其 IP 租约。DHCP 客户机启动时和 IP 租约期限过一半时，都会自动向 DHCP 服务器发送更新其 IP 租约的信息。

2. DHCP 的优缺点

优点：网络管理员可以验证 IP 地址和其他配置参数，而不用去检查每个主机；DHCP 不会同时租借相同的 IP 地址给两台主机；DHCP 管理员可以约束特定的计算机使用特定的 IP 地址；可以为每个 DHCP 作用域设置很多选项；客户机在不同子网间移动时不需要重新设置 IP 地址。

缺点：DHCP 不能发现网络上非 DHCP 客户机已经在使用的 IP 地址；当网络上存在多个 DHCP 服务器时，一个 DHCP 服务器不能查出已经被其他服务器出租的 IP 地址；DHCP 服务器不能跨路由器与客户机通信，除非路由器允许转发。

本章作业

一、填空题

1. DNS 的中文意思是(   )。

2. DNS 是一个(   )的数据库，采用(   )模式。

3. IP 地址与(   )的数量关系是一对多的关系。

4. Internet 采用层次结构的命名树，避免出现(   )。

5. 网络文件访问的两种形式是联机存取和(   )。

6. (   )是互联网上使用的最广泛的文件传输服务控制协议。

7. FTP 的特点是应用 TCP 连接服务。一次 FTP 服务应用(   )个 TCP 连接服务。

8. 远程登录就是使远程用户利用(   )享受资源服务。

9. SMTP 协议只能传送(   )，在此基础上增加 MIME 协议进行数据格式转换，就能传输(   )信息了。

10. MIME 将可执行文件或其他二进制对象转换成 SMTP 可传送的(   )形式。

二、判断题

1. DNS 名字空间的基础是域，通过将特定域的管理任务委托给遍布整个 Internet 的网络管理员，形成一个遍布整个网络的各个系统上的分布式数据库。

2. DNS 为客户查询 IP 地址有两种方式，即递归查询与迭代查询，它们都能为客户查询到所需的 IP 地址。

3. FTP 服务和其他应用层服务一样，需要在客户端与服务器之间建立双重 TCP 连接。

4. 互联网上的所有采用 HTTP 协议的服务器构成 WWW 网，它是一种基于互联网的分布式信息查询系统。

5. 万维网是当今应用最广泛的一种计算机网络。

6. POP3 服务器可与 Internet 保持持续连接，总是能够为离线用户提供接收邮件的服务。POP3 服务器接收到邮件后，将这些邮件保存在一个电子邮箱中，直到用户连接到服务器并且请求访问这些邮件为止。

7. DNS 是一个联机分布式的数据库查询系统，采用客户/服务器模式进行信息查询。

8. IP 地址与域名的数量关系是一对多的关系。

9. 网络文件访问的两种形式是联机存取和全文拷贝或文件传输。

三、名词解释

DNS 域名解析 FTP TELNET SMTP MIME 网页 WWW URL HTTP

四、问答题

1. 域名是什么？域名系统的作用是什么？为什么要建立域名系统？

2. DNS 为客户查询 IP 地址的两种方式：递归查询和迭代查询。说明递归查询的具体步骤。

3. 简述远程登录服务的必要性。

4. 电子邮件协议与文件传输协议的区别是什么？

5. 简述 TCP/IP 电子邮件系统的组成、各组成部分的作用以及工作流程。

6. 基于万维网的电子邮件系统为什么要采用 MIME 协议？

五、计算题

1. 一个二进制文件共 3072 字节长。若使用 Base64 编码，并且每发完 80 字节就插入一个回车符 CR 和一个换行符 LF，试计算一共发送了多少个字节？

2. 下面是一串将要通过邮件传输的二进制代码，请用 base64 编码将其转化为字符串。
01101010 10110011 01111101

第7章 网络安全

随着计算机网络的快速发展和广泛应用，社会各领域对网络的依赖程度显著提升。国防、金融、教育、科研等诸多应用领域对计算机网络安全性能提出了更高的要求。

本章介绍网络安全基本概念，重点介绍用于保障网络安全的几种技术，如防火墙技术、加密技术、数字签名及认证技术等。

7.1 网络安全概述

网络安全，是指网络系统的硬件、软件、数据受到保护，避免遭到破坏、更改和泄露，使网络系统能够连续可靠地运行，保证网络服务不中断。

广义上，计算机网络安全包括物理安全和逻辑安全。物理安全是指对系统设备及相关设施的物理保护，防止其被破坏和丢失。物理安全的保障主要依靠健全的法律法规制度，以及防火、防盗、防震等物理设施。逻辑安全是指信息的可用性、完整性和保密性三大要素，主要依据技术上的保障。作为一门学科，计算机网络安全所关注的核心是逻辑安全，也称为信息安全，关注的焦点是如何防止对数据的窃取、伪造和破坏，拒绝非法用户对信息数据的非法使用，保障合法用户能够正常使用网络。

网络系统面临的安全威胁包括如下方面：

(1)窃听：攻击者通过监视网络数据传输流量，截获网络数据获得敏感信息。

(2)重传：攻击者截取部分或全部数据，根据需要对数据做修改，将修改后的数据发送给接收方。

(3)伪造：攻击者将伪造的数据或文件发送给接收方。

(4)篡改：攻击者对合法用户之间的传输数据进行修改、删除、插入等篡改，再发送给接收方。

(5)拒绝服务攻击：攻击者通过某种方法使对外服务的信息系统响应减慢甚至瘫痪，阻止合法用户获得服务。

(6)行为否认：通信实体否认曾经做过的行为。

(7)非授权访问：没有预先经过同意就使用网络或计算机资源的行为被看作非授权访问。主要有以下几种形式：假冒、身份攻击、非法用户进入网络系统进行违法操作、合法用户以超权限方式进行操作等。

(8)传播病毒：通过网络传播计算机病毒，其破坏性非常高，而且用户很难防范。

(9)人为无意识或意外操作造成的损坏。

(10)自然灾害。

（11）其他因素造成的损害。

计算机网络信息系统安全的目标包括以下几个方面：

（1）身份真实性：能鉴别通信实体的真实身份。网络通信双方无直接联系，彼此看不见对方，明确正在与谁进行通信是十分重要的。

（2）信息机密性：能保证机密信息不会泄露给非授权的人或实体。

（3）信息完整性：能保证所接收的数据与源端发出的数据是一致的，即数据在传输过程中没有被改变，是完整的。主要是为了防止数据被非授权用户或实体修改和破坏。

（4）服务可用性：能保证合法用户对信息和资源的使用不受阻碍和影响。

（5）不可否认性：建立有效机制，防止网络用户实体抵赖或否认其曾经的行为。

（6）系统可控性：能够控制使用资源的人或实体的使用方式。

（7）系统易用性：系统应当操作简单、维护方便。

（8）可审查性：为网络提供包括技术在内的各种审查手段以保障信息的安全。

广义上讲，凡是涉及网络信息的保密性、完整性、可用性、真实性和可控性的相关技术和理论都是网络安全研究的领域。广义的网络安全还应该包括如何保护内部网络的信息不被轻易地从内部泄露，如何抵御文化侵略，如何防止不良信息的泛滥等等。

7.2　防火墙技术

防火墙是一种对网络数据进行分析和过滤的安全系统，其目标是有效地监控内部网和互联网（外网）之间的所有数据传输活动，保证内部网络的安全，阻止非法信息进出内部网络。防火墙的安全技术主要包括包过滤技术、地址转移技术、应用代理技术等。

7.2.1　包过滤技术

包过滤技术（Packet Filter）通过设备对进出网络的数据包进行有选择的控制与操作（如图 7-1 所示），包过滤操作通常设置在路由器上，在选择路由的同时对数据包进行过滤。包过滤技术设定了一系列的规则，对 IP 数据报的源地址、目的地址、封装协议、端口号等进行筛选。包过滤规则以 IP 数据报首部信息为基础，规定哪些类型的数据包禁止流入或流出内部网络，对符合规则类型的数据包进行拦截。例如，对来自指定网站的数据包一律拦截，禁止其进入内部网；对访问指定网站的内部 IP 数据报阻止其进入公共网络。从内外两个方面阻止内部网络与指定网站的联系。

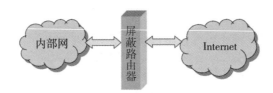

图 7-1　包过滤防火墙作用

包过滤路由器的缺点是：

（1）配置复杂，过滤数目增加会导致网络效率下降；

包过滤路由器针对每一个进出网络的数据包，都要对照所设定一系列的规则检查该数据包，只有不被规则集中的所有规则限定的数据包才得以通过。针对每条规则的检查会极大地增加延迟时间，导致网络速度和效率的下降。

（2）不能应对数据驱动攻击；

包过滤路由器只针对数据包的首部信息进行检查，对数据包的数据信息不作检查，因此不能阻止数据包数据部分包含的危险信息对网络造成的危害。

（3）不能应对 IP 地址欺骗攻击。

如果黑客为了掩盖数据包的来源而有意改变了数据包的 IP 地址信息，就可以避开包过滤路由器对它的阻拦。

7.2.2 网络地址转换技术

网络地址转换技术是在内网和外网之间设置一个具有网络地址转换技术的路由器（如图 7-2 所示），它原本是为内网用户访问外网而设置，但它也可以在一定程度上起到防火墙的作用。

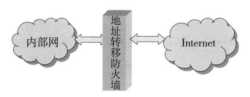

图 7-2　地址转换路由器所起的防火墙作用

对于黑客而言，了解、掌握一个网络的内部结构，对于其潜入网络并获取有价值的信息十分必要。一般情况下，黑客通过监视出入内部网络数据包的 IP 地址，可以大致勾勒出一个网络的内部逻辑结构，从而推定重要信息源的位置，明确攻击目标。采用了地址转移技术的网络中的每台机器不需要取得注册的 IP 地址；系统将外出的源地址和源端口映射为一个伪装的地址和端口，黑客无法通过监视出入网络的 IP 数据包来窥视网络内部结构，这样就对外隐藏了真实的内部网络地址，在一定程度上起到了对重要信息源的保护。

地址转移防火墙与包过滤防火墙一样，也要设置一套禁止出入的规则集。外部网络访问内部网络时，通过一个开放的 IP 地址和端口来请求访问；当符合规则时，防火墙认为访问是安全的，可以接受访问请求，也可以将连接请求映射到不同的内部计算机中；当不符合规则时，防火墙认为该访问是不安全的，不能被接受，将屏蔽外部的连接请求。

网络地址转换的过程对于用户来说是透明的，不需要用户进行设置，只需进行常规操作即可。

7.2.3 应用代理技术

应用代理或代理服务器(Application Level Proxy or Proxy Server)是代理内部网络用户与外部网络服务器进行信息交换的软件或硬件。它将内部用户的请求确认后,以客户身份送至外部信息服务器,同时将外部服务器的响应再返回给用户。专门的代理系统一般由代理服务器来实现。

屏蔽路由器最高层次是网络层,只能处理数据包首部信息;代理服务器是主机,最高层次是应用层。因此代理服务器能够在应用层对数据包的数据部分进行处理,例如,用特定软件(例如杀毒软件)进行检查,有效防止数据驱动攻击;通过报文鉴别技术及时发现黑客对数据包首部的恶意修改,避免 IP 地址欺骗攻击。主机还为多种专业安全软件提供了运行平台,反黑客水平专业化,反黑客手段丰富。

应用代理防火墙还提供了多种结构组合,可供用户依据安全程度和价格因素进行选择。

1. 双宿主主机结构

使用一台双宿主主机完成防火墙功能,如图 7-3 所示。

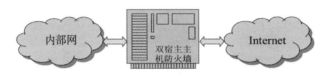

图 7-3 双宿主主机建立的防火墙

双宿主主机是一台高性能计算机,对于内部用户而言它代表了外部各种服务器,对外则代表了该网内部的所有用户。它不允许内网和外网之间的数据直接传送,内网与外网通信时,必须由双宿主主机转发,转发的数据也要经过双宿主主机内部各种安全软件的检查。即内网与外网之间的 IP 通信完全被阻止,而由双宿主主机提供代理服务。

双宿主主机的缺点是完全依赖单一部件保护系统,一旦被攻破,网络安全将遭到破坏。

2. 屏蔽主机结构

为了克服双宿主主机防火墙存在的缺点,对双宿主主机也要增加一层屏蔽保护,形成屏蔽主机防火墙。屏蔽主机防火墙由屏蔽路由器、堡垒主机结合构成,如图 7-4 所示。

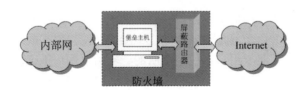

图 7-4 屏蔽路由器、堡垒主机结合建立的防火墙

堡垒主机系统健壮,能抗攻击,还可以提供一定的服务。外部主机只有通过堡垒主机才能访问内网,得到系统内部服务。堡垒主机是内部网中唯一暴露在互联网中的主机,要攻击系统,只能通过攻击堡垒主机完成。

3. 屏蔽子网结构

更高一级的防火墙是采用一个屏蔽子网。防火墙由外屏蔽路由器、屏蔽子网、堡垒主机和内屏蔽路由器共同组成(如图 7-5 所示)。在这样的结构中,一个黑客要潜入内部网,首先要突破外屏蔽路由器,在屏蔽子网中找到内部网的入口,在这个过程中,还需要躲过堡垒主机所运行的防护软件的检查;在找到内部网入口后,还需要突破内屏蔽路由器。

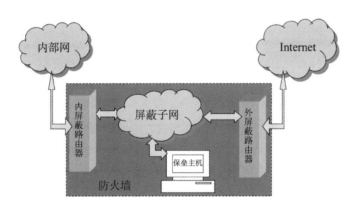

图 7-5 采用屏蔽子网结构建立的防火墙

一般内部网对外提供服务的服务器容易遭到攻击,一旦被攻破,服务器将作为进一步攻击内部网的跳板。由于寻找内部网入口十分困难,有了屏蔽子网,一般较坏的情况是子网中的服务器和堡垒主机被攻克、破坏,但内部网的完整性不被破坏。

两个屏蔽路由器消除了内部网络的单点入侵风险,提高了安全性。在这种结构中,堡垒主机可以充当各种服务的代理服务器。

7.2.4 防火墙技术的发展

防火墙是网络安全的一项重要技术,其发展方向包括以下几个方面:

(1)在包过滤技术中引入鉴别授权机制:对数据包发送者的身份进行鉴别,防止其使用其他人的 IP 地址或伪造 IP 地址现象。

(2)复变包过滤技术:采用多级并行或串行或串并行混合的复杂结构方式,进行多重检查,避免攻破一处导致全线崩溃的局面。

(3)虚拟专用防火墙 VPF:针对具体的用户给出特有的安全规则集。当用户要求使用防火墙时,防火墙首先确认用户身份,对用户进行鉴别,然后动态地创建一个虚拟的接口给用户,调查用户的安全规则集,加载在该虚拟接口上,并且其他用户看不到该接口,只有该用户才可以使用该接口,当用户停止使用时,该虚拟接口自动消失。VPF 具有很好的安全性和透明性,是高性能的下一代防火墙。

（4）多级防火墙：超大规模集成电路的发展，使未来的硬件同时支持路由、交换和防火墙。这种多级防火墙是传统路由器、交换机和防火墙的集合体。

（5）自适应代理技术：自适应代理技术是根据用户定义的安全规则，动态"适应"传输中的分组流量。

（6）复合型防火墙：采用几种防火墙技术并用的方式，如包过滤型防火墙和代理服务型防火墙相结合。通常情况下，可在路由器上设立过滤，使内部网络不受未被授权的外部用户攻击。

7.3　加密技术

7.3.1　密码学概述

密码学是研究编制密码和破译密码技术的科学，由编码学和破译学两部分组成。编码学研究密码编制的方法，保守通信秘密。破译学研究破译密码的方法，以获取通信情报。密码学研究的首要目的是隐藏信息。

密码是通信双方按约定的法则进行信息特殊变换的一种重要保密手段。依照这些法则，明文变为密文，称为加密变换；密文变为明文，称为脱密变换。

几个密码学中常用的专业术语：

（1）明文（Plain Text）：没有进行加密，能够直接代表原文含义的信息。

（2）密文（Cipher Text）：经过加密处理之后，隐藏原文含义的信息。

（3）加密（Encryption）：将明文转换成密文的过程。

（4）解密（Decryption）：将密文转换成明文的过程。

（5）密码算法：密码系统采用的加密方法和解密方法，随着基于数学的密码技术的发展，加密方法一般称为加密算法，解密方法一般称为解密算法。

（6）密钥：加密、解密过程中的关键参数。分为加密密钥（Encryption Key）和解密密钥（Decryption Key）。

一般数据加密模型如第 4 章的图 4-22 所示。在发送端，明文 X 通过加密算法和加密密钥 K1 的处理变成密文 Y；在接收端，密文 Y 通过解密算法和解密密钥 K2 的处理变成明文 X。在进行解密运算时，如果不使用事先约定好的解密密钥 K2，就无法解出明文 X。截获者正是因为没有解密密钥 K2，纵然是在数据传输途中截取密文 Y，也无法得到明文 X。

加密技术可以在通信的三个层次上实现：链路加密、节点加密和端到端加密。

链路加密是网络提供的加密，数据包在传输介质上处于加密状态。节点对接收到的数据包采用与上一个节点配套的方法进行解密，在向下一个节点传输前，采用与下一个节点配套的方法对数据包进行加密；在到达目的地之前，一个数据包可能要经过许多通信链路的传输，因而被用不同的方法加密、解密多次。

节点加密也是网络提供的加密，在操作方式上与链路加密类似，两者均在通信链路上将数据包加密为密文，都在中间节点先对消息进行解密，然后在传输到下一个节点前重新进行加密。但链路加密是数据包在节点进行处理时，将其解密为明文，黑客一旦攻破节点，容易获取数据包明文，节点成为数据包泄密的薄弱环节。节点加密不允许数据包在网络节点以明文形式存在，它对数据包的处理过程是在节点上的一个安全模块中进行的。节点加密的这一做法，使得数据包在节点处也处于安全保护状态。

以上两种方式都存在如下缺点：虽然数据包被加密，但数据包首部必须以明文形式传输，以便中间节点能得到 IP 地址信息进行路由计算以及其他必要处理。因此，这种方法难以防止攻击者分析通信业务。此外，每过一个节点就进行一次加密、解密，既加重了节点工作负担，又加大了通信的延迟时间。

端到端加密是用户自己进行的加密。加密由数据发送者在源端，即在数据发送前进行，发送的是经过加密的密文；解密由数据接收者在收到传输的密文后在目标端进行，整个数据传输过程只需要一次加密和一次解密。链路加密和节点加密都是物理网络自动提供的，而互联网是由许多物理网络互联形成的，通信数据经过了哪些网络以及哪些物理网络具有自动加密功能，用户是不知道的。为了安全，用户自己进行加密是必要的。

7.3.2 加密算法分类

加密算法数量有不少，按照不同的标准，有不同的分类方法。按照加密、解密全过程中使用的密钥数量来分，可以分为单钥加密算法和双钥加密算法两大类。

单钥加密算法是加密和解密使用相同的密钥。明文在密钥参与的计算中变成密文，密文在相同密钥参与的计算中变成明文。使用单钥加密算法，加密方必须将密钥传递给解密方，解密方只有获得密钥才能得到明文。密钥在传递过程中容易泄密，因此密钥分发成为单钥加密算法的缺陷。

双钥加密算法使用两把构成一对的密钥，加密使用其中任何一把密钥，解密必须使用与之配对的另一把密钥。密钥的主人把其中的一把密钥作为私钥（Private Key，rK）自己保留，另一把密钥作为公钥（Public Key，uK）在网络中公开分发。密钥主人需要接收数据时，在网络中分发公钥，数据发送者收到公钥后用公钥加密明文，得到密文，该密文只有私钥可以解得明文。由于私钥只有密钥主人拥有，因此只有密钥主人才能从接收的密文中获得明文。从以上过程可以看到，双钥加密算法有效解决了单钥加密算法存在的密钥分发缺陷。

单钥加密算法又称为对称加密算法，这类算法共同构成单钥加密体制，又称为对称加密体制。双钥加密算法又称为非对称加密算法或公开密钥加密算法，此类算法共同构成双钥加密体制、非对称加密体制和公开密钥密码体制。对称加密以数据加密标准（DES，Data Encryption Standard）算法为典型代表，非对称加密通常以 RSA（Rivest Shamir Adleman）算法为代表。

7.3.3 DES 算法

在众多的对称加密算法中影响最大的是数据加密标准 DES。DES 加密算法是一种分组加密方法，需要将数据文件分成若干个大小为 64 比特的组。一组 64 比特的明文，在一把长度为 64 位的密钥参与的计算中产生 64 位密文；反之，输入 64 位密文，则输出 64 位明文。

1. 加密工作过程

(1)给定一个 64 比特明文分组 x，通过一个固定的初始置换表(IP 置换)转换 x 的比特顺序得到改变了比特次序的 64 比特分组，记为 $x_0 = IP(x)$。再将 x_0 分为前后两段，$x_0 = L_0R_0$，L_0 是 x_0 的前 32 比特，R_0 是 x_0 的后 32 比特。

(2)进行 16 轮计算：

$$L_i = R_{i-1}, R_i = L_{i-1} \oplus f(R_{i-1}, k_i), i = 1, 2, \cdots, 16$$

计算逻辑如图 7-6 所示。

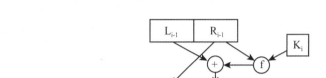

图 7-6　一轮 DES 计算逻辑

其中，$\oplus$ 表示异或运算；函数 $f(R_{i-1}, k_i)$ 有两个参数，R_{i-1} 是一个 32 比特串，k_i 是第 i 轮 DES 加密密钥，共 48 比特。

(3)上述两个式子分别进行完 16 轮计算后，分别得到 L_{16}、R_{16}，将它们组合成 64 比特的 $R_{16}L_{16}$。对 $R_{16}L_{16}$ 进行逆置换 IP^{-1}，获得密文 y，加密完成。

整个加密过程表示：$y = DES(x, k_{i=1}, \cdots, k_{i=16})$。解密采取同一算法完成，将密文 y 作为输入，倒过来使用密钥，即使用顺序：$k_{16}, k_{15}, \cdots, k_1$，输出得到明文 x。整个解密过程表示：$x = DES(y, k_{i=16}, \cdots, k_{i=1})$。

2. 对加密过程的解释

1)IP 置换

该算法要应用初始置换 IP 及逆置换 IP^{-1} 对分组比特次序进行位置置换。置换表示为：$x_0 = IP(x)$，逆置换表示为：$y = IP^{-1}(R_{16}L_{16})$。两种置换可以用图 7-7 所示阵列表示：

置换 IP	逆置换 IP^{-1}
58 50 42 34 26 18 10 2	40 8 48 16 56 24 64 32
60 52 44 36 28 20 12 4	39 7 47 15 55 23 63 31
62 54 46 38 30 22 14 6	38 6 46 14 54 22 62 30
64 56 48 40 32 24 16 8	37 5 45 13 53 21 61 29
57 49 41 33 25 17 9 1	36 4 44 12 52 20 60 28
59 51 43 35 27 19 11 3	35 3 43 11 51 19 59 27
61 53 45 37 29 21 13 5	34 2 42 10 50 18 58 26
63 55 47 39 31 23 15 7	33 1 41 9 49 17 57 25

图 7-7　两种置换阵列

以置换 IP 为例说明置换的做法。置换 IP 阵列有 8 行，每行 8 个数字，共 64 个数字，分别对应分组 x 中的 64 个比特数。第一行的 8 个数字对应分组 x 的前 8 个比特；第二行的 8 个数字对应分组 x 的第 9~16 个比特，共 8 个比特；依此类推。每个数代表了分组 x 中的对应比特在分组 x_0 中的位置，如第一行的第 1 个数 58，表示分组 x 位于第 1 位的比特经 IP 置换后在分组 x_0 位于第 58 位；第 2 个数 50 表示分组 x 位于第 2 位的比特，经 IP 置换后在分组 x_0 位于第 50 位；依此类推。

2）密钥生成

DES 密钥 K 是 64 比特，称为种子密钥；实际在每一轮中使用的密钥 k_i 是 48 比特。因此需要从 64 比特的种子密钥 K 中导出 16 个 48 比特密钥 k_i。K 的第 8，16，24，…，64 比特将被扔掉，实际 K 只有 56 个有效比特。k_i 导出方法如下：

（1）用置换 PC-1 置换出 K 的 56 比特，置换结果用 C_0D_0 表示，即 PC-1（K）= C_0D_0，C_0 是 PC-1(K)的前 28 比特，D_0 是 PC-1(K) 的后 28 比特。

（2）以 C_0D_0 开始，共进行 16 轮计算。对于第 i 轮（$1 \leqslant i \leqslant 16$），计算 $C_i = LS_i(C_{i-1})$，$D_i = LS_i(D_{i-1})$，$k_i = PC-2 (C_iD_i)$。LS 表示一个或两个位置的左循环移位，i = 1，2，9，16 时移动一位，i 为其他数时移动两位。

PC-1 和 PC-2 各表示一个置换，其中，PC-1 每 8 个比特一组丢弃最后一个比特，PC-2 每 7 个比特一组丢弃最后一个比特。经过 PC-1 置换，由 64 比特 K 导出 56 比特 C_0D_0；经过 PC-2 置换，由 56 比特 C_iD_i 导出 48 比特 k_i。置换 PC-1 和置换 PC-2 如图 7-8 所示，其中，X 对应的比特被丢弃。

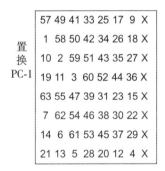

图 7-8　两种置换阵列

3）函数 f(A，J)

函数 f(A，J)有两个自变量 A 和 J，A 为 32 比特，J 为 48 比特，函数 f 输出结果为 32 比特。计算方法如下：

（1）将 A 用固定扩展函数 E 扩展成 48 比特串，这一过程表示为 E(A)。固定扩展函数 E 如图 7-9 所示，虚框标记部分为重复出现的比特，经过 8 行、每行重复增加 2 比特，将 32 比特扩展成为 48 比特。

（2）计算 B = E(A) $\oplus$ J，计算结果 B 是 48 比特串；将 B 分成 8 个 6 比特串，记为
$$B = B_1B_2B_3B_4B_5B_6B_7B_8$$

图 7-9　固定扩展函数 E

（3）使用 8 个事先设计好的 S 盒分别计算 $S_j(B_j)$。S_j 是一个固定的 4x16 矩阵，它的元素来自 0 到 15 这 16 个数。例如 S_2 盒如图 7-10 所示。

$$\begin{bmatrix} 15 & 1 & 8 & 14 & 6 & 11 & 3 & 4 & 9 & 7 & 2 & 13 & 12 & 0 & 5 & 10 \\ 3 & 13 & 4 & 7 & 15 & 2 & 8 & 14 & 12 & 0 & 1 & 10 & 6 & 9 & 11 & 5 \\ 0 & 14 & 7 & 11 & 10 & 4 & 13 & 1 & 5 & 8 & 12 & 6 & 9 & 3 & 2 & 15 \\ 13 & 8 & 10 & 1 & 3 & 15 & 4 & 2 & 11 & 6 & 7 & 12 & 0 & 5 & 14 & 9 \end{bmatrix}$$

图 7-10　S_2 盒

$S_j(B_j)$ 的计算方法：对于任意一个 6 比特变量 B_j，将其每一个比特都表示出来，即
$$B_j = b_1 b_2 b_3 b_4 b_5 b_6$$
对两位二进制数 $b_1 b_6$ 用十进制数 $r(0 \leqslant r \leqslant 3)$ 表示，对四位二进制数用 $b_2 b_3 b_4 b_5$ 用十进制数 $c(0 \leqslant c \leqslant 15)$ 表示，$S_j(B_j)$ 函数的取值就是 S_j 盒中矩阵第 $r+1$ 行 $c+1$ 列对应数的二进制表示（4 比特）。例如：如果 $B_2 = 001111$，则 $b_1 b_6 = 01$，$r = 1$；$b_2 b_3 b_4 b_5 = 0111$，$c = 7$；S_2 盒第 2 行第 8 列为 14，用二进制表示就是 1110。所以：$S_2(B_2) = 1110$。

为了编程方便，S 盒在程序中一般用一维数组表示。下面是 8 个 S 盒具体参数：

$S_1 = \{$14, 4, 13, 1, 2, 15, 11, 8, 3, 10, 6, 12, 5, 9, 0, 7, 0, 15, 7, 4, 14, 2, 13, 1, 10, 6, 12, 11, 9, 5, 3, 8, 4, 1, 14, 8, 13, 6, 2, 11, 15, 12, 9, 7, 3, 10, 5, 0, 15, 12, 8, 2, 4, 9, 1, 7, 5, 11, 3, 14, 10, 0, 6, 13$\}$

$S_2 = \{$15, 1, 8, 14, 6, 11, 3, 4, 9, 7, 2, 13, 12, 0, 5, 10, 3, 13, 4, 7, 15, 2, 8, 14, 12, 0, 1, 10, 6, 9, 11, 5, 0, 14, 7, 11, 10, 4, 13, 1, 5, 8, 12, 6, 9, 3, 2, 15, 13, 8, 10, 1, 3, 15, 4, 2, 11, 6, 7, 12, 0, 5, 14, 9$\}$

$S_3 = \{$10, 0, 9, 14, 6, 3, 15, 5, 1, 13, 12, 7, 11, 4, 2, 8, 13, 7, 0, 9, 3, 4, 6, 10, 2, 8, 5, 14, 12, 11, 15, 1, 13, 6, 4, 9, 8, 15, 3, 0, 11, 1, 2, 12, 5, 10, 14, 7, 1, 10, 13, 0, 6, 9, 8, 7, 4, 15, 14, 3, 11, 5, 2, 12$\}$

$S_4 = \{$7, 13, 14, 3, 0, 6, 9, 10, 1, 2, 8, 5, 11, 12, 4, 15, 13, 8, 11, 5, 6, 15, 0, 3, 4, 7, 2, 12, 1, 10, 14, 9, 10, 6, 9, 0, 12, 11, 7, 13, 15, 1, 3, 14, 5, 2, 8, 4, 3, 15, 0,

6, 10, 1, 13, 8, 9, 4, 5, 11, 12, 7, 2, 14}

S_5 = {2, 12, 4, 1, 7, 10, 11, 6, 8, 5, 3, 15, 13, 0, 14, 9, 14, 11, 2, 12, 4, 7, 13, 1, 5, 0, 15, 10, 3, 9, 8, 6, 4, 2, 1, 11, 10, 13, 7, 8, 15, 9, 12, 5, 6, 3, 0, 14, 11, 8, 12, 7, 1, 14, 2, 13, 6, 15, 0, 9, 10, 4, 5, 3}

S_6 = {12, 1, 10, 15, 9, 2, 6, 8, 0, 13, 3, 4, 14, 7, 5, 11, 10, 15, 4, 2, 7, 12, 9, 5, 6, 1, 13, 14, 0, 11, 3, 8, 9, 14, 15, 5, 2, 8, 12, 3, 7, 0, 4, 10, 1, 13, 11, 6, 4, 3, 2, 12, 9, 5, 15, 10, 11, 14, 1, 7, 6, 0, 8, 13}

S_7 = {4, 11, 2, 14, 15, 0, 8, 13, 3, 12, 9, 7, 5, 10, 6, 1, 13, 0, 11, 7, 4, 9, 1, 10, 14, 3, 5, 12, 2, 15, 8, 6, 1, 4, 11, 13, 12, 3, 7, 14, 10, 15, 6, 8, 0, 5, 9, 2, 6, 11, 13, 8, 1, 4, 10, 7, 9, 5, 0, 15, 14, 2, 3, 12}

S_8 = {13, 2, 8, 4, 6, 15, 11, 1, 10, 9, 3, 14, 5, 0, 12, 7, 1, 15, 13, 8, 10, 3, 7, 4, 12, 5, 6, 11, 0, 14, 9, 2, 7, 11, 4, 1, 9, 12, 14, 2, 0, 6, 10, 13, 15, 3, 5, 8, 2, 1, 14, 7, 4, 10, 8, 13, 15, 12, 9, 0, 3, 5, 6, 11}

(4)令 $C_j = S_j(B_j)$, C_j 是 4 位比特串。对于 B, 运用 8 个 S 盒可以分别得到 8 个 4 位比特串, 分别用 C_1、C_2、C_3、C_4、C_5、C_6、C_7、C_8 表示, 组合为 32 比特 $C = C_1 C_2 C_3 C_4 C_5 C_6 C_7 C_8$。

(5)将 C 通过一个固定的置换 P, 其结果 P(C)就是 f(A, J)的函数值。置换 P 如图 7-11 所示:

图 7-11 置换 P 阵列

3. DES 对称加密算法评价

DES 算法的主要优点是加解密速度快, 算法容易实现, 安全性好, 是常用的加密算法。DES 算法最主要的问题(也是对称加密算法共同的问题)是: 由于加解密双方要使用相同的密钥, 在发送和接收数据之前, 就必须完成密钥的分发。密钥在分发的过程中, 可能导致密钥失窃。一旦密钥失窃, 通信双方的信息安全可能受到影响。所以, 密钥分发成了 DES 算法中最薄弱的环节。

密钥的分发手段一般是距离近的采用人工送达的方式, 距离远的采用网络安全通道的

147

方式。

7.3.4 RSA 算法

双钥体制中，加密密钥不同于解密密钥，它们是两把成对的密钥，即用其中一把钥匙加密得到的密文，只能用另一把钥匙解密才能得到明文。其中的加密密钥作为公钥可以公之于众，供任何数据发送方使用，解密密钥作为私钥只有接收人自己拥有。双钥体制解决了密钥分发的难题。

公开密钥密码体制中比较著名的公钥密码算法有：RSA、背包密码、McEliece 密码、Diffe-Hell man、Rabin、Ong-Fiat-Shamir、零知识证明算法、椭圆曲线和 EIGamal 算法等，最有影响的公钥密码算法是 RSA。RSA 公开密钥密码算法是由 R. Rivest、A. Shamir 和 L. Adleman 教授于 1977 年提出的，RSA 的命名就是来自这三位发明者姓氏的第一个字母。

RSA 算法的安全性是建立在大数分解这一数学难题上：$n = p \times q$，p 和 q 是两个大素数，由 p 和 q 分别用单向陷门函数生成公钥和私钥，其中 n 对外公开(加密或解密时都需要使用)。由于 n 对外公开，生成公钥和私钥的单向陷门函数公开，因此 RSA 加密算法破解的理想途径是由 n 找出 p 和 q。n 非常大，常用的 n 其二进制表示的位数达到 384，512，768，1792，2304 位。目前，将这样的大数分解为两个大素数，在数学上尚未解决。

1. RSA 密码算法简介

RSA 密码算法是第一个较为完善且研究最广泛的双钥算法，经受住了各种攻击的考验，被公认为优秀的双钥算法之一。

RSA 密码算法描述：

设足够大的素数 p 和 q(为保证算法具有最大的安全性，它们的长度应该相同或相近)，它们的乘积 $n = pq$，记 $\phi(n) = (p-1)(q-1)$。选取适当的 e 和 d，两数相乘并满足 $ed \equiv 1 \bmod \phi(n)$，则 e、d 一个为加密密钥，另一个为解密密钥，它们组成了一对密钥。设 e 为加密密钥，则需要保密的是 p，q 和解密密钥 d，n 和加密密钥 e 公开。

加密运算：$y = E_k(x) = x^e \bmod n$，$x \in \mathbf{N}$

解密运算：$x = D_k(y) = y^d \bmod n$，$y \in \mathbf{N}$

这里，x 是明文，y 是密文，它们都以二进制数据表示的方式参与数学运算。$E_k(\ )$ 表示加密函数，$D_k(\ )$ 表示解密函数，$\mathbf{N}$ 是自然数集合。

2. RSA 密码算法有关问题解释

(1)素数是只能被 1 和本身整除的整数。

(2)mod 表示模运算，例如 a mod b，结果为 a÷b 的余数。上式读为：a 模 b 或 a 的模 b 运算。

(3)若 a mod b = c mod b，则 a，c 称为同模，记为 $a \equiv c \bmod b$

RSA 密码算法本身数学关系并不复杂，但由于公式所涉及的数据 n，e，d，x，y 都是数值巨大的数，在计算机程序中无法直接表示，因而无法直接运用公式计算，必须采用其他方法间接计算。

3. RSA 算法密码系统工作步骤

(1)生成两个大素数 p，q；

(2)计算 n=pq，φ(n)=(p-1)(q-1)；

(3)选择随机数 e(加密密钥)，e 与 φ(n)互素；

(4)计算解密密钥 d，d 必须满足：de≡1 mod φ(n)；

(5)公布整数 n 和加密密码 e。

4. RSA 双钥体制运作方式

(1)数据接收者将加密密钥 e 和 n 传给对方；

(2)数据发送者用 e 和 n 对明文 x 加密，得到密文 y，传给对方；

(3)数据接收者用解密密钥 d 和 n 对密文 y 解密；

要破解密码，只能由 n 推出 p 和 q，这很困难。加密密码 e 和 n 可广为分发，解密密码 d 只有所有者才有，因此可以保密。

由于 RSA 采用加密与解密双钥制，一把是用户的专用密钥，另一把是其他用户都可利用的公共密钥，因此，使用方便，安全可靠。

在 RSA 的硬件实现中，RSA 比 DES 慢 1500 倍；在软件实现上，RSA 比 DES 慢 100 倍。因此，RSA 算法一般用来加密小数据，如数字签名、密码等；大的文件，还是需要速度更快、使用更方便的 DES 等单钥体制算法进行加密。

7.3.5 混合加密体制(安全通道)

在介绍 DES 算法时，曾提到对于远程密钥分发，可以通过网络安全通道传输密钥。网络上有安全通道吗？如果有，还需要加密算法吗？其实，所谓安全通道是用双钥加密体制来实现的。具体地说，就是数据接收方将自己的单钥密钥传输给数据发送方，以便发送方能够用该单密钥加密数据，保证数据传输过程中的信息安全；而数据接收方在传输单钥密钥前，用发送方的公钥对密钥进行加密，以保证只有数据发送方能够获取该单钥密钥。

可见，所谓安全通道是使用了单钥、双钥两种体制加密算法，实现了在不安全的网络上开辟一条安全的通道。因此，安全通道又称为混合加密体制。

7.3.6 加密技术的发展

加密技术分为单钥和双钥两大体制，单钥体制成熟的算法有 100 多种，DES 是典型代表，应用范围最广；双钥体制成熟的算法也很多，以 RSA、椭圆曲线算法为代表。

加密技术中有两个重要元素：算法和密钥。密钥是一个长度固定的二进制数据，算法则定义了使用密钥将明文变换为密文的步骤。这两个元素中，密钥更加重要。这是因为经过实践检验的安全可靠的加密算法数量十分有限，解密专家在计算机强大计算能力的辅助下很容易确定加密所使用的算法，因此只能依靠密钥确保安全。这种情况更加凸显密钥保护的重要性。

加密技术是在加密与解密的矛盾斗争中不断发展的，理论上，任何加密算法都无法应对穷举法的攻击。所有的加密方法在理论上都可破解，只是时间和代价的问题。

穷举法的基本思想是根据题目条件，确定答案的大致范围，并在此范围内对所有可能的情况逐一验证，直到全部情况验证完毕。若某个情况验证符合题目的全部条件，则为本问题的一个解；若全部情况验证后都不符合题目的全部条件，则本题无解。穷举法也称为枚举法。

DES 密钥是 56 位比特组合，这就确定了密钥的范围。将每一种比特组合都尝试一遍，最多的尝试次数为 2^{56}。加大密钥长度，可以加大破解的时间和代价。但随着计算机硬件技术的发展，降低破解代价的速度也是很快的。

RSA 理论上同样无法应对穷举法攻击。考虑到时间和代价，在将穷举法排除后，RSA 还依赖于大数分解这一数学难题，一旦攻破这一难题，RSA 大厦将倒塌。

新的加密算法不断涌现，又不断被淘汰。不能经受住各种攻击长期考验的加密算法，不能投入使用。目前，比较可靠、值得信赖的加密算法还是几种经典算法，因此，对加密方法进行保密的意义不大，保证信息安全的关键还在于保持密钥不外泄。

7.4 报文鉴别技术

加密技术是为了维护数据或文件的保密性，它应对的是窃听之类的被动进攻。报文鉴别技术则是为了维护数据或文件的完整性，它要应对的是主动进攻中的数据篡改、伪造、删除等威胁。

所谓完整性，是指接收到的数据与发送数据完全一致，数据在传输过程中没有发生任何篡改，也没有出现比特错。应对报文篡改通常有两种方法：

（1）拒绝修改。它是在资源子网系统中，通过设置用户修改权限的方式防止非法用户或合法用户的超权限修改文件行为。它需要在操作系统以及各种管理软件的大力支持下，用访问控制技术实现。

（2）及时发现数据的变化，以便立即采取措施。在传输过程中，数据处在网络中脱离了系统的保护，很难避免黑客的攻击，如果能够及时发现数据被篡改、伪造，也能避免受到损失。报文鉴别技术所要做的就是对接收数据立即进行检查，及时发现接收到的数据在传输过程中被篡改、伪造。

报文鉴别技术工作原理类似于数据校验技术：发送方以发送数据为变量，用鉴别函数计算一个函数值，该函数值作为鉴别码与数据一同发送出去；接收方对接收数据用同样方法再计算一个鉴别码；将自己计算的鉴别码与接收到的鉴别码比较，如果两个鉴别码不一致，就能得出数据有变化的结论。

鉴别码与数据校验的计算方法不一样，其更为复杂和严密；伪造鉴别码在理论上是不可行的。

7.4.1 基于报文鉴别码的鉴别技术

报文鉴别码（Message Authentication Code，MAC）机制的核心是报文鉴别函数 $C_k( )$。该函数以报文内容作为输入，通过设计的运算得到一个较短的定长数据分组，然后使用一

个密钥对定长数据分组进行加密，得到定长码作为函数输出的报文鉴别码，即 MAC =
$C_k(M)$。MAC 被附加在报文中传输，用于消息合法性的鉴别。这里，合法的数据就是没
有发生改变的数据，也就是保持了完整性的数据。

例如，A 向 B 发送消息 M。A 在发送前，用密钥 k 计算 MAC = $C_k(M)$，将 MAC 附加
在原文 M 上，发给 B；B 根据收到的原文 M 和 MAC，用密钥 k 重新计算 MAC。若计算的
MAC 与接收的 MAC 相同，可确认收到的消息是合法的。攻击者如果修改原文而不对 MAC
做相应改变，则 B 计算的 MAC 与接收的 MAC 不相同，因此通过计算 MAC 可发现原文被
篡改。要骗过接收方对消息合法性的检查，就要同时修改 M 和 MAC，使 MAC = $C_k(M)$ 等
式成立。由于攻击者不知密钥 k，因此无法计算一个与修改后的 M 匹配的 MAC。因为除
了 B 之外，只有 A 有密钥 k，能够计算出与原文匹配的 MAC，所以 B 可确信，原文发
自 A。

运用报文鉴别码函数 $C_k(M)$ 计算 MAC 通常有两个步骤：①由一个长度变化的输入消
息 M 计算出一个定长的输出结果 $\Delta(M)$；②运用密钥 k 对 $\Delta(M)$ 进行加密，得到的密文就
是 MAC。整个过程就是：MAC = $C_k(M) = E_k(\Delta(M))$。

$\Delta(M)$ 的一种计算方法是将消息 M 依次划成若干个 64 比特的段 M_i，其中最后一段为
M_t；如果 M_t 不足 64 比特，必须被补充到 64 比特。然后，按照下式进行计算

$$\Delta(M) = M_1 \oplus M_2 \oplus \cdots \oplus M_t$$

这样，不管消息 M 的长度是多少，计算出来的 $\Delta(M)$ 都是长度为 64 比特的定长分组。

7.4.2 基于散列函数的鉴别技术

散列函数报文鉴别技术实际上是报文鉴别码技术的变种，与报文鉴别码技术十分类
似。散列函数 H 以变长的报文 M 为输入，产生定长的散列值 h = H(M)；发送端在发送消
息报文前，将计算出来的散列值 h 附加在报文 M 中一起发送给接收端；接收者通过重新
计算报文的散列值来对报文进行合法性的鉴别。其过程和步骤与报文鉴别码技术完全一
样。比较而言，报文鉴别码技术要简单得多，散列函数报文鉴别技术应用范围更广，在函
数设计上更复杂，在计算散列值时，还常加入一个随机数作为初始条件，以进一步增强安
全性。

散列函数需要具有如下性质：

(1)散列函数的输入可以是任意大小的数据块；

(2)散列函数的输出是定长的；

(3)对任意大小的报文，散列函数的计算相对简单；

(4)单向性：对任意已经确定的散列值 h，要寻找一个 M，使 H(M) = h 在计算上是不
可行的；

(5)抗冲突性：对任意给定的报文 M，要寻找不等于 M 的报文 N，使 H(M) = H(N)，
在计算上是不可行的。

散列函数的构造原则：

(1)将输入划分成定长 n 分组，必要时进行填充，使其长度为 n 的整数倍。

(2)在计算散列值时，采用迭代方式每次处理一个分组，最终产生一个 n 比特的散

列值。

散列函数的构造方式可以是任意的，只要满足散列函数的性质，都可以称为散列函数。前述的 $C_k(M)$ 函数也可以看作是一个散列函数。

例如，下面是一种利用密码分组链接技术构造散列函数的构造方法：

（1）将报文 M 划分成固定长度分组 M_1，M_2，…，M_N；

（2）设置通信双方都知道的初始值 H_0；

（3）依次计算 $H_i = E_{Mi}(H_{i-1})$；

（4）$h = H_N$ 得到散列值。

这种方法将 M 分组 M_i 作为单钥加密算法的密钥，最终的散列码是初始值 H_0 的 N 重加密密文。

著名的散列函数构造方法有：MD5 消息摘要算法，安全散列算法 SHA-1，RIPEMD-160 散列算法等。下面详细介绍 MD5 算法，从中可以体会到构建散列函数的做法。

MD5 算法步骤如下：

（1）填充文件 M，使 M 的长度为模 512 余 448 位；填充内容是第一位为 1，其余为 0。

（2）将文件原始长度值以 64 位二进制数表示，并将这 64 位二进制数填充到文件最后部分，使整个文件成为 512 的整数倍。

（3）设置四个 32 位变量：A = 0x01234567，B = 0x89abcdef，C = 0xfedcba98，D = 0x76543210。

（4）读文件一个分组（512 位），将其分成 16 个 32 位分组 M_i。

（5）设 a = A，b = B，c = C，d = D。

（6）依次对 M_i 进行四轮计算：

$a = b + (a + F(b, c, d) + M_i + t_i)$

$b = c + (b + G(c, d, a) + M_i + t_i) <<<s$

$c = d + (c + H(d, a, b) + M_i + t_i) <<<s$

$d = a + (d + I(a, b, c) + M_i + t_i) <<<s$

其中，F( )、G( )、H( )、I( ) 四个非线性函数计算方法如下：

$F(a, b, c) = (a \cap b) \cup ((-a) \cap c)$

$G(a, b, c) = (a \cap c) \cup (b \cap (-c))$

$H(a, b, c) = a \oplus b \oplus c$

$I(a, b, c) = b \oplus (a \cup (-c))$

t_i 是常数，$t_i = int(232 * abs(sin(i)))$；$<<<s$ 表示循环左移 s 位；s 为预先设定的随机数。$-a$ 表示二进制数 a 的反码。将 a 中的每个 1 改为 0，每个 0 改为 1，就得到 a 的反码 $-a$。

（7）A += a，B += b，C += c，D += d。

（8）循环（6），（7）直到所有 M_i 运算完毕。

（9）循环（4）~（8）直到所有分组运算完毕。

（10）级联 A，B，C，D，得到 128 位散列码。

算法结束。

山东大学教授王小云发现，很容易找到 MD5 的冲突（碰撞），即：对于一份文件，很容易伪造另一份文件，两者具有相同的散列码，使两份文件的真伪难辨。这意味着 MD5 算法被破解，不再能够安全地应用。

7.5 身份认证与数字签名

这里的身份认证是指网络用户的身份确认技术。网络中的各种应用和计算机系统都需要通过身份认证来确认用户的合法性，然后确定用户的个人数据和特定权限。

数字签名(Digital Signatures)是一种能够使接收方证实发送方真实身份的身份认证技术。数字签名还能够防止发送方事后否认已发送过报文，也可以用来鉴别非法伪造、篡改报文等行为。对数字签名的识别过程就是一种身份认证过程。

数字签名就形式而言，就是一个比特串。数字签名必须满足以下条件：

(1)签名的比特串内容是依赖于消息报文的，即数字签名与消息报文内容相关，数字签名能对消息内容进行鉴别。

(2)数字签名对发送者来说必须是唯一的，也就是只有发送者能够生成该数字签名，这样既能够防止第三方假冒发送者名义发送伪造数据文件，又能够防止数据文件发送者事后抵赖。

(3)产生数字签名的算法必须简单，且能够在存储介质上保持备份。

(4)对数字签名的识别、证实、鉴别必须简单。

(5)无论攻击者采用什么方法，伪造数字签名在计算上是不可行的。

数字签名与我们在日常生活中的签名不同。在日常生活中，一个人在不同时间、不同地点、不同场合中的每一次签名都必须一致。数字签名依赖于消息报文，其比特串内容与签署文件内容相关；同一个人，针对不同的文件内容，其数字签名也不同。

数字签名解决方案和数字签名计算函数种类较多，根据其技术特点，可以分为直接数字签名方案和基于仲裁的数字签名方案两大类。

7.5.1 直接数字签名方案

发送方 A 使用私钥对消息报文的散列码进行加密形成数字签名，并附在消息报文之后一起传输给接收方 B；B 使用 A 的公钥对数字签名进行解密得到散列码，并用散列码检验消息报文的完整性。如果完整性得不到验证，既有可能是数字签名被改变或伪造，也有可能是消息报文被改变或伪造。不论是哪一种情况，验证结果都是失败，消息报文被丢弃。只有数字签名通过验证，接收方才可以确认报文确实来自合法的发送方，报文才被接收。

因为只有 A 拥有私钥，其他任何人都没法伪造 A 的签名，所以该签名只有 A 能够形成，对此 A 无法抵赖，B 也可以因此而确信消息报文确实来自 A。如果 A 抵赖，B 可以找到第三方，用已被公开的 A 的公钥加以验证。

数字签名形成后，可以对整个报文和数字签名进行进一步加密，以增强数据通信的保密性。对整个报文和签名进行进一步加密的方法有很多种。不论采用何种方式加密，第三方必须拥有解密密钥，才能进行报文和数字签名的验证。

由于数字签名来自加密的散列码，因此数字签名依赖于消息报文的内容；报文和签名可以保存在存储介质中,以备解决争端时使用;第三方很容易获得 A 的公钥加以验证。所以,用私钥对报文散列码加密得到的密文,符合数字签名的各种要求,直接数字签名方案也成为数字签名的常用方法。

7.5.2　基于仲裁的数字签名方案

直接数字签名方案要求发送方具有一套公钥和私钥,具备自己生成数字签名和报文鉴别的能力和手段,对于接收方,也要求具备独立鉴别报文和数字签名的能力和手段。对通信双方的要求很高,并不适用于普通的网络用户。基于仲裁的数字签名方案出发点是免除用户鉴定数字签名的麻烦,由网络上的第三方仲裁机构自动完成数字签名的鉴定,然后把鉴定结果发给用户。

基于仲裁的数字签名基本原理:发送方 A 发往接收方 B 的签名报文首先被送到仲裁者 Z,Z 检验该报文及其签名的出处和内容,然后对报文注明日期,并附加一个"仲裁证实"的标记发给 B。接收方必须完全相信仲裁者,仲裁者非常关键和敏感,必须是一个受到充分信任的机构或一个可信的系统。

下面用两种基于仲裁的数字签名方案的例子来进一步了解这种签名方案。

1. 方案一

该方案实施过程如下:

(1) A 计算散列码 H(M),然后用自己的标识符 IDA 与 H(M) 组成数字签名;

(2) A 用与 Z 共享的密钥加密报文以及附加的数字签名,然后发往仲裁 Z;

(3) 仲裁 Z 用与 A 共享的密钥解密,从标识符 IDA 确信报文来自 A,根据 H(M) 验证报文完整性;

(4) 验证后,Z 用与 B 共享的密钥加密一个报文,送往 B;

(5) 该报文包括 A 的原报文 M,A 的数字签名,A 的时间戳 T,以及附加的一个"仲裁证实"的标记;

(6) B 用与 Z 共享的密钥,解密恢复出报文 M 和数字签名;

(7) B 存储报文 M 和数字签名,以备出现争端。

这种方案的缺点在于:验证真伪的工作完全交给仲裁者,无法防止仲裁者与一方合谋,打击另一方。下一种方案可以避免这种情况。

2. 方案二

该方案实施过程如下:

(1) A 先用自己的私钥,然后再用 B 的公钥对报文加密两次,这样就得到了一个具有签名的加密报文;

(2) 再用加密报文连同 A 的标志用自己的私钥加密一次;

(3) 加密结果连同 A 的标志发往 Z。报文经过两次加密,只有 B 能解密,对 Z 也是安全的;

(4) Z 用 A 的公钥解密,解密结果中有 A 的标志,可以证实报文确实来自 A;

（5）Z 加上时间戳，用 B 的公钥加密，发往 B；

（6）B 用私钥解密，得到加密报文，并存储该报文，以备出现争论；

（7）B 先用私钥再用 A 的公钥对报文解密，可以得到原文。

这种方案的缺点是计算量太大，不适用于较大的消息报文。

本章作业

一、填空题

1. 计算机网络安全包括物理安全和逻辑安全。逻辑安全包含信息的（　　）性、（　　）性和（　　）性三大要素。

2. 计算机网络面临四种攻击方式，其中（　　）信息的攻击方式称为被动攻击。

3. 没有预先经过同意，就使用网络或计算机资源的行为被看作非授权访问。包括非法用户进入网络系统进行违法操作、合法用户（　　）。

4. 信息被篡改是指信息从源节点传送到目的节点的中途被攻击者截获，并被（　　），然后（　　）。

5. （　　）是一种特殊类型的路由器，其位于互联网和内部网络之间，内部网络称为"可信网络"，其外部的互联网称为"不可信网络"。

6. 包过滤路由器设定一系列的规则，指定（　　）。

7. 数据包过滤路由器存在如下缺点：①包过滤配置复杂，过滤数目增加会导致网络效率下降；②不能应对数据驱动攻击；③（　　）。

8. DES 加密算法属于单钥加密体制，这说明（　　）。

9. 采用网络安全通道进行密钥分发的做法是：（　　）

10. 报文鉴别的主要作用是防止（　　）。

11. 数字签名能够使接收方证实发送方的真实身份，防止发送方事后（　　），鉴别非法伪造、篡改报文等行为。

二、判断题

1. 计算机网络所面临的威胁包括截获、中断、篡改和伪造；其中截获和中断称为被动攻击，而篡改和伪造称为主动攻击。

2. 防火墙是一个分析器和过滤器，其目标是有效地监控内部网和 Internet 之间的任何活动，保证内部网络的安全。

3. 公共互联网用户众多，黑客众多，黑客技术众多，无法建立一条安全通道。

4. 在对称加密中，收信方和发信方使用相同的密钥，即加密密钥和解密密钥是完全一样的。因而又称为单钥加密体制。

5. 为了提高安全性，加密技术使用的加密函数以及报文鉴别技术使用的报文鉴别函数都必须是单向陷门函数。

6. DES 加密算法是一种分组加密算法，属于单钥加密体制。

7. RSA 加密算法是一种典型的单钥加密算法。

8. 同一个用户针对不同文件的数字签名都不一样。

9. 报文鉴别用来对付数据篡改、伪造、删除、窃听等黑客破坏活动，防护的是数据的完整性。

10. 逻辑安全是指信息的可用性、完整性和保密性三大要素。

11. 包过滤路由器设定一系列的规则，指定允许哪些类型的数据包可以流入或流出内部网络，哪些类型的数据包的传输应该被拦截。

12. 数字签名能够使接收方证实发送方的真实身份，防止发送方事后否认已发送过的报文，鉴别非法伪造、篡改报文等行为。

三、名词解释

拒绝服务攻击　单钥加密体制　数字签名

四、问答题

1. 什么是网络安全，它包含哪些方面的内容。

2. 简述单钥加密体制和双钥加密体制的工作流程，并对两者特点进行比较。

3. 报文鉴别的目的是什么？

4. 包过滤技术防火墙主要根据数据的什么信息对数据作出哪些处理？

5. 简述一般数据加密模型，根据模型说明数据加密为什么能保证信息保密性。

6. 简要介绍两类密码体制，并以它们的典型代表说明两类密码体制的优缺点。

7. 叙述包过滤防火墙的工作原理，总结其存在的不足之处。

8. 图示数据加密模型，简要说明其工作原理。

9. 运用双钥加密体制可以实现数字签名。说明如何使用该体制来实现数字签名，并解释该做法为什么能够实现数字签名功能？

第8章 无线网络

无线网络(wireless network)是采用无线通信技术实现的网络,也就是采用无线介质作为数据传输链路建立的网络。无线介质本质是能传播电磁波的物理空间,虽然没有实体导线,但也能构成实际的物理链路。利用无线介质,可以构成无线电通信、微波通信、激光通信、红外线通信、声波通信,这些通信都可以用来传输数据,因而可以成为网络中的一条物理链路。

与有线网络相比,无线网络最大的不同在于传输媒介的不同,利用无线通信取代实际网线。无线网络适合建立在难以铺设网线的场合,同时终端设备不需要连接在实际网络线路上,少了连接线的束缚,在移动和漫游的情况下依然能够使用网络,因此也称为移动通信。无线网络既包括允许用户建立远距离无线连接的全球语音和数据网络,也包括对近距离无线连接进行优化的红外线技术及射频技术建立的网络。

目前无线网络主要采用3种通信技术:微波通信、红外线通信和激光通信。许多不同应用范围的无线网络,以不同载频、通信手段为通信信道,以不同的协议为标准。目前的卫星网就是一种特殊形式的微波网络,它利用地球同步卫星作为中继站来转发微波信号,一个同步卫星可以覆盖1/3以上的地球表面,3个同步卫星就可以覆盖地球表面上的全部通信区域。

无线网络依据所采用的无线通信技术可分为很多种类。就目前常规应用而言,主要有无线局域网(WLAN)、无线个人区域网(WPAN)和无线城域网(WMAN)三种类型。

8.1 无线局域网

无线局域网是无线网络的主要应用形式,在无线网络中占据很大比例。它提供无线接入功能;具有节省投资,建网方便等优点。

无线局域网遵循802.11标准;是一个无线以太网;采用星型拓扑结构;中心设备是基站,又称为接入点 AP,基站具有一个32字节的基本服务集标识符(BSSID)。不同于以太网 CSMA/CD 协议,无线局域网 MAC 层使用 CSMA/CA 协议;得到广泛使用的 Wi-Fi(无线高保真度)技术,就是目前无线局域网的主流解决方案。

8.1.1 无线局域网的组成

图 8-1 显示了无线局域网的组成情况。可以看到,无线局域网的基本组成单元是基本服务集 BSS,基本服务集是一个基站和与该基站连接的所有移动站。若干个基站通过分配系统 DS(通常是有线连接方式)构成一个扩展服务集 ESS,一个 ESS 相当于一个局域网。

一个 ESS(局域网)可以通过 Portal(门户)与其他局域网相连,构成扩展局域网(在整个互联网中具有相同网络号),然后通过路由器与互联网相连。

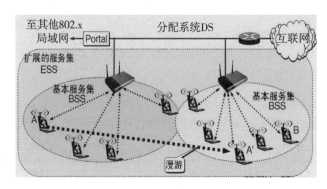

图 8-1　无线局域网的组成

无线连接只存在于移动站和基站之间,除此之外的所有连接一般都是有线连接。Portal 功能相当于网桥,但与网桥不同。网桥一般连接同类型网络(如都是 802.3 标准的以太网),Portal 将采用 802.11 标准的无线以太网与采用 802.3 标准的有线以太网相连,所以可以说 Portal 连接的是不同类型的网络,这是普通网桥做不到的。

与以太网中的工作站不同,无线局域网中的移动站能够移动,当移动站移动到不同基站之间时必须实现自动切换功能(如图 8-1 中的 A),即移动站所连接的基站自动切换为另一个距离更近、信号更强的基站,并且这种切换不影响用户使用网络,用户根本感觉不到发生了基站切换。

有线网常由几个局域网经过网桥连接形成一个扩展局域网,构成一个具有相同网络号的网络,因此有线局域网是一个由局域网和扩展局域网构成的两级网络。无线网首先由几个基本服务集 BSS 经分配系统 DS 相连构成一个扩展服务集 ESS,几个 ESS 经过 Portal 与其他局域网相连形成一个扩展局域网,构成一个具有相同网络号的网络。因此无线局域网是一个 BSS、ESS 和扩展局域网构成的三级网络。但对于网络建设而言,BSS 部分只是一个基站。

一个移动站若要加入一个基本服务集 BSS,就必须先选择一个基站作为接入点 AP,与此基站建立关联(association)。建立关联就表示这个移动站加入该基站所属的子网,并和这个基站之间创建了一个无线链路。只有关联的基站才能向这个移动站发送数据帧,而这个移动站也只有通过关联的基站才能向其他站点发送数据帧。

移动站与基站建立关联的方法有被动扫描和主动扫描两种。被动扫描是移动站等待接收基站周期性发出的信标帧(beacon frame)。信标帧中包含有若干系统参数(如基站服务集标识符 SSID 以及支持的速率等)。主动扫描,即移动站主动发出探测请求帧(probe request frame),然后等待收到该请求帧、并同意建立关联的基站发回的探测响应帧(probe response frame)。

现在许多地方,如办公室、机场、快餐店、旅馆、购物中心等都能够向公众提供有偿或无偿接入的 Wi-Fi 服务，这样的地点叫作热点。由许多热点和基站连接起来的区域叫作热区(hot zone)，热点就是公众无线入网点。现在也出现了无线互联网服务提供者 WISP (Wireless Internet Service Provider)这一名词，WISP 建立一个热区供区域范围内的无线移动用户联网，用户可以通过无线信道接入 WISP，然后再经过无线信道接入互联网。

8.1.2 802.11 局域网的物理层

物理层的基本功能就是将二进制数据从一个节点传递到相邻节点。在无线局域网中，物理层的基本功能就是在移动站和基站之间，通过无线信道，完成二进制数据的传输。无线局域网物理层相关协议就是关于站点通信所使用无线信号形式的规范或规定。这是一个庞大的技术领域，手机、iPad、笔记本电脑以及台式电脑无线上网等都是以这一技术为基础。

无线网络应用较广的通信技术有以下几种：

(1)直接序列扩频(DSSS，Direct Sequence Spread Spectrum)；

(2)正交频分复用(OFDM，Orthogonal Frequency Division Multiplexing)；

(3)跳频扩频(FHSS，Frequency-Hopping Spread Spectrum)；已很少用。

(4)红外线(IR，Infra-red)；已很少用。

802.11 无线局域网可再细分为不同的类型，每种类型都使用自己相关的协议。用户对各类型实现细节不关心，只要了解类型基本参数、选用参考即可。现在最流行的无线局域网有 802.11b、802.11a 和 802.11g，它们各自的特点如表 8-1 所示。

表 8-1　几种常用的 802.11 无线局域网

标准	频段	数据速率	物理层	优缺点
802.11b	2.4 GHz	最高为 11 Mb/s	DSSS	最高数据率较低,价格最低,信号传播距离最远,且不易受阻碍
802.11a	5 GHz	最高为 54 Mb/s	OFDM	最高数据率较高,支持更多用户同时上网,价格最高,信号传播距离较短,且易受阻碍
802.11g	2.4 GHz	最高为 54 Mb/s	OFDM	最高数据率较高,支持更多用户同时上网,信号传播距离最远,且不易受阻碍,价格比 802.11b 贵

8.1.3 802.11 局域网的 MAC 层协议

每个层次采用的协议规定了该层次的操作方法，了解层次所使用的协议就了解了层次的运转原理。无线局域网是一种以太网，但不能像有线以太网那样采用 CSMA/CD 协议，而采用 CSMA/CA 协议。本小节通过介绍 CSMA/CA 协议基本内容和作用来了解无线局域网 MAC 层内部运转机制。

1. 无线网络不能使用 CSMA/CD 协议

在以太网中，各个工作站采用 CSMA/CD 协议、以竞争方式抢占信道。无线局域网不能简单地搬用 CSMA/CD 协议。主要有两个原因：①无线局域网适配器上，接收信号强度远小于发送信号强度，对于弱小的接收信号进行实时检测十分不易，实现不间断地检测信道，设备花费过大；②无线局域网中，并非所有站点能听到对方，近的站点能监听，远的站点监听不到，这样就不可能得知远方站点正在与基站通信，不能避免与远方站点的碰撞。

正因为无线网络有这样的特点，如果数据链路层仍采用 CSMA/CD 协议，会出现一些无法解决的问题。如图 8-2 所示，当 A 和 C 由于彼此距离远，都检测不到对方正在与 B 进行的通信，都以为 B 是空闲的。按照 CSMA/CD 协议，都可以向 B 发送数据，结果 A 和 C 发送的数据在 B 处发生碰撞。这种未能检测出传输媒体上已经存在数据传输信号的问题叫作隐蔽站问题。如图 8-3 所示，B 正在向 A 发送数据，而 C 想和 D 通信，由于 C 距离 B 较近，能够检测到空间有数据传输信号，按照 CSMA/CD 协议，C 不能向 D 发送数据。其实 B 向 A 发送数据并不影响 C 向 D 发送数据，这种问题称为暴露站问题。无线局域网作为一种无线网络，不可避免地同样存在隐蔽站和暴露站问题，靠检测信号的有无决定是否发送数据的 CSMA/CD 协议不适合无线局域网，必须另辟蹊径。

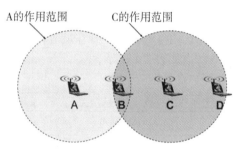

图 8-2 隐蔽站问题

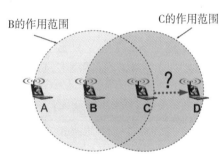

图 8-3 暴露站问题

2. CSMA/CA 协议

无线局域网不能使用 CSMA/CD 协议，需要对其进行改进。改进的方法是给 CSMA 增加一个碰撞避免(Collision Avoidance)功能，将协议变成 CSMA/CA 协议。碰撞避免的实质就是用时间错开的方式来防止两个及两个以上移动站同时与基站进行无线数据传输，错开的时间由 CSMA/CA 协议来实现。

CSMA/CA 协议采用两类方式进行碰撞避免：①用时间上错开的方式来避免碰撞；②为移动设备分配互不重叠的时间片，每个移动设备只在自己的时间片中收发数据。这两种方式本质上都是在时间上错开，只是后者采用了更精确的时间片分配方式。CSMA/CA 协议规定的分布协调功能(DCF, Distributed Coordination Function, 以下简称 D 协调)和点协调功能(PCF, Point Coordination Function, 以下简称 P 协调)分别与这两类方式对应。

P 协调采用基站集中控制方式。基站为自己所关联的所有移动站分配一个时间片，每个移动站只能在自己的时间片时段与基站进行通信。即使某个移动站在自己的时间片内没有通信，导致基站在此时段空闲，其他移动站也不能通信。移动站在自己的时间片内没能完成数据传输，也必须停止通信，等待自己的下一个通信时段的到来，而不能占用其他移动站的通信时间。每个时间片相互错开，因此每个移动站与基站通信不存在冲突。

D 协调是基站让各移动站通过竞争方式获取与基站通信的权限。抢先获取通信权限的移动站与基站进行通信，其他移动站在通信完成以后进行下一轮的竞争。

D 协调无线局域网 MAC 层必备的方式，任何无线局域网基站都具备 D 协调功能。P 协调是一种选用方式，只有较高级的无线局域网基站具备 P 协调功能。此外，无线局域网中的接入点 AP 可以采用 D 协调方式，也可以同时具备 D 协调和 P 协调。P 协调采用分配时间片方式，各移动站在分配给自己的时段发送数据，不存在冲突问题，冲突主要发生在 D 协调方式下。CSMA/CA 协议在 D 协调方式下采用了一系列方法来减小碰撞可能性。

1）帧间间隔

帧间间隔（InterFrame Space，IFS）是 CSMA/CA 协议采用的第一种方法。在有线网络中，数据帧是连续发送的，帧间没有停顿，没有时间间隔，必须用帧首、帧尾标志在连续的比特流中区分出不同的帧。无线网络则不同，数据通信是以数据帧为单位一帧一帧地发送，发完一帧必须有一个停顿，停顿所造成的时间间隔就是帧间间隔。帧间间隔是无线网络传输中帧与帧之间的一段时间空白。基站会将上一帧数据传输完毕的时间告知各个移动站，移动站在这个时刻到来之时，再经过一个帧间间隔时间，才有可能发出自己的数据帧。

根据传输数据帧性质或应用场合的不同，帧间间隔长度不一样。帧间间隔长度有以下几种类型：

①短帧间间隔 SIFS（间隔时间短）；

②点协调功能帧间间隔 PIFS（间隔时间适中）；

③分布协调功能帧间间隔 DIFS（间隔时间长）。

移动站采用何种帧间间隔取决于站点发送的数据性质。无线网络各站点以数据帧为单位发送数据，数据帧中的数据字段既可能是普通的数据，也有可能是站点之间传输的指令。发送数据帧的站点清楚自己发送数据的性质，知道自己处于 P 协调还是 D 协调管理之下。如果是指令数据，就等待一个 SIFS 时间再发送自己的数据帧；如果是 P 协调，就等待一个 PIFS；如果是 D 协调，就等待一个 DIFS。

不同的帧间间隔把需要发送数据的站点分成了三组，极大地降低了碰撞的概率。假设任意两个站点发送碰撞的平均概率为 p_i，一个 BSS 有 n 个移动站，则发生碰撞的总概率为 $p_i C_n^2$，与 n 的平方成正比。分成三组后，$n = n_1 + n_2 + n_3$，发生碰撞的总概率降为 $p_i (C_{n_1}^2 + C_{n_2}^2 + C_{n_3}^2)$，降低的概率是由于不同组间站点不再发生碰撞。

可见，IFS 的作用是通过对不同类型的帧设置不同的优先级，高优先级帧的帧间间隔较短，低优先级帧的帧间间隔较长。各个站点在发送数据帧前，根据将要发送数据帧的类型，确定自己要等待的时间（也就是自己的帧间间隔），只有等待时间过后才有可能发出下一个数据帧。

使用 SIFS 的帧类型有：ACK 帧（确认帧）、CTS 帧（允许发送信号帧）、由过长的 MAC 帧分片后的数据帧，以及所有回答基站探询的帧。

在 P 协调方式中，基站发送出的帧使用 PIFS。PIFS 比 DIFS 短，是为了在开始使用 P

协调方式时优先获得接入传输媒体。PIFS 的长度是 SIFS 加一个时隙(slot)长度。

分布协调功能帧间间隔 DIFS，在 D 协调方式中用来发送数据帧和管理帧。DIFS 的长度比 PIFS 再增加一个时隙长度。

2)争用窗口

帧间间隔只能消除不同组间站点的碰撞，但同组站点仍存在碰撞的可能。为了消除同组站点之间的碰撞，CSMA/CA 协议设置了争用窗口。争用窗口是在帧间间隔以后的一个时间窗口。所有站点用相同的随机数生成函数生成一个 0 到 1 之间的随机数，再用这个随机数乘以争用窗口长度，得到自己的争用时间。站点发送自己数据帧的时刻，是基站通知的上一帧传输完毕的时刻，延迟自己的帧间间隔时间，再延迟自己的争用时间。由于是同一函数生成，任意两个随机数相同的概率很小，因而任意两个站点争用时间几乎不可能相同。这样，同一组站点发出数据帧的时刻就能区分出先后，避免了同组站点之间的碰撞。

3)虚拟载波监听

在帧间间隔与争用时间问题明确以后，上一数据帧传输完毕的时刻必须被每个站点知悉，这个时刻是由发送上一数据帧的站点计算出来并通知基站，再由基站通知所关联的所有站点的。

站点在争用时间一到就发出争夺数据发送权的帧，站点发出的并不是冗长的携带传输数据的数据帧，而是争夺数据传输权的短的控制帧，以便基站能够以最短的时间收到完整的信息。这个短控制帧，叫作请求发送(RTS，Request To Send)，它包括源地址、目的地址和这次通信所需的持续时间。这个持续时间包括数据帧传输时间长度，以及基站对数据帧检验之后发回的确认帧(ACK)的时间长度。顺便说一下，无线局域网各站点是需要对收到的每一帧都进行检验并及时发回确认信息的，因此采用的是简单的停-等协议，这一点也不同于有线网络。基站收到 RTS 后发送一个响应控制帧，叫作允许发送(CTS，Clear To Send)，它包括这次通信所需的持续时间。基站发出的 CTS 帧是基站所关联的所有站点都能收到的，所有站点都把 CTS 帧带来的需要占用信道的时间长度标记为"媒体忙"，媒体忙的结束时刻就是上一数据帧传输完毕的时刻。媒体忙结束，无线信道进入媒体空闲状态。各站点在收到基站 CTS 帧通知后，在媒体忙状态下停止数据发送，等到媒体空闲时开始自己的帧间间隔等待和争用时间等待，然后开始数据发送权争夺。

无线局域网的工作时序图如图 8-4 所示。争夺失败的其他站点进入媒体忙等待状态。媒体忙时间长度覆盖了源站通过基站向目的站发送一个数据帧的整个时间段。如果某一个环节出现故障导致发送失败，源站必须参与下一轮争夺，获取发送权后，再发送该数据帧。

以上这种机制称为虚拟载波监听机制(Virtual Carrier Sense)。虚拟载波监听机制是让源站将它要占用信道的时间(包括目的站发回确认帧所需的时间)通过基站通知所有其他站点，以便使其他所有站点在这一段时间都停止发送数据。这样就避免了其他站点在此时间段内发送数据，大大减少了碰撞的机会。

"虚拟载波监听"表示其他站并没有监听信道(前面已经提到，无线网络中接收信号强度远低于发射信号强度，要对这么弱的信号持续监听，代价太大)，而是由于它们收到了"源站通知"才不发送数据。这种效果看似它们都监听了信道，实际上，这种监听是虚拟

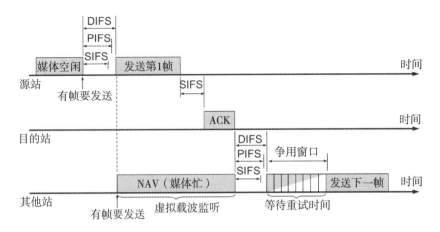

图 8-4 无线局域网 DCF 方式下的工作时序图

的。所谓"源站通知"就是源站在其 MAC 帧首部中的第二个字段"持续期"中填入了在本帧要占用信道多少时间（以微秒为单位），包括目的站发送确认帧所需的时间。

当一个站点检测到正在信道中传送的 MAC 帧首部的"持续期"字段时，就调整自己的网络分配向量（NAV，Network Allocation Vector）。NAV 指出了必须经过多少时间才能完成数据帧的这次传输，才能使信道转入空闲状态。

4）802.11 无线局域网的 MAC 帧结构

802.11 帧共有三种类型，即控制帧、数据帧和管理帧。图 8-5 所示是数据帧的主要字段。

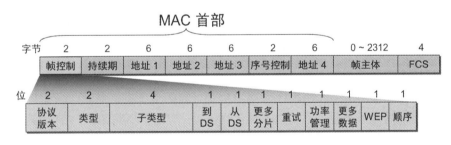

图 8-5 802.11 数据帧主要字段

802.11 数据帧的三大部分：

①MAC 首部，共 30 字节。帧的复杂性都在帧的首部；

②帧主体，也就是帧的数据部分，不超过 2312 字节。这个数值比以太网的最大长度长很多；

③帧检验序列 FCS 是尾部，共 4 字节。

对于 802.11 数据帧作以下说明：

（1）关于 802.11 数据帧的地址：

163

802.11 数据帧最特殊的地方是有四个地址字段。这四个地址包括移动站地址和基站地址。四个地址的意义不是固定的，它随着数据帧的流向变换而改变。数据帧的流向由"帧控制"字段中的"到 DS/从 DS"字段取值来说明。表 8-2 显示了这两个字段如何说明数据帧的流向。

表 8-2　地址字段取值意义

到 DS	从 DS	具体含义
0	0	同一个 BSS 中，一台移动站发往另一台移动站
0	1	来自基站的帧
1	0	发往基站的帧
1	1	从一个基站发送到另一个基站

数据帧流向确定以后，四个地址字段的意义就确定了。表 8-3 显示了地址字段的意义。

表 8-3　地址字段与"到 DS/从 DS"字段的关系

到 DS	从 DS	地址 1	地址 2	地址 3	地址 4
0	0	目的地址	源地址	BSSID	未使用
0	1	目的地址	BSSID	源地址	未使用
1	0	BSSID	源地址	目的地址	未使用
1	1	目的基站地址	源基站地址	目的地址	源地址

（2）其他字段介绍：

①协议版本字段现在是 0；

②类型字段和子类型字段用来区分帧的功能。帧的类型有控制帧、数据帧和管理帧，每种类型还可以划分子类型，它们具有各自的功能，应用于不同场合；

③更多分片字段值为 1 时表明这个帧属于一个帧的多个分片之一。无线网络中的帧分片类似于有线网络中数据包的分片；

④序号控制字段表明分片的大小和次序。占 16 位，其中序号子字段占 12 位，分片子字段占 4 位；

⑤持续期字段用于设置预约信道时间，占 16 位；

⑥有线等效保密字段 WEP 占 1 位。若 WEP=1，表明采用了 WEP 加密算法。

8.2　无线个人区域网

无线个人区域网（Wireless Personal Area Network，WPAN）指在个人工作的地方把属于个人使用的电子设备用无线技术连接起来的移动自组网络(ad hoc network),WPAN 是以个人为中心来使用的无线个人区域网,它实际上就是一个低功率、小范围、低速率和低价格的电缆替代技术。WPAN 都工作在 2.4GHz 的 ISM 频段。WPAN 是没有固定基础设施(即没有基站或 AP)的无线网络。这类网络是由一些处于平等状态的移动站之间相互通信组成的临时网络(如图 8-6 所示)。

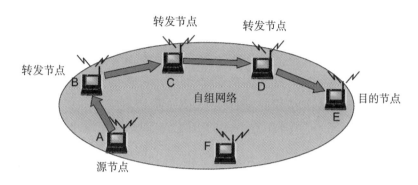

图 8-6 自组网络

WPAN 网络和上一节介绍的无线局域网并不相同。无线局域网使漫游的主机可以用多种方式连接到互联网。无线局域网的核心网络功能仍然是基于固定互联网一直在使用的各种路由选择协议。WPAN 是将移动性扩展到无线领域中的自治系统,它具有自己特定的路由选择协议,并且可以不和互联网相连。

WPAN 网络有许多不同种类,其中一些种类在某些领域得到了广泛应用。下面简要介绍一些应用较为广泛的 WPAN。

1. 蓝牙系统(Bluetooth)

最早使用的 WPAN 是 1994 年爱立信公司推出的蓝牙系统,其标准是 IEEE 802.15.1。蓝牙的数据率为 720 kb/s,通信范围在 10m 左右。蓝牙使用 TDM 方式和扩频跳频 FHSS 技术组成不用基站的皮可网(Piconet)。

皮可网(Piconet)直译就是"微微网",表示这种无线网络的覆盖面积非常小,每一个皮可网包含一个主设备(Master),且最多可连接 7 个处于工作状态的从设备(Slave)。通过共享主设备或从设备,可以把多个皮可网连接起来,形成一个范围更大的扩散网(scatternet)。这种采用主从工作方式的个人区域网实现起来价格就会比较便宜。

2. 低速 WPAN

低速 WPAN 主要用于工业监控组网、办公自动化与控制等领域,其速率是 2~250 kb/s。低速 WPAN 的标准是 IEEE 802.15.4,新修订的标准是 IEEE 802.15.4-2006。低速 WPAN 中最著名的网络就是 ZigBee。ZigBee 技术主要用于各种电子设备(固定的、便携的或移动的)之间的无线通信,通信距离短(10~80m),传输数据速率低,成本低廉。

(1)ZigBee 的特点:

①功耗非常低。在工作时,信号的收发时间很短;而在非工作时,ZigBee 节点处于休眠状态,非常省电。对于某些工作时间和总时间之比小于 1%的情况,电池的寿命甚至可以超过 10 年。

②网络容量大。一个 ZigBee 网络最多包含 255 个节点,其中一个是主设备,其余则是从设备。若是通过网络协调器,整个网络最多可以支持超过 64000 个节点。

(2)ZigBee 的标准:

ZigBee 的标准是在 IEEE 802.15.4 标准基础上发展而来的,所有 ZigBee 产品也是 802.15.4 产品。IEEE 802.15.4 只是定义了 ZigBee 协议栈的最低两层(物理层和 MAC 层),而上面的两层(网络层和应用层)则是由 ZigBee 联盟定义的。

ZigBee 的协议栈如图 8-7 所示。ZigBee 的组网方式可采用星形和网状拓扑,或两者的组合。

图 8-7　ZigBee 协议栈

3. 高速 WPAN

高速 WPAN 用于便携式多媒体装置之间的数据传送,支持 11~55 Mb/s 的数据率,标准是 802.15.3。IEEE 802.15.3a 工作组还提出了基于更高数据率物理层标准的超高速 WPAN,它使用超宽带(UWB)技术。UWB 技术工作在 3.1~10.6 GHz 微波频段,有非常高的信道带宽。超宽带信号的带宽应超过信号中心频率的 25%,或信号的绝对带宽超过 500 MHz。超宽带技术使用了瞬间高速脉冲,可支持 100~400 Mb/s 的数据率,可用于小范围内高速传送图像或 DVD 质量的多媒体视频文件。

4. 无线传感器网络

无线传感器网络(wireless sensor network,WSN)是由部署在监测区域内的大量的廉价微型传感器通过无线通信技术构成的自组网络。无线传感器网络可用于进行监测区域内各种数据的采集、处理和传输,一般并不需要很高的带宽,但是在大部分时间必须保持低功耗,以节省电池的消耗。由于无线传感节点的存储容量受限,因此对协议栈的大小有严格的限制。无线传感器网络还对网络安全性、节点自动配置、网络动态重组等方面有一定的要求。

无线传感器网络的主要应用领域包括以下几个方面：

①环境监测与保护（如洪水预报、动物栖息地的监控）；

②战争中对敌情的侦察和对兵力、装备、物资等的监控；

③医疗中对病房的监测和对患者的护理；

④危险的工业环境（如矿井、核电站等）中的安全监测；

⑤城市交通管理、建筑内的温度/照明/安全控制等。

无线传感器网络起源于美军在越战时期使用的传统传感器系统，到现在已经发展到第三代，形成了现代意义上的无线传感器网络。无线传感器网络在国际上被认为是继互联网之后的第二大网络。1999 年，《商业周刊》将传感器网络列为 21 世纪具有重要影响力的 21 项技术之一；2002 年美国国家重点实验室——橡树岭实验室提出了"网络就是传感器"的论断；2003 年美国《技术评论》杂志评出对人类未来生活产生深远影响的十大新兴技术，传感器网络被列为第一。在现代无线传感器网络研究及应用领域，我国与发达国家几乎同步开启相关探索，该领域已成为我国信息科技领域少数达到世界先进水平的方向之一。2006 年《国家中长期科学与技术发展规划纲要》为信息技术确定了三个前沿方向，其中有两项与传感器网络直接相关，这就是智能感知和自组网技术。今后的信息化世界必定是充满各类传感器的世界，能将各种传感器连接起来，自动组网，并实现自动采集和传输环境数据的无线传感器网络，应该引起人们的足够重视。

8.3 无线城域网

2002 年 4 月，相关部门通过了符合 802.16 协议的无线城域网（Wireless Metropolitan Area Network，WMAN）标准。欧洲的 ETSI 也制定了类似的无线城域网标准 HiperMAN。

WMAN 可提供"最后一英里"的宽带无线接入（固定的、移动的和便携的计算机或智能设备）。在许多情况下，无线城域网可用来代替现有的有线宽带接入，因此它有时又称为无线本地环路。WiMAX（Worldwide Interoperability for Microwave Access）常用来表示无线城域网（WMAN），这与 Wi-Fi 常用来表示无线局域网（WLAN）相似。IEEE 的 802.16 工作组是无线城域网标准的制定者，而 WiMAX 论坛则是 802.16 技术的推动者。

WMAN 有两个正式标准：

（1）802.16d（它的正式名称是 802.16-2004），是固定宽带无线接入空中接口标准（2~66 GHz 频段）。

（2）802.16 的增强版本，即 802.16e，是支持移动性的宽带无线接入空中接口标准（2~6 GHz 频段），它向下兼容 802.16-2004。

图 8-8 显示了 WPAN 的主要功能和服务范围。

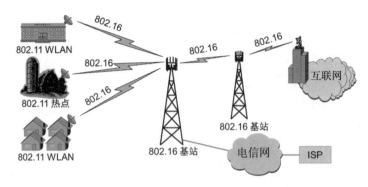

图 8-8　802.16 无线城域网服务范围示意图

本章作业

一、填空题

1. 无线局域网中的基本服务集是由(　　　)组成的。

2. 遵守(　　　)标准的无线局域网是一个无线以太网,采用星型拓扑结构。中心设备是基站,具有一个 32 字节的服务集标识符,又称为接入点 AP。

3. 无线局域网的基本单元是 BSS,其是一个基本的以太网,该网的拓扑结构是(　　　)。

4. 无线局域网 MAC 层通过协调功能来确定基本服务集 BSS 中的移动站在什么时间能发送数据或接收数据。协调功能分为点协调功能和(　　　)两种。

5. 移动站要加入无线局域网,首先需要与基站建立关联。移动站可以通过(　　　)和(　　　)两种方式与基站建立关联。

6. 一个基站连接的所有的通信设备在完成发送后,必须再等待一段很短的时间才能发送下一帧。这段时间称为(　　　)。

7. 802.11 数据帧格式中有(　　　)个地址字段。

二、判断题

1. 无线局域网适配器上,接收信号强度远小于发送信号强度,实现不间断地检测信道,设备花费过大。因此,无线站点都采用"虚拟载波监听"方式。

2. CSMA/CA 协议采用不同的帧间间隔避免了不同类型的数据帧发生碰撞,采用争用窗口技术减少同类型数据帧发生碰撞的概率。

3. 无线局域网中的基本服务集是由一个基站和与该基站连接的所有移动站组成。

4. 无线局域网中,数据传输都是一帧一帧地分开发送,不会出现有线网络中帧与帧首尾相连的帧流发送模式。

5. 无线局域网中,基站与各移动站之间的数据传输方式类似于简单流量控制的停-等协议数据传输模式。

6. 无线传感器网络是由大量微型传感器通过无线通信技术构成的自组网络。

7. 今后的世界必定布满各种类型的传感器，无线传感器网络技术必将得到广泛应用。

三、名词解释

信标帧　隐蔽站问题　虚拟载波监听

四、问答题

1. 无线局域网中，移动站与基站建立关联的方法有哪两种？它们是怎么做的？

2. 描述"虚拟载波监听"机制，解释"虚拟载波监听"的具体意思。

第9章 计算机网络编程实践

网络最基本的功能就是传输数据。为了简化网络用户操作，许多软件将符合网络协议规范的数据传输功能封装为基本函数库、动态链接库或者标准化程序集，用户只需要调用它们就能实现数据传输功能，无需深入理解复杂的网络协议要求。本章列举几个常用的网络编程实例，供读者学习网络编程基本方法。

9.1 基于.NET框架的网络编程

Microsoft. NET 是微软公司开发的一种面向网络的、支持各种用户终端的新一代开发平台，其核心目标就是搭建第三代互联网平台，它提供了大量资源可供编程者使用，解决网络之间的协同合作问题，让用户最大限度地获取信息，为用户提供尽可能全面的服务。

C#语言是微软公司专门为.NET平台设计的开发语言之一。C#是从 C 和 C++派生出来的一种简单、现代、面向对象和类型安全的编程语言。微软宣称：C#是开发.NET框架应用程序的最好语言。C#运行于.NET平台之上，其特性与.NET紧密相关，它本身没有运行库，其强大的功能依赖于.NET平台的支持。

Visual Studio 是微软提供的集成开发环境，用于创建、运行和调试各种.NET编程语言编写的程序。Visual Studio 提供了若干种模板，帮助用户使用.NET编程语言(包括 C#，VB. NET，Java 语言)开发 Windows 窗体程序、控制台程序、WPF 程序等多种类型的应用程序，建立网站等。

在.NET Framework 环境中，两个命名空间 System. Net 和 System. Net. Sockets 与网络有关。System. Net 与较高层的操作有关，使用 HTTP 和其他协议进行 Web 请求等，该空间主要提供了 Dns、WebClient、WebRequest 以及 WebResponse 等类，供编程者以较为方便的方式使用网络。System. Net. Sockets 与较低层的操作有关，它直接使用套接字(Socket)或TCP、UDP 之类的协议，这个命名空间中的类是非常有用的。

本节将讨论通过.NET基类提供的工具，介绍几种网络协议访问网络编程方法。

9.1.1 Dns 类

Dns 类是一个静态类，它从 Internet 域名系统(DNS)检索特定主机的信息。Dns 类所在的命名空间为 System. Net。下面通过编程实例来说明 Dns 类的一些重要功能和使用方法。

1. 获取本机名称和 IP 地址

该例子是用 Visual Studio 2022 编制一个控制台程序，显示如何获取本机名称和 IP 地址。

（1）首先打开 VS2022，出现如图 9-1 所示界面。

图 9-1　VS2022 界面

（2）点击"创建新项目"，出现创建新项目窗口，如图 9-2 所示。

图 9-2　创建新项目窗口

（3）在第一个窗口下拉菜单中选 C#，在第三个窗口下拉菜单中选"控制台"，如图 9-3 所示，并如图 9-2 所示选择第 2 项"控制台应用（.NET Framework）"。

图 9-3　创建控制台程序的选项

（4）点击创建新项目窗口中的"下一步"按钮，出现配置新项目窗口，如图 9-4 所示。

图 9-4　配置新项目窗口

（5）输入项目名 IpAndName，选择程序保存目录，框架选择 3.5，点击"创建"按钮，系统就建立了一个应用框架，并进入编辑程序窗口，窗口中显示系统自动创建的程序。

（6）增加"using System. Net;"引用，在 static void Main(string[ ] args)空函数中输入如下阴影部分所示的程序语句(以下需要手工添加的程序语句都用阴影覆盖表示)。完成的程序如下所示：

```
using System;
using System.Net;
using System.Text;

namespace IpAndName
{
```

```
class IpAndName
{
    static void Main(string[] args)
    {
        DnsPermission DnsP = new DnsPermission ( System. Security.
Permissions.PermissionState.Unrestricted);
        DnsP. IsUnrestricted();
        string ComputerName = Dns. GetHostName();
        IPHostEntry myHost =new IPHostEntry();
        myHost = Dns. GetHostEntry(ComputerName);
        Console.WriteLine("本计算机的名称为:{0}", Computer Name);
        Console. WriteLine("本计算机的IP地址是:");
        for (int i = 0; i < myHost. AddressList. Length; i++)
        {
            Console.WriteLine ( "{0}", myHost. Address  List [ i].
ToString());
        }
        Console. ReadKey();
    }
}
}
```

从程序中可以看到，在引用了 System. Net 空间后，就可以直接使用 Dns 类中的 GetHostName 方法获得本机名称，并通过这个名称直接使用 Dns 类中的 GetHostEntry 方法解析得到主机的 IP 列表。使用列表是因为主机的 IP 地址可能不止一个。得到主机信息需要权限，DnsPermission 类可以通过应用不同方法改变 DNS 的权限。本程序通过 DnsPermission 类的 IsUnrestricted 方法设置使得 DNS 没有任何限制。DnsPermission 类中还有 Deny 方法，用于拒绝任何 DNS 的使用，PermitOnly 方法用于允许经过授权的对象获得 DNS 相关信息。

(7)按 Ctrl+F5 键，程序运行结果如图 9-5 所示。可以看到该机器有 IPv4、IPv6 地址各一个。

图 9-5　获取本机名和本机 IP 地址

2. 通过 IP 获得主机信息

一个 IP 地址对应一台主机，通过 IP 地址可以获得对应主机的信息。用与上例相同的方法编制 C#控制台程序 IPToInformation 项目，其中增添内容后的 IPToInformation.cs 程序文件如下：

```
using System;
using System.Net;
using System.Text;

namespace IpToInformation
{
    class Program
    {
        static void Main(string[] args)
        {
            int i = 0;
            string IpString;
            Console.Write("请输入一个 IP 地址:");
            IpString = Console.ReadLine();
            try
            {
                IPAddress myIP = IPAddress.Parse(IpString);
                IPHostEntry myHost = new IPHostEntry();
                myHost = Dns.GetHostByAddress(myIP);
                string HostName = myHost.HostName.ToString();
                Console.WriteLine("主机名是: {0}", HostName);
                Console.WriteLine("相关的 IP 地址是:");
                for (i = 0; i < myHost.AddressList.Length; i++)
                {
                    Console.WriteLine(myHost.AddressList[i]);
                }
                if (myHost.Aliases.Length > 0)
                {
                    Console.WriteLine("主机别名是:");
                    for (i = 0; i < myHost.Aliases.Length; i++)
                    {
                        Console.WriteLine(myHost.Aliases[i]);
                    }
```

```
                }
            else
            {
                Console.WriteLine("本机没有别名!");
            }
        }
        catch (Exception ee)
        {
            Console.WriteLine(ee.Message);
        }
        Console.ReadKey();
        }
    }
}
```

Dns 类的方法 GetHostByAddress 可以通过 IP 地址参数获得对应主机的信息。IPHost Entry 类的属性包含了主机相关信息，如 HostName 属性可以获取或设置主机 DNS 名称，AddressList 属性可以获取或设置与主机相关的 IP 地址列表，Aliases 属性可以获取或设置主机关联的别名列表。在 IPHostEntry 类的实例中返回来自 DNS 查询的主机信息。如果指定的主机有多个 IP 地址，则 IPHostEntry 包含多个 IP 地址和别名。

在编写网络程序时，建议先在本地环境进行测试和调试，待程序稳定后再部署到真实网络环境并使用远程主机 IP 地址。在这里，输入本机 IP 地址 192.168.3.105。按 Ctrl+F5 键，执行结果如图 9-6 所示。

图 9-6　根据 IP 地址查询主机信息

3. Dns 其他方法

除了以上介绍的方法外，Dns 类还有以下方法，如表 9-1 所示。可以借助帮助文档进一步了解这些方法的应用。

表 9-1　Dns 方法

名　　称	说　　明
BeginGetHostAddresses	异步返回指定主机的 Internet 协议（IP）地址

名　　称	说　　明
BeginGetHostByName	开始异步请求关于指定 DNS 主机名的 IPHostEntry 信息
BeginGetHostEntry（IPAddress，Async Callback，Object）	将 IP 地址异步解析为 IPHostEntry 实例
BeginGetHostEntry （String， Async Callback，Object）	将主机名或 IP 地址异步解析为 IPHostEntry 实例
BeginResolve	开始异步请求将 DNS 主机名或 IP 地址解析为 IPAddress 实例
EndGetHostAddresses	结束对 DNS 信息的异步请求
EndGetHostByName	结束对 DNS 信息的异步请求
EndGetHostEntry	结束对 DNS 信息的异步请求
EndResolve	结束对 DNS 信息的异步请求
GetHostAddresses	返回指定主机的 Internet 协议（IP）地址
GetHostByAddress（IPAddress）	根据指定的 IPAddress 创建 IPHostEntry 实例
GetHostByAddress（String）	根据 IP 地址创建 IPHostEntry 实例
GetHostByName	获取指定 DNS 主机名的 DNS 信息
GetHostEntry（IPAddress）	将 IP 地址解析为 IPHostEntry 实例
GetHostEntry（String）	将主机名或 IP 地址解析为 IPHostEntry 实例
GetHostName	获取本地计算机的主机名
Resolve	将 DNS 主机名或 IP 地址解析为 IPHostEntry 实例

9.1.2　WebClient 类

如果只想从特定的 URI 请求文件，则可以使用最简单的 .NET 基类：System.Net.WebClient。这个类是非常高层的类，它主要用于执行带有一两个命令的操作。.NET 框架目前支持以"http:""https:"和"file:"标识符开头的 URI。

1. 下载文件

使用 WebClient 类下载文件有两种方法：一种是以文件为单位的读写方式，另一种是数据流读写方式，具体使用哪一种方法取决于文件内容的处理方式。如果只想把文件保存到磁盘上，就应该调用 DownloadFile 方法。这个方法有两个参数：即文件的 URI 和保存下载文件的位置(路径和文件名)。例如：

```
WebClient Client = new WebClient( );
Client.DownloadFile ( " http: //www.reuters.com/ ", " Reuters
Homepage.htm");
```

更为常见的是数据流读写方式。要使用 OpenRead 方法返回一个代表数据流的 Stream 引用，然后，根据数据文件格式把数据从数据流中提取到内存中：

```
WebClient Client = new WebClient();
Stream strm = Client.OpenRead("http: //www.reuters.com/");
```

下面以 OpenRead 方法为例，建立一个 C# Windows 窗体应用程序，说明 WebClient 类文件下载方法。

示例将说明怎样使用 WebClient.OpenRead 方法，并且把下载的页面显示在 ListBox 控件中。首先，创建一个标准的 C# Windows 窗体应用程序，添加一个名为 listBox1 的列表框，将其 dock 属性设置为 Fill。在文件的开头，需要在 using 指令中添加 System.Net 和 System.IO 命名空间引用，然后对主窗体的构造函数进行改动。

C# Windows 窗体应用程序创建方法如下：

(1)打开 VS2022 软件，在开始界面上点击"创建新项目"。如图 9-7 所示，在打开的创建新项目窗口中第 3 个下拉菜单中选择"桌面"，点击选择第 2 项"Windows 窗体应用(.NET Framework)"，然后点击"下一步"按钮。

图 9-7　Windows 窗体应用程序选项

(2)如图 9-8 所示，在打开的配置新项目窗口中，输入项目名称，.NET 版本选择 3.5，然后点击"创建"按钮，系统自动创建窗体应用程序框架。

(3)此时，软件界面显示的是 Form1 窗口设计界面。点击窗口左边框上"工具箱"，打

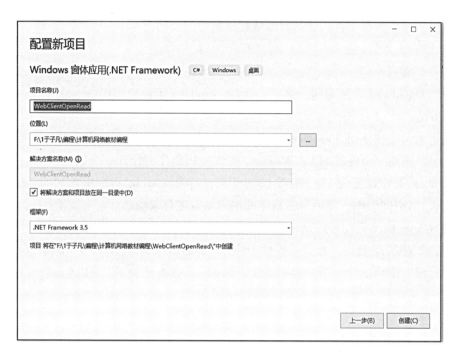

图 9-8　输入项目名，选择. NET 版本

开工具箱窗口，打开"所有 Windows 窗体"，在打开的窗口中找到"ListBox"工具(如图 9-9 所示)，将其拖入 Form1 窗口。

图 9-9　找到 ListBox 工具

(4)由于 ListBox 工具处于选中状态，此时，在软件界面右下角的属性窗口中，ListBox 工具属性被显示，在其中找到"Dock"属性项，将其属性值设置为"Fill"(如图 9-10 所示)。

图 9-10　设置 ListBox 工具属性

（5）在软件界面右上角的"解决方案资源管理器"窗口中，依次点击并打开"Form1.cs" "Form1. Designer. cs""Form1"（如图 9-11 所示），双击"Form1（）"项，源程序 Form1.cs 被打开，此时该函数为一个空函数。

图 9-11　打开 Form1. cs 源程序

（6）在该函数中添加如下语句，完成后的构造函数如下所示：

```
public Form1()
{
    InitializeComponent();
    System.Net.WebClient Client = new WebClient();
    Stream strm = Client.OpenRead("http: //www.whu.edu.cn");
    StreamReader sr = new StreamReader(strm);
    string line;
    while ((line = sr.ReadLine())! = null)
    {
        listBox1.Items.Add(line);
    }
    strm.Close();
}
```

(7)按 Ctrl+F5 键，执行结果如图 9-12 所示。

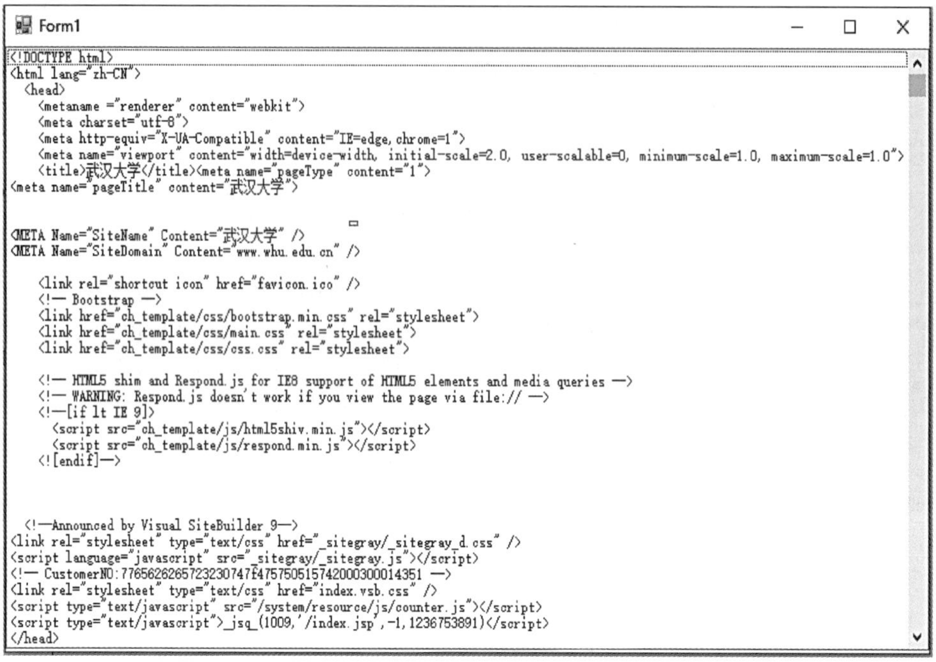


```
<!DOCTYPE html>
<html lang="zh-CN">
  <head>
    <metaname ="renderer" content="webkit">
    <meta charset="utf-8">
    <meta http-equiv="X-UA-Compatible" content="IE=edge,chrome=1">
    <meta name="viewport" content="width=device-width, initial-scale=2.0, user-scalable=0, minimum-scale=1.0, maximum-scale=1.0">
    <title>武汉大学</title><meta name="pageType" content="1">
<meta name="pageTitle" content="武汉大学">


<META Name="SiteName" Content="武汉大学" />
<META Name="SiteDomain" Content="www.whu.edu.cn" />

    <link rel="shortcut icon" href="favicon.ico" />
    <!— Bootstrap —>
    <link href="ch_template/css/bootstrap.min.css" rel="stylesheet">
    <link href="ch_template/css/main.css" rel="stylesheet">
    <link href="ch_template/css/css.css" rel="stylesheet">

    <!— HTML5 shim and Respond.js for IE8 support of HTML5 elements and media queries —>
    <!— WARNING: Respond.js doesn't work if you view the page via file:// —>
    <!—[if lt IE 9]>
      <script src="ch_template/js/html5shiv.min.js"></script>
      <script src="ch_template/js/respond.min.js"></script>
    <![endif]—>



  <!—Announced by Visual SiteBuilder 9—>
<link rel="stylesheet" type="text/css" href="_sitegray/_sitegray_d.css" />
<script language="javascript" src="_sitegray/_sitegray.js"></script>
<!— CustomerNO:77656262657232307475750515742000300014351 —>
<link rel="stylesheet" type="text/css" href="index.vsb.css" />
<script type="text/javascript" src="/system/resource/js/counter.js"></script>
<script type="text/javascript">_jsq_(1009,'/index.jsp',-1,1236753891)</script>
</head>
```

图 9-12　下载的文件内容

在这个示例中，把 System.IO 命名空间的 StreamReader 类与网络数据流关联起来。这样，就可以使用高层方法，例如 ReadLine 方法，从数据流中以文本的形式读取数据。显示的内容是建立网站首页的 HTML 编程语句。

2. 上传文件

WebClient 类还提供了 UploadFile 方法和 UploadData 方法。UploadFile 方法用于把指定的文件上传到指定的位置，其中的文件名已经给出；UploadData 方法用于把二进制数据上传至指定的 URI，这些二进制数据是作为字节数组提供的。

```
WebClient client = new WebClient( );
client.UploadFile( "http: //www.ourwebsite.com/NewFile.htm","C:
\ \WebSiteFiles \ \NewFile. htm");
byte [ ] image;
```

然后，在数组 image 中准备好数据。UploadData 方法则是将 UploadFile 方法改为 UploadData 方法，如下：

```
client.UploadData(http://www.ourwebsite.com/NewFile.jpg, image);
```

由于文件或数据传输到服务器上，无法演示说明，因此不作编程示例。读者若有机会接触网站服务器，可以进行尝试。

9.2 WebRequest 类和 WebResponse 类

9.2.1 基本功能

WebClient 类使用起来比较简单, 但是它的功能非常有限, 特别是不能提供身份验证。但是在上传数据时, 许多站点不会接受没有身份验证的上传文件。尽管可以给请求添加标题信息并检查响应中的标题信息, 但这仅限于一般意义上的检查。由于 WebClient 是非常一般的类, 主要用于处理发送请求和接收响应的协议(例如 HTTP 、FTP 等), 它不能处理任一协议的任何附加特性, 例如专用于 HTTP 的 cookie。如果想利用这些特性, 就需要使用 System. Net 命名空间中以 WebRequest 类和 WebResponse 类为基类的一系列类。

首先讨论怎样使用这些类下载 Web 页。这个示例与前面的示例一样, 但这里使用 WebRequest 类和 WebResponse 类。在此过程中, 将解释涉及的类, 以及怎样利用这些类支持其他 HTTP 特性。

创建一个名为 WebRequestResponse 的 C# Windows 窗体应用程序, 方法和界面设置与 WebClientOpenRead 完全一致。在 Form1( )方法中添加如下语句:

```
public Form1()
{
    InitializeComponent();
    WebRequest wrq = WebRequest.Create("http://news.sina.com.cn");

    WebResponse wrs = wrq.GetResponse();
    Stream strm = wrs.GetResponseStream();
    StreamReader sr = new StreamReader(strm);
    string line;
    while ((line = sr.ReadLine()) != null)
    {
        listBox1.Items.Add(line);
    }
    strm.Close();
}
```

按 Ctrl+F5 键, 运行结果如图 9-13 所示。

在这段代码中, 依次创建一个与 Web 页面关联的请求实例, 创建一个与请求实例关联的响应实例, 创建一个与响应实例关联的数据流通道, 创建一个与数据流通道关联的读取实例。这一系列的关联将 Web 网中一个指定页面与读取实例联系起来, 通过读取实例就可以读取 Web 页面数据了。再建立一个字符串变量, 以一次读一行的方式, 将整个

图 9-13　运行结果

Web 页面数据通过网络传输过来。

WebResponse 类代表从服务器获取的数据。调用 WebRequest. GetResponse 方法，实际上是把请求发送给 Web 服务器，创建一个 Response 对象，检查返回的数据。与 WebClient 对象一样，可以得到一个代表数据的数据流，但是，这里的数据流是使用 WebResponse. GetResponseStream 方法获得的。

下面将讨论 WebRequest 和 WebResponse 的其他特性。

9.2.2　HTTP 标题信息

HTTP 协议的一个重要作用就是能够利用请求和响应数据流发送扩展的标题信息。标题信息可以包括 cookies 以及发送请求的浏览器(用户代理)的一些详细信息。WebRequest 类和 WebResponse 类提供了读取标题信息的一些支持，它们的派生类 HttpWebRequest 类和 HttpWebResponse 类提供了其他 HTTP 特定的信息。

可以在 GetResponse 方法调用之前添加如下代码，检查标题属性：

WebRequest wrq = WebRequest.Create("http: //rsgis.whu.edu.cn");

HttpWebRequest hwrq = (HttpWebRequest)wrq;

listBox1.items.Add("Request Timeout (ms) = " + wrq.Timeout);

listBox1.items.Add("Request Keep Alive = " + hwrq.KeepAlive);

listBox1.items.Add("Request AllowAutoRedirect = " + hwrq. Allow AutoRedirect);

Timeout 属性的单位是毫秒，其默认值是 100000。可以设置这个属性，以控制 Web

Request 对象发生异常时的等待响应时间。异常响应内容包括超时状态码、连接失败、协议错误等。

KeepAlive 属性是对 HTTP 协议的特定扩展属性。该属性允许多个请求使用同一个连接，在后续的请求中节省关闭和重新打开连接的时间。

AllowAutoRedirect 属性也是专用于 HttpWebRequest 类的，使用这个属性可以控制 Web 请求是否应自动跟随 Web 服务器上的重定向响应，其默认值是"true"。如果只允许有限的重定向，可以把 HttpWebRequest 的 MaximumAutomaticRedirections 属性设置为想要的数值。

请求和响应类把大多数重要的标题显示为属性，也可以使用 Headers 属性本身显示标题的总集合。在 GetResponse 方法调用的后面添加如下代码，把所有的标题都放在列表框中。

创建一个名为 WebRequestResponseHTTP 的 C# Windows 窗体应用程序，创建方法和程序界面设置与 WebClientOpenRead 完全一致。在 Form1( )方法中添加如下语句：

```
public Form1( )
{
    InitializeComponent( );
    WebRequest wrq = WebRequest. Create ( "http: //rsgis. whu.
edu. cn");
    HttpWebRequest hwrq = (HttpWebRequest)wrq;
    listBox1. Items. Add ( " Request Timeout (ms) = " + wrq.
Timeout);
    listBox1. Items. Add ( " Request Keep Alive = " + hwrq.
KeepAlive);
    listBox1. Items. Add(" Request AllowAutoRedirect =" + hwrq.
AllowAutoRedirect);
    listBox1. Items. Add(" = = = = = = = = = = = = = = = = = = = = = = = = =
= = = = = = = = =");
    WebResponse wrs = wrq. GetResponse( );
    WebHeaderCollection whc = wrs. Headers;
    for (int i = 0; i < whc. Count; i++)
    {
        listBox1. Items. Add("Header  " + whc. GetKey(i) + " : " +
whc [i]);
    }
}
```

这个示例代码会产生如图 9-14 所示的标题列表。

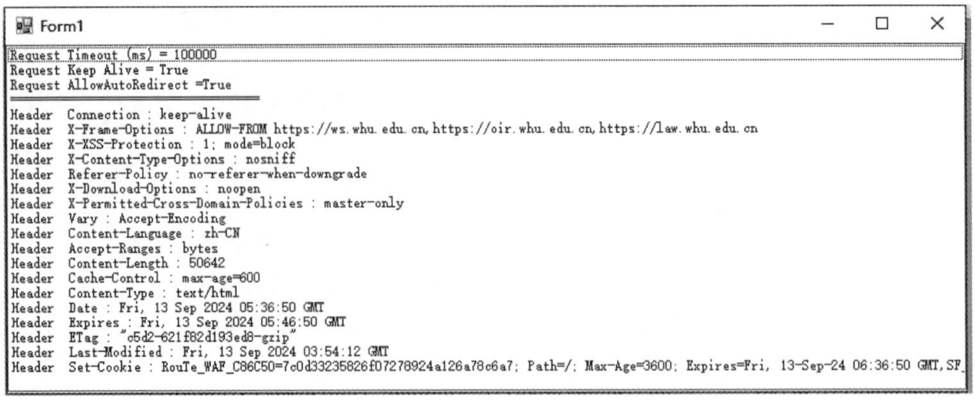

图 9-14　运行程序显示的标题列表信息

9.2.3　异步页面请求

在 C/S 经典模式下，页面所有元素都由服务器组织好，然后作为一个整体(即以页面为单位)发送给客户，由客户端浏览器根据所有页面元素将整个页面显示出来。如果新旧两个页面变化很小，即两次传输的页面存在大量重复数据，会降低信息传输效率，导致数据传输延迟时间长，给人以网络速度慢的不良感觉。如果只传输两个页面中发生变化的部分，将大大减少重复数据的传输量，从而缩短延迟时间。异步页面传输技术就是专门解决这类问题的技术。

WebRequest 类的一个特性是可以异步请求页面，它使用 BeginGetResponse 方法和 EndGetResponse 方法。BeginGetResponse 方法可以异步工作。在底层，运行库会异步管理一个后台线程，从服务器上接收响应。

BeginGetResponse 方法不返回 WebResponse 对象，而是返回一个执行 IAsyncResult 接口的对象。使用这个接口可以选择或等待可用的响应，然后调用 EndGetResponse 方法搜集结果。BeginGetResponse 方法也可以不返回一个执行 IAsyncResult 接口的对象，而是把一个回调委托发送给 BeginGetResponse 方法。该回调委托的目的地是一个返回类型为 void 并把 IAsyncResult 引用作为参数的函数，当工作线程完成了搜集响应的任务后，运行库就调用该回调委托，通知用户工作已完成。

下面的示例是一个名为 WebRequestAsyncResult 的 C# Windows 窗体应用程序，该程序演示在回调函数中调用 EndGetResponse 接收 WebResponse 对象的编程套路。该程序创建方法和程序界面设置与 WebClientOpenRead 完全一致。在 Form1()方法中添加如下语句：

```
public Form1( )
{
    InitializeComponent();
    WebRequest wrq = WebRequest.Create ( " http: //rsgis. whu.
edu. cn/");
    wrq. BeginGetResponse ( new AsyncCallback ( OnResponse ),
wrq);
```

　　}

紧接着 Form1 方法，再添加回调委托的目的函数：

```
protected void OnResponse(IAsyncResult ar)
{
    WebRequest wrq = (WebRequest)ar.AsyncState;
    WebResponse wrs = wrq.EndGetResponse(ar);
    //以下是处理异步响应结果信息
    WebHeaderCollection whc = wrs.Headers;
    String text = "";
    for (int i = 0; i < whc.Count; i++)
    {
        text += "Header " + whc.GetKey(i) + " : " + whc[i] + " \ \n";
    }
    MessageBox.Show(text);
}
```

　　该演示程序显示了页面异步请求的套路。首先在 Form1 方法中创建一个与指定页面关联的请求实例 wrq，然后用实例的 BeginGetResponse 方法发出对该页面的异步请求。该方法的第二个参数就是关联了该页面的请求实例，第一个参数指定了一个页面异步请求响应函数。异步请求响应机制将页面的变化信息放在该响应函数的参数中，并可以根据需要在该函数中完成对页面变化信息的处理。在本例中，远程服务器中的指定页面没有发生任何变化，因此只从响应对象中取出该页面的标题信息，并显示出来。运行结果如图 9-15 所示。

图 9-15　运行程序显示的标题列表信息

185

9.3　WebBrowser 类

前面的示例说明了 . NET 基类可以从 Internet 上传、下载和处理数据。但是，迄今为止，从 Internet 上下载的文件都是以纯文本显示的。人们总是希望以浏览器的界面样式查看 HTML 文件，以便可以看到 Web 文档的实际面貌。. NET Framework 2.0 以后的版本，就可以在 Windows 窗体应用程序中使用内置的 WebBrowser 控件。WebBrowser 控件封装了 COM 对象，可以方便地完成这类任务。除了使用 WebBrowser 控件之外，还可以使用编程功能，在代码中调用 Internet Explorer 实例。

如果不使用 WebBrowser 控件，可以使用 System. Diagnostics 命名空间中的 Process 类，用下面的代码编程打开 Intemet Explorer 浏览器，导航到给定的 Web 页。

```
Process myProcess = new Process();
myProcess.StartInfo.FileName = "iexplore.exe";
myProcess.StartInfo.Arguments = "http: //rsgis.whu.edu.cn";
myProcess.Start();
```

但是，上面的代码会把 IE 作为单独的窗口打开，而应用程序并没有与新窗口相连接，因此不能控制浏览器。

使用 WebBrowser 控件，可以把浏览器作为应用程序的一个集成部分来显示和控制。WebBrowser 控件相当复杂，它提供了许多方法、属性和事件。下面以示例来说明。

9.3.1　在应用程序中进行简单的 Web 浏览

首先创建一个 Windows 窗体应用程序 WebBrowser1，它只有一个 TextBox 控件和一个 WebBrowser 控件。建立该应用程序后，让用户在文本框中输入一个 URL，按下回车键，WebBrowser 控件就会提取 Web 页面，显示得到的文档。从工具箱中将 TextBox 控件和 WebBrowser 控件拖入窗口，将 TextBox 控件的 Dock 属性值设置为 Top，WebBrowser 控件的 Dock 属性值设置为 Fill。然后用鼠标点击选择 TextBox 控件，在其属性窗口中点击"事件"窗口，用鼠标双击 KeyPress 事件右边的表格项（如图 9-16 所示），系统自动建立事件响应函数 textBox1_ KeyPress。目前，该函数是一个空函数。

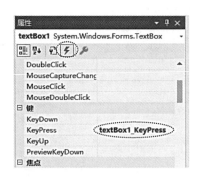

图 9-16　设置方法

在该函数中输入如下程序语句：

```
public Form1( )
{
    InitializeComponent( );
}
private void textBox1_KeyPress(object sender, KeyPressEvent
Args e)
{
    if (e.KeyChar = = (char)13)
    {
        webBrowser1.Navigate(textBox1.Text);
    }
}
```

在这个应用程序中，用户输入 URL，按下回车键后，这个键就会注册到应用程序中，WebBrowser 控件就会开始检索请求的页面，然后将页面显示在该控件中。

用户在文本框中按下的每个键都会被 textBox1_ KeyPress 事件捕获，如果输入的字符是一个回车键（按下回车键，其键码是（char）13），就用 WebBrowser 控件采取行动。使用 WebBrowser 控件的 Navigate 方法，通过 textBox1. Text 属性指定 URL。最终结果如图 9-17 所示。

图 9-17　在应用程序中进行简单的 Web 浏览示例结果

9.3.2　启动 Internet Explorer 实例

读者可能对上一小节描述的把浏览器放在应用程序内部不感兴趣，只对在一般的浏览器中查找 Web 站点感兴趣(例如，单击应用程序中的一个链接)。为了演示这个功能，将上面的 textBox 控件换成 LinkLabel 控件，并双击 click 属性值栏，增加一个点击事件响应函数，在这个函数中添加如下语句：

```
private void linkLabel1_LinkClicked(object sender, LinkLabel
LinkClickedEventArgs e)
{
    webBrowser1.Navigate("http://news.sina.com.cn",true);
}
```

在这个示例中，用户单击 LinkLabel 控件时，就会创建 WebBrowser 类的一个新实例。然后使用 WebBrowser 类的 Navigate 方法。该方法需要两个参数，第一个参数指定 Web 页面的位置，第二个参数是一个布尔值，该布尔值表示是在 Windows 窗体应用程序内部打开页面(值为 false，运行效果与上例类似)，还是在一个单独的浏览器中打开页面(值为 true)，它的默认设置为 false。本例中，该参数取值 true，而要打开的页面已经在程序语句中固定了。

运行程序，点击窗口中的 LinkLabel 控件，程序打开 Internet Explorer 浏览器，并在浏览器中显示指定的页面。

9.3.3　给应用程序提供更多的 IE 类型特性

直接在 Windows 窗体应用程序中使用 WebBrowser 控件时，单击链接，TextBox 控件中的文本不会更新显示浏览过程的站点 URL，窗口标题也不会像浏览器那样随着页面内容发生变化。要弥补这个缺陷，应监听 WebBrowsWindowser 控件中的事件，给控件添加处理程序。WebBrowser 控件提供了许多方法和事件，运用这些方法和事件，可以使 Windows 窗口更像一个正规的浏览器。本小节用一个实例来介绍 WebBrowser 控件中的一些方法和事件。

首先，创建一个名为 WebBrowser3 的 Windows 窗体应用项目，在窗体设计界面为窗体添加 6 个 Button 控件，1 个 TextBox 控件和 1 个 WebBrowser 控件。6 个 Button 控件分别改名为 Back、Forward、Stop、Home、Refresh、Submit，改名方法是在控件的"Text"属性值栏中输入新的名字。它们的分布如图 9-18 所示。

为了实现这种布局，还需要添加 3 个 Panel 控件。将 Back，Forward，Stop，Home，Refresh 5 个 Button 控件拖入 Panel1 控件；将 Panel1 控件、textBox1 控件和 Submit 控件拖入 Panel2 控件；在 Panel2 控件属性窗口，将 Dock 属性值设置为 Top；将 WebBrowser1 控件拖入 Panel3 控件，在 Panel3 控件以及 WebBrowser1 控件属性窗口，将 Dock 属性值均设置为 Fill。

在设计窗口上分别用鼠标双击 Back，Forward，Stop，Home，Refresh，Submit 6 个 Button 控件，为它们建立鼠标点击响应函数。可以在"Form1. cs"代码查看窗口看到系统自动建立的 6 个响应函数，但它们目前是空函数。

各个按键设计功能描述如下：

Submit 按键：用户在 textBox1 空间中输入网站 URL 后，点击该按键，在 Windows 窗

图 9-18 窗体应用程序界面布局

口中(也就是 WebBrowser 控件中)打开该网页。

　　Back 按键和 Forward 按键：在依次打开的若干个网页中，用 Back 按键可以打开当前网页之前的网页；用 Forward 按键可以打开当前网页之后的网页。

　　Stop、Refresh 和 Home 按键分别起到停止、刷新当前网页、显示主页的作用。这些按键功能分别采用 WebBrowser 控件提供的对应方法来实现。

　　依次为这些空函数填充如下语句：

```
private void button1_Click(object sender, EventArgs e)
{
    webBrowser1.GoBack();
    textBox1.Text = webBrowser1.Url.ToString();
}
private void button2_Click(object sender, EventArgs e)
{
    webBrowser1.GoForward();
    textBox1.Text = webBrowser1.Url.ToString();
}
private void button3_Click(object sender, EventArgs e)
{
    webBrowser1.Stop();
}
private void button4_Click(object sender, EventArgs e)
{
    webBrowser1.GoHome();
```

189

```
        textBox1.Text = webBrowser1.Url.ToString();
    }
    private void button5_Click(object sender, EventArgs e)
    {
        webBrowser1.Refresh();
    }
    private void button6_Click(object sender, EventArgs e)
    {
        webBrowser1.Navigate(textBox1.Text);
}
```

开始时，Back、Forward 和 Stop 按键应是禁用的，因为如果没有在 WebBrowser 控件中加载初始页面，就不能使用这些按钮。为此，需要在 Form1 属性窗口事件子窗口中，再增加初始页面调用事件响应函数，在该函数中，对 3 个按键进行禁用。操作方法是在 Form1 设计窗口中用鼠标选定 Form1 窗口，在属性窗口事件子窗口中找到 Load 属性，双击其属性值栏，系统自动建立 Form1_ Load 函数。在该函数中添加三个键的禁用指令如下：

```
private void Form1_Load(object sender, EventArgs e)
{
    Button1.Enabled = false;
    Button2.Enabled = false;
    Button3.Enabled = false;
}
```

接下来应该告诉应用程序，根据页面堆栈的位置，何时启用和禁用 Back 和 Forward 按钮。这需要根据 WebBrowser 控件中的 CanGoBackChanged 和 CanGoForwardChanged 事件，在相应的响应函数中进行设置。

创建三个事件：DocumentTitleChanged，CanGoBackChanged，CanGoForwardChanged。创建方法是在 Form1 函数中添加如下语句：

```
public Form1()
{
    InitializeComponent();
    webBrowser1.DocumentTitleChanged +=
        new EventHandler(webBrowser1_DocumentTitleChanged);
    webBrowser1.CanGoBackChanged +=
        new EventHandler(webBrowser1_CanGoBackChanged);
    webBrowser1.CanGoForwardChanged +=
        new EventHandler(webBrowser1_CanGoForwardChanged);
}
```

目前，三个事件的响应函数还不存在，VS2022 显示其语法错误。在 Form1 函数后面手工添加三个相应的响应函数如下：

```
    private void webBrowser1 _DocumentTitleChanged ( object sender,
EventArgs e)
    {
        this.Text = webBrowser1.DocumentTitle.ToString();
    }
    private void webBrowser1 _ CanGoBackChanged ( object sender,
EventArgs e)
    {
        if (webBrowser1.CanGoBack = = true)
            button1.Enabled = true;
        else
            button1.Enabled = false;
    }
    private void webBrowser1 _ CanGoForwardChanged ( object sender,
EventArgs e)
    {
        if (webBrowser1.CanGoForward = = true)
            button2.Enabled = true;
        else
            button2.Enabled = false;
    }
```

其中，第一个函数功能是在文档的题头发生变化后，显示新的题头。如果当前页面是队列中的最后一个页面，则不允许再向后翻动；同样，如果当前页面是队列中的第一个页面，则不允许再向前翻动。上述第二、第三个函数功能是在这两种情况下分别将 Back 按键和 Forward 按键设置为灰色，以示禁用。

另外，在加载页面时，需要解除 Stop 按钮的禁用；在页面加载完毕后，又需要禁用 Stop 按钮。在 WebBrowser 控件下载完请求的页面后，触发 Navigated 事件。只需把 textBoxl 控件的 Text 值更新为页面的 URL 即可。也就是说，页面加载到 WebBrowser 控件的 HTML 容器后，如果 URL 在这个过程中发生变化(例如，有一个重定向过程)，新的 URL 就会显示在文本框中。它们的处理方法在 WebBrowser 控件中的 DocumentCompleted、Navigating 和 Navigated 事件响应函数中进行处理。

在 WebBrowser1 控件属性窗口的事件子窗口，分别找到 DocumentCompleted、Navigating、Navigated 事件，用鼠标双击事件名后面的空格，系统分别建立相应的事件响应空函数。依次为它们填充如下语句：

```
    private void webBrowser1 _DocumentCompleted ( object sender,
WebBrowser Docu mentCompletedEventArgs e)
    {
        button3.Enabled = false;
    }
```

```
    private void webBrowser1 _ Navigated ( object sender, Web
BrowserNavigatedEvent Args e)
    {
        textBox1.Text = webBrowser1.Url.ToString();
    }
    private void webBrowser1 _ Navigating ( object sender, Web
BrowserNavigatingEvent Args e)
    {
        button3.Enabled = true;
    }
```

这三个函数是在不同应用状态下禁用或启用 Stop 按键，修改显示的页面 URL。

按照程序设计，在文本框中输入页面 URL 后，点击 Submit 按键，程序打开页面。但一些用户习惯在输入页面 URL 后按回车键，为此设置文本框回车响应函数。

在 Form1 设计窗口选定 textBox1 控件，在属性框的事件子窗口中找到 KeyPress 项，双击其属性值框，系统自动建立一个响应函数。在函数中添加如下语句：

```
    private void textBox1 _ KeyPress ( object sender, KeyPress
EventArgs e)
    {
        if (e.KeyChar == (char)13)
            webBrowser1.Navigate(textBox1.Text);
    }
```

该应用程序功能简单且实用，但当其设置参数或功能超出其处理能力时，系统会弹出警告消息框。为了避免这种情况出现，将 WebBrowser 控件的 ScriptErrorsSuppressed 属性设置为 True。

运行程序，分别键入几个网站名，例如：news. sina. com. cn、sports. sina. com. cn、www. whu. edu. cn、rsgis. whu. edu. cn，既可以采用回车方式也可以通过点击 Submit 按键打开它们的网站首页。然后用 Back、Forward 按键在先后打开的页面之间进行切换，同时观察程序中几个按键的禁用、解禁状态变化。

本程序只是为了显示 WebBrowser 控件自带的功能和方法，程序本身功能并不完备，主要目的是显示 .NET 框架为程序员提供的网络编程功能。该程序功能能否实现，还取决于对方网站对网页是否允许外界随意访问的限制设置方法。Windows 系统的版本、.NET 框架的版本、VS 平台的版本之间若存在不匹配，也可能影响功能实现。

9.3.4　使用 WebBrowser 控件显示文档

在 WebBrowser 控件中不仅可以访问 Web 页面，还可以让用户查看许多不同类型的文档文件和影像文件，例如 Word 、Excel 、PDF 文档以及 BMP、TIFF 图像等。WebBrowser 控件还允许使用绝对路径，定义文件的位置。例如，可以使用下面的代码：

```
webBrowserl.Navigate("C: \ \ \ \Financial \ \ \ \Report.doc");
```

图 9-19 和图 9-20 分别显示了 PDF 文件和 TXT 文件显示效果。

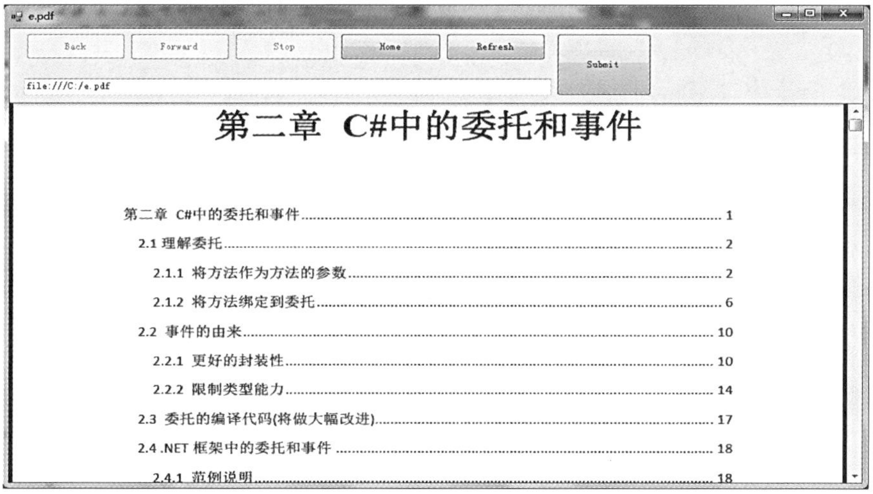

图 9-19　显示 PDF 格式文件

图 9-20　显示文本格式文件

9.3.5　使用 WebBrowser 控件打印

用户不仅可以使用 WebBrowser 控件查看页面和文档，还可以使用 WebBrowser 控件把这些页面和文档发送到打印机上进行打印。要打印在 WebBrowser 控件中查看的页面或文档，只需使用下面的构造代码：

```
webBrowser1.Print( );
```

不必查看页面或文档，就可以直接打印它。例如，可以使用 WebBrowser 类加载 HTML 文档，并打印它，而无需显示加载的文档，其代码如下：

```
WebBrowser wb = new WebBrowser();
wb.Navigate("http://www.sohu.com");
wb.Print();
```

9.3.6 显示请求页面的代码

前面已经提到，如何使用 WebRequest 和 Stream 类获得一个远程页面，显示所请求页面的代码。引入了 WebBrowser 控件后，这个任务就更容易完成。只需修改本章前面示例中的浏览器应用程序，在 Document_ Completed 事件中添加一行代码，如下所示：

```
private void webBrowser1_ DocumentCompleted(object sender,
Web BrowserDocumentCompleted EventArgs e)
{
    buttonStop.Enabled = false;
    textBox2.Text = webBrowser1.DocumentText.ToString();
}
```

在设计窗口中，将包含 WebBrowser 控件的 Panel3 控件 Dock 属性改为 Left，同时调整其大小；添加另一个 TextBox2 控件和包含它的 Panel4 控件，将 Panel4 控件 Dock 属性设置为 Right，TextBox2 的 Dock 属性设置为 Fill，Multiline 属性设置为 True，ScrollBars 属性设置为 Both，WorldWrap 属性设置为 False。在用户请求页面时，不仅要在 WebBrowser 控件中显示页面的可视化部分，TextBox2 控件还要显示页面的代码。要显示页面的代码，只需使用 WebBrowser 控件的 DocumentText 属性，它会把整个页面的内容显示为一个字符串，结果如图 9-21 所示。

图 9-21 显示结果

9.4 进程之间的数据传输

9.4.1 简述

用户进程之间的数据传输服务只有 TCP 服务和 UDP 服务两种，应用程序可以通过相应的 TcpClient、TcpListener 和 UdpClient 协议类使用这两类服务，这些协议类构建于 System.Net.Sockets.Socket 类的基础之上，负责数据传输的具体事项。Socket 类的进程之间数据传输分为同步和异步两大类。同步方法提供对网络服务的简单直接的访问，没有维护状态信息的系统开销，也不需要了解协议特定的套接字的设置细节。异步方法可以使用 NetworkStream 类所提供的异步方法。

TcpClient 和 TcpListener 使用 NetworkStream 类表示网络，使用 GetStream 方法返回网络流，然后调用流的 Read 和 Write 方法进行数据的输入和输出。UdpClient 类使用字节数组保存 UDP 数据报文，使用 Send 方法向网络发送数据，使用 Receive 方法接收传入的数据报。

9.4.2 使用 TCP 服务

一个 TCP 管道连接两个端点，为两个进程之间进行数据传输，端点是 IP 地址和端口号的组合。两个进程必须相互配合，一个发送数据，另一个接收数据，共同完成 TCP 数据传输。TCP 管道的建立由发送进程完成，发送进程首先申请一个端口号，根据接收端主机的 IP 地址和接收端公布的端口号，与接收端建立 TCP 连接管道，然后向接收进程发送数据，数据发送完毕后，关闭 TCP 管道和端口。接收进程事先完成管道接收端点设置，然后监听端口，随时准备接收数据。

在发送端，TcpClient 类封装了 TCP 连接，提供了许多属性来控制连接，包括缓存、缓存器的大小和超时，通过 GetStream 方法请求 NetworkStream 对象时可以附带读写功能。发送进程使用 TcpClient 类提供的方法和 NetworkStream 对象完成管道建立和数据发送工作。

在接收端，TcpListener 类用 Start 方法监听传入的 TCP 连接。由于数据传入时间不确定，Start 方法实际上是另外开设的一个线程，专门监听接收端口数据的到达，并在数据到达时作相应的处理。当连接请求到达时，使用 Accept Socket 方法返回一个套接字，以与远程机器通信，或使用 AcceptTcpClient 方法通过高层的 TcpClient 对象进行通信。其工作过程封装在 TcpListener 类提供的方法中。接收进程使用 TcpListener 类提供的方法完成数据接收工作。

为了说明这两个类，建立两个 C#Windows 窗口应用程序。第一个程序是发送程序，名为 TcpSend。这个应用程序建立一个到接收端的 TCP 连接，并为它发送一个文本数据。程序的窗体包含两个文本框(txtHost 和 txtPort)，分别用于输入接收主机名和端口；该窗体还有一个按钮(btnSend)，单击它可以启动连接，传输数据。TcpSend 窗口布局如图9-22 (a)所示。第二个程序是接收程序，名为 TcpReceive。TcpReceive 应用程序显示传输完成后收到的数据内容，该窗体只包含一个 TextBox 控件 textBox1，窗口布局如图 9-22(b)所示。为了便于观察程序运行结果，接收端主机也选择本机，缺省的主机名为 localhost，IP 地址为 127.0.0.1；接收端端口号为一个大于 1024 的任意端口号，这里确定为 2112。

（a）发送程序窗口

（b）接收程序窗口

图 9-22　TCP 传输发送、接收程序窗口布局

TcpSend 程序实现：

由 VS2022 创建项目后，在 Form1 设计窗口，选定 Form1 窗口，将其 Text 属性值设置为"TcpSend"。从工具箱中拖入两个 Label 控件，两个 TextBox 控件，一个 Button 控件。两个 Label 控件的 Text 属性值分别设置为"主机名""端口号"；为了方便程序阅读，两个 TextBox 控件的 Name 属性值分别设置为"txtHost""txtPort"；Button 控件的 Name 属性值设置为"btnSend"，Text 属性值设置为"发送文件"。

在 Form1.cs 中添加如下命名空间：

```
using System;
using System.Collections.Generic;
using System.ComponentModel;
using System.Data;
using System.Drawing;
using System.Linq;
using System.Text;
using System.Windows.Forms;
using System.Net;
using System.Net.Sockets;
using System.IO;
```

在 Form1 设计窗口，双击 btnSend 按钮，在系统建立的单击事件处理空函数中添加如下语句：

```
private void btnSend_Click(object sender, EventArgs e)
{
    TcpClient tcpClient = new TcpClient(txtHost.Text, Int32.Parse
(txtPort.Text));
    NetworkStream ns = tcpClient.GetStream();
    FileStream fs = File.Open("..\\..\\form1.cs", FileMode.
```

```
Open);
        int data = fs.ReadByte();
        while( data ! = -1)
        {
            ns.WriteByte((byte)data);
            data = fs.ReadByte();
        }
        fs.Close();
        ns.Close();
        tcpClient.Close();
}
```

这个示例用主机名和端口号创建了 TcpClient，设置一个文件流从源程序文件中读出数据，再通过设置的网络流将数据通过网络发给接收进程。具体过程是，在得到 NetworkStream 类的一个实例后，打开源代码文件，开始读取字节。其中，创建 NetworkStream 实例 ns 得到一个操作系统分配的端口号。ReadByte 方法以字节为单位从文件流 fs 中读取数据，返回值为−1 时可以确定到达流的末尾。循环读取所有的字节，并把它们发送给网络流后，就关闭所有打开的文件、连接和流。

TcpReceive 程序实现：

由 VS2022 创建项目后，在 Form1 设计窗口，选定 Form1 窗口，将其 Text 属性值设置为"TcpReceive"。从工具箱中拖入一个 TextBox 控件，将 textBox1 的 Dock 属性设置为 Fill，Multiline 属性设置为 True，ScrollBars 属性设置为 Both。

TcpReceive 应用程序使用 TcpListener 等待进程的连接。为了避免应用程序界面的冻结，使用一个后台线程来等待，然后从连接中读取。因此还需要包含 System. Threading 命名空间：

```
using System;
using System.Collections.Generic;
using System.ComponentModel;
using System.Data;
using System.Drawing;
using System.Linq;
using System.Text;
using System.Windows.Forms;
using System.Net;
using System.Net.Sockets;
using System.IO;
using System.Threading;
```

在窗体的构造函数中，添加一个后台线程：

```
public Form1()
```

```
    {
        InitializeComponent();
        Thread thread = new Thread(new ThreadStart(Listen));
        thread.Start();
    }
```

在 Form1 函数后面，手动输入如下语句：

```
public void Listen()
{
    IPAddress localAddr = IPAddress.Parse("127.0.0.1");
    Int32 port = 2112;
    TcpListener tcpListener = new TcpListener(localAddr, port);
    tcpListener.Start();
    TcpClient tcpClient = tcpListener.AcceptTcpClient();
    NetworkStream ns = tcpClient.GetStream();
    StreamReader sr = new StreamReader(ns);
    string result = sr.ReadToEnd();
    Invoke(new UpdateDisplayDelegate(UpdateDisplay), new object
[ ] { result });
    tcpClient.Close();
    tcpListener.Stop();
}
public void UpdateDisplay(string text)
{
    textBox1.Text = text;
}
protected delegate void UpdateDisplayDelegate(string text);
```

运行时，先启动 TcpReceive，该程序处于等待状态；再启动 TcpSend，输入主机名和端口号，点击发送文件按键，TcpSend 将文件通过网络传输到 TcpReceive，TcpReceive 应用窗口已经显示了接收到的程序文本。如图 9-23 所示。

图 9-23 TCP 传输发送及接收运行结果

作为网络数据接收方，使用多线程技术是十分必要的，因为接收进程需要等待发送方随时可能发来的数据。如果只使用单线程，接收进程运行到等待阶段，只能等待数据的到来，只有数据接收完成后，才有机会做其他事。这在进程运行中，等待阶段的窗口界面体现为"冻结"状态，这显然是接收方用户无法忍受的。使用多线程技术，主线程十分简单，只要在主窗口初始化过程中创建并启动一个接收线程，就可以继续执行其他操作。等待、接收、处理数据的各种操作，都交给接收线程。本例中，主线程虽然不再有其他操作，但在等待数据过程中，主窗口不再处于冻结状态。

本例显示了一种多线程编程方法。在主线程窗口初始化中，已将所有后台进程的操作逻辑封装在 Listen 函数中实现。首先建立接收端点，并通过开启接收端口的监听，进入接收数据等待状态。注意这里把 IP 地址 127.0.0.1 和端口号 2112 硬编码到应用程序中，因此需要在 TcpSend 程序中输入相同的端口号。使用 AccepTcpClient( ) 返回的 TcpClient 对象打开一个新流，进行读取；创建一个 StreamReader，把进来的网络数据转换为字符串。在关闭客户机，停止监听程序前，更新窗体的文本框。我们不想从后台线程中直接访问文本框，所以使用窗体的 Invoke 方法和一个委托，把得到的字符串作为 object 参数数组的第一个元素来传送。Invoke 方法可确保调用正确编组到主线程中，以控制用户界面上的句柄。作为后台线程和主线程数据传输的桥梁，函数 UpdateDisplay 也在程序中做了必要的设置。

9.4.3　使用 UDP 服务

与 TcpClient 相比，UdpClient 类提供了一个较小、较简单的界面，这反映出 UDP 协议相对简单的本质。TCP 和 UDP 类都在后台使用套接字，但 UdpClient 类移除了网络流的读写方法。相反，成员函数 Send 把一个字节数组作为参数，成员函数 Receive 则返回一个字节数组。另外，因为 UDP 是一个无连接的协议，所以可以指定通信的端点作为 Send 和 Receive 方法的一个参数，而不是在前面的构造函数或 Connect 方法中指定，也可以在某个后续的发送或接收过程中修改端点。

下面的代码段使用 UdpClient 类完成上例中的程序传输，不同的是上例使用的是 TCP 传输方式，本例使用的是 UDP 传输方式。本例既可以说明 UDP 传输方式的编程实现方法，也可以与 TCP 传输方式编程方法作一个对比。

与上例一样，本例也由一个发送程序 UDPSend 与一个接收程序 UDPReceive 组成一个通信链接。发送程序 UPDSend 有两个 TextBox 控件用于接收用户输入的主机地址和端口号，然后点击"发送"按键，将本源程序发送给接收程序。接收程序 UDPReceive 应用一个后台线程来等待接收发送端随时可能发来的数据。与 TCP 一对一的管道通信方式不同，UDP 是无连接数据报服务方式，不需要事先进行连接就可以进行数据传输；在数据传输时，又可以实现一对多或多对一的通信。例如，发送程序在 Send 方法中指定、改变 IP 地址和端口号，就可以将数据同时发送给多台主机；接收程序负责到指定的端口接收数据，这些数据可能来自不同源主机。

UPD 传输的两个项目界面均与 TCP 的两个项目类似，不同的是窗口标题不同。下面描述程序实现细节。

UDPSend 程序实现：

由 VS2022 创建名为 UDPSend 的 C#窗口项目后，在 Form1 设计窗口，选定 Form1 窗口，将其 Text 属性值设置为"UDPSend"。对两个 Label 控件、两个 TextBox 控件以及一个 Button 控件的设置与 TCPSend 项目一样。

在 Form1.cs 中添加如下命名空间：

```
using System;
using System.Collections.Generic;
using System.ComponentModel;
using System.Data;
using System.Drawing;
using System.Linq;
using System.Text;
using System.Windows.Forms;
using System.IO;
using System.Net;
using System.Net.Sockets;
```

建立一个 btnSend 按钮单击事件处理空函数，并添加如下语句：

```
private void btnSend_Click(object sender, EventArgs e)
{
    UdpClient udpClient = new UdpClient();
    StringBuilder sb = new StringBuilder();
    FileStream fs = File.Open("..\\\\..\\\\form1.cs", FileMode.Open);
    int data = fs.ReadByte();
    sb.Append(data);
    while (data != -1)
    {
        data = fs.ReadByte();
        sb.Append((char)data);
    }
    fs.Close();
    string sendMsg = sb.ToString();
    byte[] sendBytes = Encoding.ASCII.GetBytes(sendMsg);
    udpClient.Send(sendBytes, sendBytes.Length, "127.0.0.1", 2112);
}
```

UDPReceive 程序实现：

由 VS2022 创建名为 UDPReceiv 的 C#窗口项目后，在 Form1 设计窗口，选定 Form1 窗口，将其 Text 属性值设置为"UDPReceive"。一个 TextBox 控件的设置与 TCPReceive 项目一样。

在 Form1. cs 中添加如下命名空间：

```
using System;
using System.Collections.Generic;
using System.ComponentModel;
using System.Data;
using System.Drawing;
using System.Linq;
using System.Text;
using System.Windows.Forms;
using System.IO;
using System.Net;
using System.Net.Sockets;
using System.Threading;
```

在 Form1. cs 中添加如下语句：

```
namespace UDPReceive
{
    public partial class Form1 : Form
    {

        public Form1()
        {
            InitializeComponent();
            Thread thread = new Thread(new ThreadStart(Listen));
            thread.Start();
        }

    public void Listen()
    {
        IPAddress localAddr = IPAddress.Parse("127.0.0.1");
        Int32 port = 2112;
        UdpClient listener = new UdpClient(port);
        IPEndPoint groupEP = new IPEndPoint(localAddr, port);
        byte[] bytes = listener.Receive( ref groupEP);
        string result = System.Text.Encoding.ASCII.GetString(bytes);
        Invoke ( new UpdateDisplayDelegate ( UpdateDisplay ), new
object[] { result });
        listener.Close();
```

```
    }
    public void UpdateDisplay(string text)
    {
        textBox1.Text = text;
    }
    protected delegate void UpdateDisplayDelegate(string text);
    }
}
```

先运行 UDPReceive 程序，再运行 UDPSend 程序，在发送程序中输入 IP 地址 "127.0.0.1"和端口号"2112"，点击"发送文件"按键，接收程序立即收到传输结果。运行过程与 TCP 传输类似。

Encoding. ASCII 类常常用于把字符串转换为字节数组，或把字节数组转换为字符串。还要注意，IPEndPoint 类的实例以引用方式传送给 Receive 方法。UDP 不是一个面向连接的协议，所以对 Receive 的每次调用都会从不同的端点读取数据，Receive 使用发送端主机的 IP 地址和端口填充该参数。

9.4.4　类 QQ 程序编程

前面介绍的两个程序只能单纯地传输或接收数据，实用性不强。本小节将上述两个程序合成一个既能接收又能发送数据的类似 QQ 的程序，目的主要是演示进程数据传输功能的应用，示例程序功能肯定不如商业软件 QQ 全面。

程序的设计思想是设置一个接收数据窗口和发送数据窗口，还有一个窗口用于显示参与本群通信的所有计算机，如图 9-24 所示：

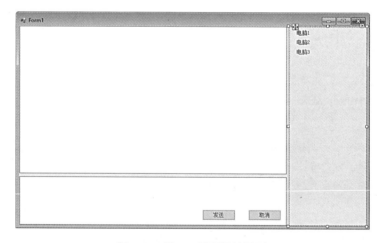

图 9-24　类 QQ 程序设计界面

接收数据窗口用于显示程序接收到的字符串，发送窗口用于输入要发送的字符串，发送窗口中设置"发送"和"取消"两个按键，用于发送窗口中的字符串和取消字符串发送。

程序开放一个本机端口，用一个线程监听端口，随时接收任何远程计算机向该端口发来的字符串，并在接收窗口中显示。

QQ 软件采用独一无二的 QQ 号标识每台计算机。计算机上的 QQ 软件一旦开启在线，QQ 软件会向腾讯总部服务器上报 QQ 号、本机 IP 地址和开放端口号等信息。任何欲与该 QQ 号通信的其他 QQ 号可以从服务器上获取该 QQ 号的 IP 地址和端口信息，因此可以建立与该端口的通信关系。

本程序没有这样的条件，不存在一个服务器记录每个在线计算机的 IP 地址和提供的端口号。为了演示通信功能，示例使用固定端口号，在程序中记录本群所有计算机的 IP 地址，以建立通信基本条件。

本程序采用 UDP 服务，以便实现 QQ 通信所需要的一对多、多对一通信关系，全部程序代码使用 C#语言编制。

1. 界面编制

由 VS2022 创建名为 MyselfQQ 的 C#窗口项目后，在 Form1 建立如图 9-24 所示的控件布局。其中，接收窗口为 textBox1，位于 Form1 窗口左上角；发送窗口为 textBox2，位于 Form1 窗口左下角，内含"发送"按键 button1 和"取消"按键 button2；Form1 窗口右边为容器 panel1，内含 label1、label2、label3 标签控件，分别显示"电脑 1""电脑 2""电脑 3"。本程序使用三台计算机进行实验。

textBox1 和 textBox2 属性设置如下：Multiline 为 True，WordWrap 为 True，ScrollBars 为 Vertical。为了保证 Form1 窗口内各控件随着窗口大小的变化而进行相应的变化，各控件的 Anchor 属性设置如下：

```
textBox1:   Top、Bottom、Left、Right
textBox2:       Bottom、Left、Right
panel1:     Top、Bottom、Right
button1:        Bottom、Right
button2:    Bottom、Right
```

这样，textBox1 控件上下左右四条边分别与 Form1 窗口上下左右四条边保持固定的距离，其效果是接收窗口高度和宽度会随着程序窗口大小的变化而变化；同样，发送窗口宽度随着程序窗口大小的变化而变化，高度不变；右边容器高度随着程序窗口大小的变化而变化，宽度不变。

2. 添加类变量

有些变量值被类中多个函数使用，类变量实际是在不同函数之间传递参数。为了便于各个函数使用，将这些变量都设置为类变量。

在生成的程序框架中插入如下类变量定义语句：

```
public partial class Form1 : Form
{
    String RemoteAddr="";//远程 IP 地址
```

```
      Int32 RemotePort = 2112; //所有端口统一为 2112
      UdpClient udpClient; //UDP 连接对象
      UdpClient listener; //UDP 监听器
      //每台计算机的 IP 地址是实测的,应该根据实测地址修改下列 IP 地址
      string IP1 = "192.168.3.105";
      string IP2 = "192.168.1.8";
      string IP3 = "192.168.3.107";
      string localComputerName = "";
   public Form1()
   {
      InitializeComponent();
```

每台计算机的 IP 地址是用 IpAndName 程序实测得来的,IpAndName 程序在 9.1.1 节编写完成。将这些地址集中于此,便于需要的函数随时使用,也便于根据实际选择的不同计算机修改地址。

3. 获取本机名

这里的本机名是指本计算机在对话群中的"逻辑名",是对话群为每台计算机规定的名字,如"电脑 1""电脑 2"等。在 IpAndName 程序中也会获取本机名,那是计算机的"物理名",在计算机属性中可以查到。

本机名的获取采用 IpAndName 程序所使用的方法,先获取本机 IP 地址,再与群中各计算机的 IP 地址对比,从而获取计算机在对话群中的名字。这个工作需要在程序启动时首先完成。在程序初始化部分加入如下语句:

```
public Form1()
{
   InitializeComponent();

      DnsPermission DnsP = new DnsPermission (System. Security.
Permissions.PermissionState.Unrestricted);
      DnsP.IsUnrestricted(); //设置权限
      string ComputerName = Dns.GetHostName(); //获取本机物理名
      IPHostEntry myHost = new IPHostEntry();
      myHost = Dns.GetHostEntry(ComputerName); //根据物理名获取 IP
地址
      for (int i = 0; i < myHost.AddressList.Length; i++)
      { //只根据 IPv4 地址,同时获取的 IPv6 地址不用
         if (myHost.AddressList[i].ToString() == IP1)
         {
            localComputerName = "电脑 1:"; //命名本机在对话群中的名字
            break;
         }
```

```
        else if (myHost.AddressList[i].ToString() = = IP2)
        {
            localComputerName = "电脑 2:";
            break;
        }
        else if (myHost.AddressList[i].ToString() = = IP3)
        {
            localComputerName = "电脑 3:";
            break;
        }
        //如果对话群还有其他计算机,模仿以上方式添加
    }
    if (localComputerName = = "")
    {
        MessageBox.Show("本机不在对话群中");
        return;
    }
```

本机向外发出字符串时,将本机名冠于字符串之前,标明字符串的发出者。

4. 设置线程监听数据接收端口

设置一个线程监听本机开放端口,任何计算机在任何时刻(本机程序运行期间)发往该端口的数据(本程序局限于字符串)都被接收并在接收端口显示,这体现了 UDP 多对一的传输特性。C#线程编程有规定的套路,本程序严格遵循该套路。线程必须在程序初始阶段被创建并启动,在程序初始部分加入如下语句:

```
    if (localComputerName = = "")
    {
        MessageBox.Show("本机不在对话群中");
        return;
    }

    Thread thread = new Thread(new ThreadStart(Listen)); //设置
线程
    thread.Start(); //启动线程
}
public void Listen() //线程处理函数
{
    //本机 2112 号端口对外开放连接,只要监听本端口,就能收到所有外机发来
的数据
```

```
        IPAddress localAddr = IPAddress.Parse("0.0.0.0"); //该地址代
表本机
        Int32 localPort = 2112; //指明本机对外开放端口
        listener = new UdpClient(localPort); //建立连接端口的 UDP 通信
终端
        IPEndPoint groupEP = new IPEndPoint(localAddr, localPort); //
定义接收器
        while (1>0) //循环,不断接收到发来的数据
        {
            byte[] bytes = listener.Receive(ref groupEP); //接收数据以
字节格式存入数组
                string result = System.Text.Encoding.Default.GetString
(bytes); //接收数据转化为字符
                Invoke(new UpdateDisplayDelegate(UpdateDisplay), new
object[] { result }); //处理字符
            }
        }
        public void UpdateDisplay(string text)
        {
            textBox1.Text += text; //接收字符显示在接收窗口
        }
        protected delegate void UpdateDisplayDelegate(string text);
```

C#线程对象 thread 的创建需要一个 ThreadStart 类对象作为参数,而 ThreadStart 又需要 Listen 作为参数, Listen 是线程处理函数,它具体指明线程如何操作。

读 Listen 函数,可以看到程序的线程是这样处理的:

指定一个端口,建立连接该端口的 UDP 通信终端,定义该终端的数据接收器。数据接收过程是用通信终端的接收功能,从接收器中接收字节形式的数据,待数据接收完毕后将字节形式的数据转化为一个字符串,然后启用线程机制的另一个部分,调用 Invoke 函数对字符串进行处理。Invoke 函数有两个参数,一个是 UpdateDisplayDelegate 类的对象,该对象的初始化参数是 UpdateDisplay,它是一个函数的名称,该函数用第二个参数提供的数据进行线程规定的处理;另一个是数据对象,数据对象可以是任意有效数据类型,包括字符串、函数、类实体,在这里是 result,即刚刚处理好的字符串。紧接着是 UpdateDisplay 函数定义,可以看到本线程的处理方式是将 result 字符串显示在接收窗口中。最后一个语句是对 Update DisplayDelegate 的定义,这是 C#线程语法的一部分。

经过本线程的处理,从开放端口接收到的字符串就被显示到接收窗口中。由于开放端口需要持续监听任意主机发往该端口的字符串,因此程序将这些语句放在一个无限循环体中,以便不断地进行字符串接收、显示,直到线程被关闭。

5. 线程的关闭

本程序启动后，就必须随时接收并显示发来的字符串，直到本程序被关闭。因此，线程的关闭是在本程序关闭前。在 Form1 窗口事件属性栏中找到 FormClosing 属性（如图 9-25 所示），用鼠标双击其空白值区域，系统自动建立窗口关闭处理函数，在函数中添加进程关闭语句如下：

图 9-25　Form1 窗口事件属性栏

```
private void Form1 _ FormClosing ( object  sender, FormClosing
EventArgs e)
{
    listener.Close();//结束程序前关闭监听线程
}
```

需要注意的是，开启的线程必须显式关闭。线程不会像普通类、函数、变量那样，随着程序的关闭而自动释放。没有关闭的线程会影响计算机的其他操作。

6. 选择通信对象

本机向单个远程计算机发送字符串必须先选择通信对象，这是为了确定通信对象的 IP 地址。通信对象仅限于对话群中的计算机，也就是程序窗口右边框（如图 9-24 所示）中罗列的计算机。选取方法是点击其中的一个罗列对象，然后程序记录相应的 IP 地址，并在 Form1 窗口上标注通信对象名。

罗列的计算机名都是放在 label 控件上，依次双击这些控件，系统自动生成点击响应函数。在这些空函数中依次插入如下语句：

```
private void label1_Click(object sender, EventArgs e)
{
//       ComputerName = "电脑1:";
      RemoteAddr = IP1;//远程电脑的IP地址和开放端口号
```

```
        this.Text = "与　电脑 1　通话";//改变窗口标题,提示通信对象
        udpClient = new UdpClient();//创建 UDP 连接对象,准备传数据
    }


    private void label2_Click(object sender, EventArgs e)
    {
//          ComputerName = "电脑 2:";
        RemoteAddr = IP2;
        this.Text = "与　电脑 2　通话";
        udpClient = new UdpClient();
    }


    private void label3_Click(object sender, EventArgs e)
    {
//          ComputerName = "电脑 3:";
        RemoteAddr =IP3;
        this.Text = "与　电脑 3　通话";
        udpClient = new UdpClient();
    }
```

由于端口号已经固定,实际通信只需要确定目标 IP 地址,当程序需要传输数据时,才会组合使用 IP 地址与端口号这两个参数,然后建立一个与该计算机进行 UDP 通信的对象。

7. 字符串发送

在发送窗口输入字符串以后,点击"发送"按键,将字符串发送出去,需要建立点击按键响应程序。在 Form1 界面设计窗口,双击"发送"按键,系统自动建立点击按键响应的空程序,将下列语句填入其中:

```
    private void button1_Click(object sender, EventArgs e)
    {
        if (RemoteAddr == "")
        {
            MessageBox.Show("请先选择通话对象");
            return;
        }
        else
        {
            textBox2.Text = localComputerName + textBox2.Text + Envi
ronment.NewLine;//字符串加一个换行符号
```

```
        byte[] sendBytes = Encoding.Default.GetBytes(textBox2.
Text);//符号转换为字节数据
        udpClient.Send(sendBytes, sendBytes.Length, RemoteAddr,
RemotePort);//传数据
        textBox1.Text += textBox2.Text;//发送内容显示在本方接收窗口
        textBox2.Text = "";//发送完毕,清空数据发送窗口
    }
}
```

在发送数据前，程序会对发送窗口输入的字符串进行格式化处理，在字符串前面加上本机的名字，尾部加入一个换行符号，形成新的字符串后再发送出去。添加本机名字是为了表明发送者身份，添加换行符号是为了后续的字符串能够在新行显示，从而分辨不同的字符串。字符串先转换成字节数据形式，再使用 UDP 的数据传输函数 Send 发送到指定的远程计算机端口。发送字符串也显示在本方接收数据窗口，以便明晰本机发送了哪些字符串，同时清空本方发送窗口，为下一次字符串发送做准备。

如果想取消字符串发送，只需要点击"取消"按键，则发送窗口中的字符串被清空。实现方法是，在 Form1 界面设计窗口，双击"取消"按键，在系统建立的空函数中输入以下语句：

```
private void button2_Click(object sender, EventArgs e)
{
    textBox2.Text = "";//取消:清空数据发送窗口
}
```

很多计算机网络采用动态分配 IP 地址的管理方式，同一台计算机在不同网络会话中的 IP 地址可能不同，这种 IP 不稳定性将直接影响本程序的正常运行。本程序用来定位计算机的 IP 地址编写在程序中，在缺乏第三方服务器支持的情况下，无法做到动态调整每一台计算机的 IP 地址。在计算机的 IP 地址发生变化后，由于程序中指向该计算机的 IP 地址没有随之改变，将无法与该计算机继续联系。唯一可以正常运行的方式是在对话群中所有计算机开机后，实测每台计算机的 IP 地址，然后将 IP 地址编入程序进行编译，将编译后的程序分发给每台计算机。只要计算机不关机，IP 地址就不会发生变化。在对话群中所有计算机 IP 地址不变的时间段内程序能够正常运行。

9.5 最短路径算法编程实践

最短路径算法是动态路由算法中不可缺少的一个步骤。最短路径算法是一类算法的总称，包含了许多具体的算法，其中迪杰斯特拉(Dijkstra)算法是较早提出的经典算法，至今仍被广泛应用。

最短路径算法也是地图路径导航的重要工具，百度地图等软件已经实现了大范围内的导航，但对一个小范围的导航还无能为力。应用最短路径算法在一个校园、景区、商场、居民小区内建立一个小范围内有效的路径导航系统，能够极大地方便相关用户。

相较于计算机网络上的路由选择，地图导航更具直观性。地图上的路径可见，而网络路径看不见摸不着，十分抽象。结合地图导航来学习最短路径算法，更利于理解算法。

为了方便用户，一般校园、景区、商场、居民小区等常给出本区域范围内的道路、关键建筑、景点的示意分布图，它们不是地图，并不精确，但足以给用户提供需要的信息，这些内容往往以影像形式给出。

本小节以地图导航为例，详细介绍一个基于 VS2022 C++语言和示意图影像地图的 Dijkstra 算法应用软件编程。

9.5.1 程序设计思路

Dijkstra 算法基于一个描述连通关系的拓扑图所形成的邻接矩阵，因此程序首先要做的是基于地区示意图建立拓扑图，形成邻接矩阵。拓扑图由节点和表示邻接关系的连接线以及表示节点间距离的权值组成。

本程序按照以下步骤完成程序编制：

（1）用鼠标在示意图影像上标注节点；

（2）用弧段连接节点。弧段的起点和终点分别是两个被连接的节点，弧段长度作为连接线权值；

（3）基于所有节点以及它们之间的连接关系建立邻接矩阵；

（4）在示意图上选取两个任意点，程序运用 Dijkstra 算法计算并连接两点的最短路径，并在图上显示。

9.5.2 程序框架建立

打开 Visual Studio 2022，在界面上双击"创建新项目"，打开创建的新项目窗口，如图 9-26 所示。其中，编程语言选择 C++，程序类型选择"桌面"，然后选中"MFC 应用"，点击"下一步"按钮。

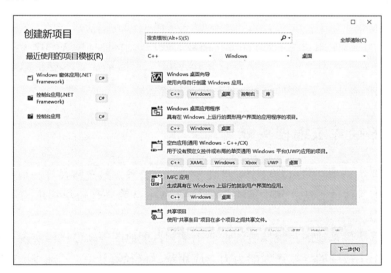

图 9-26 基于 MFC 的 C++桌面程序选项

在打开的配置新项目窗口，输入项目名，确定项目存储位置，然后点击"创建"按钮，如图 9-27 所示。

图 9-27 输入项目和项目存储位置

系统打开"MFC 应用程序"创建窗口，如图 9-28 所示。在"应用程序类型"窗口，依次选择"单个文档""文档/视图结构支持""MFC Standard""在静态库中使用 MFC"，然后单击"下一步"按钮。

图 9-28 应用程序类型参数设置

在随即出现的"文档模板属性"窗口，不必修改任何参数，直接单击"下一步"按钮，打开"用户界面功能"窗口。如图 9-29 所示，在该窗口的参数选项中，"命令行"选择"使用经典菜单"，"经典菜单选项"选择"无"。单击"下一步"按钮，打开"高级功能"窗口。

图 9-29　用户界面功能参数设置

如图 9-30 所示，在该窗口，清空所有选项。单击"下一步"按钮，打开"生成的类"窗口。

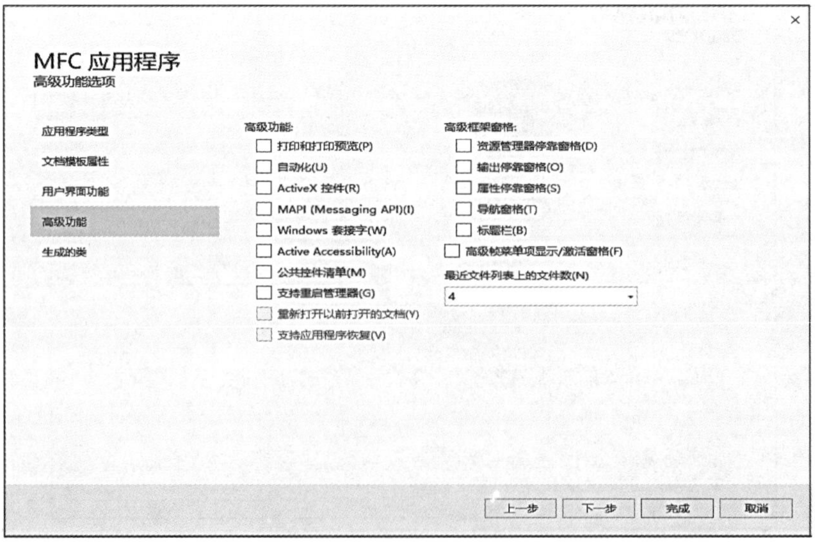

图 9-30　高级功能参数设置

如图 9-31 所示，在该窗口，在"生成的类"下拉菜单中选择"View"，在"基类"下拉菜单中选择"CScrollView"。单击"完成"按钮，结束 MFC 应用程序参数设置。

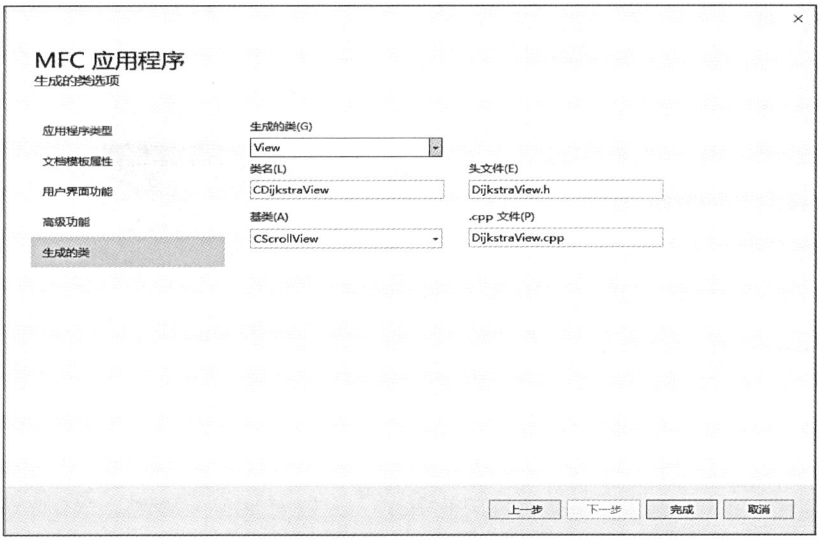

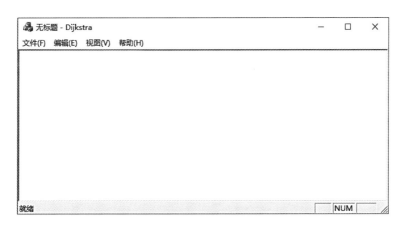

图 9-31　生成的类参数设置

在系统生成程序后，按 Ctrl+F5 键，运行程序结果如图 9-32 所示。这是一个空的 MFC 应用程序框架，在该框架的适当位置填入所需要的指令或程序语句，就可以形成所需要的程序。

图 9-32　MFC 程序框架

对菜单进行修改，方法如图 9-33 所示。在平台右上角的"解决方案资源管理器"窗口，打开项目的资源文件，双击"Dijkstra. rc"打开资源视图窗口；打开"Menu"项，在随即出现的条目中双击"IDR_MAINFRAME"，系统打开程序菜单，所有菜单项和子菜单项都可以显示出来。

图 9-33　程序菜单打开和修改方法

在对话框水平方向右边，有一个"请在此处键入"虚框，用鼠标选中它，键入"打开地图"，可以建立一个打开地图菜单项。用此方法，再依次建立"节点数字化""弧段提取""生成矩阵""最短路径选择"菜单项。将"文件"菜单项下的"退出"子菜单项拖入到水平菜单项的最后一项。最后依次选择"文件""编辑""视图""帮助"等菜单项，用 Del 键删除它们。按 Ctrl+F5 键运行程序，修改后的程序界面如图 9-34 所示。目前菜单项还是空的，点击菜单没有任何反应(除了退出菜单)，必须为每个菜单添加相应的菜单响应函数，以完成菜单设计的功能。

图 9-34　菜单修改后的程序

添加菜单响应函数，必须先了解 MFC 程序框架知识。

9.5.3　MFC 程序框架介绍

1. 基本类介绍

MFC 应用程序框架中有四个基本类，它们的名称和作用如下：

(1)主框架类：管理窗口；

（2）应用类：对有关部分进行管理和调度；

（3）文档类：管理程序数据；

（4）视图类：管理图形显示。

在解决方案资源管理器中，展开折叠的"头文件"和"源文件"，可以看到系统提供的源程序主要内容（如图 9-35 所示）。其中，MainFrm. cpp 和 MainFrm. h 是实现主框架类的源代码文件及其头文件；Dijkstra. cpp 和 Dijkstra. h 实现应用类；DijkstraDoc. cpp 和 DijkstraDoc. h 实现文档类；DijkstraView. cpp 和 DijkstraView. h 实现视图类。

图 9-35 查看系统提供的主要源代码

MFC 程序设计编程基本工作就是：向一个系统建立的、空的程序框架中添加自己的程序代码，以实现设计所需的功能。这就需要知道实现一个具体的功能需要在哪里添加代码。需要强调的是，对于程序自动生成的框架源代码都不可随意改动，否则，出现的错误很难改正。

如果要在程序框架上添加一点自己的东西，主要在框架内添加代码；如果要做数据处理，主要在文档类里添加代码；要显示、绘制图形图像，则主要考虑视图类。这里都说主要，是因为有些功能的实现需要其他类的协助，在其他类中添加程序语句。编程主要涉及文档和视图两类，大部分代码都添加到 Doc 和 View 中。

从技术角度看，直接在上述四个类的任意 cpp 源程序中添加代码，都能实现需要的功能，但为了程序条理清晰、阅读方便，相应的功能应该在相应的类中实现。在一些比较大型的程序开发中，需要大量创建自己的新类，新类源代码保存在独立的 cpp 源程序文件中，并且有对应的 .h 头文件。新添加的类要通过上述四个基本类与程序框架建立联系。

2. 鼠标事件响应程序框架

菜单用鼠标进行选择，在编写各种菜单响应程序前，要为鼠标操作作准备。首先介绍 Windows 系统事件驱动机制。

1）Windows 事件驱动机制

Windows 系统设置了许多事件，如按键盘，鼠标操作，打开、关闭窗口等。在系统中，所有事件用 WM_ 开头的变量进行标识。Windows 系统自动检测所有的这些事件，当某一事件发生时，如按下鼠标左键，系统马上通知事件对应的事件响应应用程序，应用程序有机会对事件作出反应。要控制程序如何作出所需要的反应，需要通过编程实现。表9-2 显示了 Windows 系统确定的一些与鼠标有关事件变量名。

表 9-2　鼠标事件变量名

变量标识符	事件
WM_MOUSEMOVE	鼠标光标在客户区移动
WM_LBUTTONDOWN	按下鼠标左键
WM_MBUTTONDOWN	按下鼠标中键
WM_RBUTTONDOWN	按下鼠标右键
WM_LBUTTONUP	松开鼠标左键
WM_MBUTTONUP	松开鼠标中键
WM_RBUTTONUP	松开鼠标右键
WM_LBUTTONDBCLK	双击鼠标左键
WM_MBUTTONDBCLK	双击鼠标中键
WM_RBUTTONDBCLK	双击鼠标右键

2）添加鼠标事件响应程序

以点击左键为例，介绍增加鼠标事件响应程序的方法。

依次点击菜单"项目""类向导"，出现类向导使用窗口，如图 9-36 所示。在窗口"类名"下拉框中选择视图类；点击"消息"标签，所有标识消息的变量都出现在下面的窗口中，选中 WM_LBUTTONDOWN 事件；点击"添加处理程序"按键，系统自动添加一个"按下鼠标左键"事件处理函数。

点击"编辑代码"按键，可以看到程序 DijkstraView. cpp（即视图类实现程序）已经打开，增加的鼠标左键响应函数 OnLButtonDown 自动加到了程序的最后部分。目前它只是一个空函数，什么也不做。

用同样的方法，将鼠标右键、鼠标移动、鼠标双击左键等本程序需要的响应函数加到程序中，分别选 WM_RBUTTONDOWN, WM_MOUSEMOVE, WM_LBUTTONDBLCLK 事件，来完成鼠标响应框架。

说明：鼠标事件一般在图上操作时发生，所以其响应函数放在视图类中。如果相应函数只进行一些数据处理，不再需要图上操作，则可以把响应函数放在文档类中，这需要在图 9-36 中类名栏中选择文档类 CDijkstraDoc。

图 9-36　类向导使用窗口

9.5.4　鼠标坐标显示

　　地图导航类的程序往往需要使用鼠标在图上操作，图上操作一般需要精确定点，必须知道当前坐标，必须为操作者提示鼠标坐标显示。本程序准备将坐标数据实时显示在应用程序窗口的右下角。在自动生成的项目中，窗口的右下角处原是用来显示键盘按键信息的，如图 9-37(a)图所示，现改为显示鼠标坐标值，如图 9-37(b)图所示。

(a)　　　　　　　　　　　　　　　(b)

图 9-37　鼠标坐标显示设计

鼠标坐标显示步骤如下：

1. 注销主框类变量 m_ wndStatusBar

打开文件 MainFrm. h，如下所示，注销其中的变量 m_ wndStatusBar。m_ wndStatusBar 是表示窗口状态栏的标识变量，这里要把它由类成员变量变成全局变量，以便其他类的程序可以使用和改变状态栏内部参数。

```
public:
    virtual~CMainFrame();
```

```
#ifdef _ DEBUG
    virtual void AssertValid() const;
    virtual void Dump(CDumpContext& dc) const;
#endif
```

```
    protected：//控件条嵌入成员
// CStatusBar m_wndStatusBar;
```

2. 定义 m_wndStatusBar 为全局变量

在 MainFrm. cpp 前部中声明为全局变量。

```
#ifdef _DEBUG
#define new DEBUG_NEW
#endif
```

```
CStatusBar m_wndStatusBar;
// CMainFrame
```

3. 准备坐标显示区域

修改 static UINT indicators[ ]数组，注销原显示内容，增加新内容显示区域。

```
static UINT indicators[] =
{
    ID_SEPARATOR,            //状态行指示器
//   ID_INDICATOR_CAPS,
//   ID_INDICATOR_NUM,
//   ID_INDICATOR_SCRL,
    ID_SEPARATOR,            //状态行指示器
    ID_SEPARATOR,            //状态行指示器
    ID_SEPARATOR,            //状态行指示器
};
```

4. 定义坐标显示区域宽度

在 CMainFrame：：OnCreate 函数中最后一个语句前增加下列语句，以确定显示区域宽度：

```
    m_wndToolBar.EnableDocking(CBRS_ALIGN_ANY);
    EnableDocking(CBRS_ALIGN_ANY);
    DockControlBar(&m_wndToolBar);
    m_wndStatusBar.SetPaneInfo(1,300,SBPS_NORMAL,100);
    m_wndStatusBar.SetPaneInfo(2,301,SBPS_NORMAL,30);
    m_wndStatusBar.SetPaneInfo(3,302,SBPS_NORMAL,30);
    return 0;
}
```

5. 在视图类中声明全局变量 m_wndStatusBar

在主框类定义的全局变量必须在视图类中先进行声明。这里的前提是，MFC 程序框架是先调用主框类程序，再调用视图类程序，因此可以在这里声明 m_wndStatusBar 是全局变量。打开 MyGraphicsView. cpp 文件，在前部对全局变量进行声明。

```
#ifdef _DEBUG
#define new DEBUG_NEW
#endif

extern CStatusBar m_wndStatusBar;
//CMyGraphicsView
```

6. 在鼠标移动函数中显示坐标

在 OnMouseMove 函数中增加如下内容：

```
void CMyGraphicsView::OnMouseMove(UINT nFlags, CPoint point)
{
    //TODO: 在此添加消息处理程序代码和/或调用默认值

    int xx, yy;
    CString str;
    LPCTSTR p1;
    xx = point.x;                          //取出坐标信息
    yy = point.y;
    str.Format(_T("% d"), xx);
    p1 = LPCTSTR(str);                     //转化为字符串
    m_wndStatusBar.SetPaneText(2, p1, TRUE);   //在第2个区域显示
                                                 x 坐标
    str.Format(_T("% d"), yy);
    p1 = LPCTSTR(str);                     //转化为字符串
    m_wndStatusBar.SetPaneText(3, p1, TRUE);   //在第3个区域显示
                                                 y 坐标

    CView::OnMouseMove(nFlags, point);
}
```

编译并执行程序，可以看到鼠标坐标在窗口右下方显示出来。

9.5.5 读取并显示地图影像

影像格式很多，为了简化编程，本程序规定影像格式为 24 比特 BMP 图像。如果原图像是其他格式影像，很容易用图像软件进行格式转换。

打开程序菜单，选定"打开地图"，在菜单项属性窗口中，将菜单项 ID 设置为"ID_

219

FILE_OPEN"，如图 9-38 所示。

图 9-38　设置菜单项 ID

利用菜单项 ID 建立菜单响应函数。因为需要显示图像，将该函数放在视图类。依次点击系统菜单"项目""类向导"，打开类向导窗口。如图 9-39 所示，类名选择视图类 CDijkstraView；点击"命令"栏，对象选择"ID_FILE_OPEN"；点击"添加处理程序"，接受系统命名的函数名，点击"确定"，系统自动在视图类中建立菜单响应空函数。

图 9-39　类向导窗口添加菜单响应函数

在该函数中插入如下语句：

```cpp
void CDijkstraView:: OnFileOpen()
{
```

```
//TODO: 在此添加命令处理程序代码
CDijkstraDoc * pDoc = GetDocument(); //获取文档类指针
ASSERT_VALID(pDoc);
pDoc->ImageOpen(); //调用文档类函数读影像数据
Invalidate(); //调用 OnDraw 函数, 该函数显示图像
}
```

真正的影像数据读取函数 ImageOpen 放在文档类, 因此要建立指向文档类的指针, 用该指针调用文档类的函数和变量。Invalidate 函数是视图类窗口刷新, MFC 应用程序框架规定, 具体刷新动作由视图类函数 OnDraw 完成。根据程序设计, 当影像数据加载完成后, 系统将调用 OnDraw 函数进行图像显示, 因此在 OnDraw 函数中插入以下语句:

```
void CDijkstraView::OnDraw(CDC * pDC)
{
    CDijkstraDoc * pDoc = GetDocument();
    ASSERT_VALID(pDoc);
    if (! pDoc)
        return;

    if (pDoc->LoadImage == 1)//影像数据已读
    {
        pDoc->DisplayImage(pDC);//显示影像的文档函数
        CSize sizeTotal;
        sizeTotal.cx = pDoc->bwidth;//获取影像尺寸
        sizeTotal.cy = pDoc->bheight;
        SetScrollSizes(MM_TEXT, sizeTotal);//根据影像尺寸确定显示
范围
    }
    //TODO: 在此处为本机数据添加绘制代码
}
```

pDoc-> 指定的函数和变量都属于文档类, 它们还没有建立, 因此系统显示有错误存在。现在去文档类建立函数和变量。在文档类头文件 DijkstraDoc.h 后部插入如下变量:

```
#ifdef SHARED_HANDLERS
    //用于为搜索处理程序设置搜索内容的 Helper 函数
    void SetSearchContent(const CString& value);
#endif // SHARED_HANDLERS

protected:
    BITMAPFILEHEADER fileh;//BMP 影像文件头结构,是变量
    LPBITMAPINFOHEADER fileh1;//DIB 信息头结构,是指针
    BITMAPINFOHEADER fileh2;//BMP 影像信息头结构,是变量
public:
```

```
unsigned char * BmpImage; //数组的指针,该数组用来存放影像数据
int bwidth1, bwidth, bheight, boffset; //影像宽度高度以及在影像文
件中的位置
int LoadImage; //该变量为 1 表示影像数据已读入变量 BmpImage
long offset;
int Path[10000];
int DJFlag;
float XX, YY;
CPoint group[10000]; //存放点坐标数据的数组
int PointNum; //记录点的数量
```

};

其中，LoadImage 变量是影像数据是否读取的标志，该变量值为 1 时表示已读，值为 0 时表示未读。因此，变量必须初始化为 0。

变量初始化在类的构造函数中完成，如下所示，在空的构造函数中插入如下语句：

```
CDijkstraDoc:: CDijkstraDoc() noexcept
{
    //TODO：在此添加一次性构造代码
    LoadImage = 0; //标记影像是否已调入。0：还未调入；1：已调入
}
```

类函数添加需要使用类向导。以 ImageOpen 函数为例说明添加方法。依次点击菜单"项目""类向导"，打开类向导窗口。如图 9-40 所示，类名选择文档类"CDijkstraDoc"，点击"方法"标签，点击"添加方法"，系统打开"添加函数"窗口。

图 9-40　类向导窗口添加类函数

如图 9-41 所示，在添加函数窗口，输入函数名，返回类型选 void，该函数没有参数，点击"确定"按键。系统将建立一个文档类的、没有返回数据的、没有参数的空函数框架。

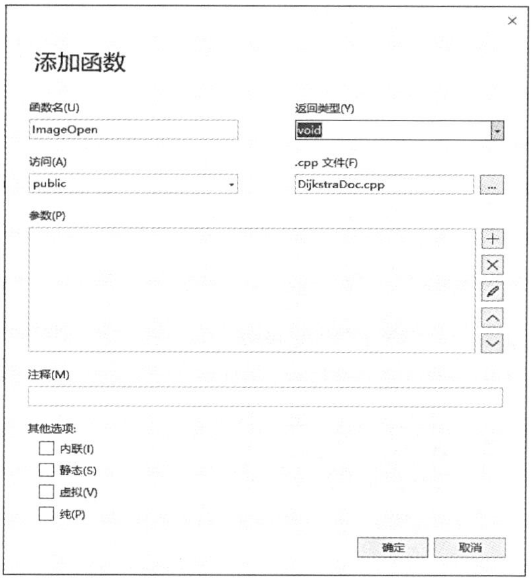

图 9-41 确定函数名、返回类型和函数参数表

在该函数中插入如下语句：

```
//本段程序读取 BMP、24bit 真彩色、非压缩图像数据
void CDijkstraDoc::ImageOpen()
{
    //TODO:在此处添加实现代码.

    int i, j;
    CFile gfile;
    CString strOpenFileType = _T("位图文件(*.bmp)|*.bmp|"),
fname;
    CFileDialog FileDlg(TRUE,_T("*.bmp"),NULL,OFN_HIDEREADONLY
|OFN_OVERWRITE PROMPT,strOpenFileType);//建立文件选取对话框
    if(FileDlg.DoModal() == IDOK)//显示框,选取影像。影像最好放在项
目文件夹中
    {
        fname += FileDlg.GetFileName();//获取影像文件名
    }
    if(ReadImageData(fname) == -1)return;
    LoadImage = 1;//该变量为 1 表示影像数据已读入变量 BmpImage
}
```

223

真正的数据读取功能由函数 ReadImageData 完成,该函数还没有创建,用类向导在文档类中创建它,并插入如下语句:

```
//读名为 name 的影像数据。读取失败,返回值为-1;读取成功,返回值为 0
int CDijkstraDoc::ReadImageData(CString name)
{
    //TODO: 在此处添加实现代码.

    CFile gfile;
    if (! (gfile.Open(name, CFile::modeRead, NULL)))  //打开影像
    {
        ::AfxMessageBox(_T("影像文件打开失败"), MB_OK, 0);
        return -1;
    }
    gfile.Read(&fileh, sizeof(BITMAPFILEHEADER));  //读影像文件头
    int  nSize = fileh.bfOffBits - sizeof(BITMAPFILEHEADER);
    fileh1 = (LPBITMAPINFOHEADER)new char[nSize];//fileh1 包括文件
头和调色板信息,显示图像时需要
    gfile.Read(fileh1, nSize);  //读影像信息头
    if (fileh.bfType ! = 19778)
    {
        AfxMessageBox(_T("不是合法的 BMP 影像"), MB_OK, 0);
        return -1;
    }
    if (fileh1->biCompression ! = 0)
    {
        AfxMessageBox(_T("不是非压缩影像"), MB_OK, 0);
        return -1;
    }
    if (fileh1->biBitCount ! = 24)
    {
        AfxMessageBox(_T("不是24bit 真彩色影像"), MB_OK, 0);
        return -1;
    }
    bwidth = fileh1->biWidth;
    bheight = fileh1->biHeight;
    boffset = fileh.bfOffBits;
    bwidth1 = (bwidth * 3 + 3) /4 * 4;//bwidth1 是每一行影像像素所占的
字节数,这个计算公式仅适用于 24 比特图像
    fileh2.biSize = fileh1->biSize;
```

```
        fileh2.biWidth = fileh1->biWidth;
        fileh2.biHeight = fileh1->biHeight;
        fileh2.biPlanes = fileh1->biPlanes;
        fileh2.biBitCount = fileh1->biBitCount;
        fileh2.biCompression = fileh1->biCompression;
        fileh2.biSizeImage = 0;
        fileh2.biXPelsPerMeter = fileh1->biXPelsPerMeter;
        fileh2.biYPelsPerMeter = fileh1->biYPelsPerMeter;
        fileh2.biClrUsed = fileh1->biClrUsed;
        fileh2.biClrImportant = fileh1->biClrImportant;
        gfile.Seek(fileh.bfOffBits, CFile::begin);
        if ((BmpImage = new unsigned char[(long)bwidth1 * (long)
bheight]) == 0)
        {
            AfxMessageBox(_T("影像空间申请失败"), MB_OK, 0); return -1;
        }
        gfile.Read(BmpImage, (long)bwidth1 * (long)bheight);//读影像
数据
        gfile.Close();
    return 0;
}
```

读完数据后，就该显示影像了。显示是在视图类函数 OnDraw 调用 DisplayImage 这个文档类函数完成的。该函数的实现是用类向导在文档类中创建一个空函数，然后在其中插入如下语句：

```
//调用系统提供的函数完成影像显示
void CDijkstraDoc::DisplayImage(CDC * pDC)
{
    //TODO: 在此处添加实现代码.
    if(LoadImage == 0)return;
    HDC hdc = pDC->GetSafeHdc();
    ::SetStretchBltMode(hdc, COLORONCOLOR);
    ::StretchDIBits(hdc, 0, 0, bwidth, bheight, 0, 0,
        bwidth, bheight, BmpImage, (LPBITMAPINFO)fileh1, DIB_RGB_
COLORS, SRCCOPY);
}
```

影像数据在 BmpImage 中，影像参数信息在 fileh1 中。LoadImage 为 1 意味着这两种数据都已正确存放，调用系统函数就可以完成影像显示。

按 Ctrl+F5 键，运行程序，点击菜单项"打开地图"，在文件选择对话框中找到并选择

地图影像，可以看到地图被显示出来，如图 9-42 所示。为了便于保存数据，地图影像文件最好放在本项目的文件夹中。

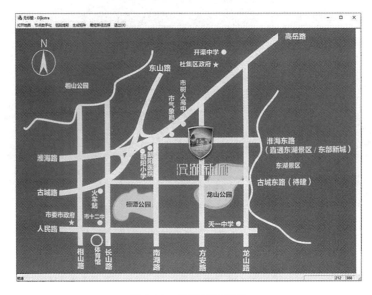

图 9-42　地图显示结果

9.5.6　标记节点

以最短路径选择为目的的节点包括道路端点、不同道路的交叉点。在地图上用鼠标左键依次点击节点位置，并以"十"字标记节点，用鼠标右键结束节点标记操作，并以数据文件记录下来。

1. 菜单响应函数

将"节点数字化"菜单项 ID 设置为"ID_GET_NODE"，打开类向导窗口，选择视图类，点击"命令"栏，对象选择"ID_GET_ NODE"；点击"添加处理程序"，接受系统命名的函数名，点击"确定"，系统自动在视图类中建立菜单响应空函数，在函数中插入如下语句：

```
//数字化节点:显示前次操作数字化的节点,并读入数组 group
void CDijkstraView::OnGetNode()
{
    //TODO:在此添加命令处理程序代码
    CDijkstraDoc * pDoc = GetDocument();
    if (pDoc->LoadImage == 0)
    {
        ::AfxMessageBox(_T("先打开地图影像才能数字化节点"),MB_OK,0);
```

```
            return;
    }
    MenuID = 1; PressNum = 0;//初始化参数
    //显示已经数字化的节点
    if (pDoc->ReadNode()) {//从保存文件中将已经数字化的节点读进group
数组
        CClientDC ClientDC(this);//下面是画出已经数字化的节点
        OnPrepareDC(&ClientDC);
        ClientDC.SetROP2(R2_COPYPEN);
        CPen * pen;
        CPen * pOldPen;
        pen = new CPen(PS_SOLID, 5, RGB(0, 0, 255));
        pOldPen = ClientDC.SelectObject(pen);
        int d = 10;
        for (int i = 0;i < pDoc->PointNum;i++) {
            ClientDC.MoveTo(pDoc->group[i].x-d, pDoc->group[i].y);
            ClientDC.LineTo(pDoc->group[i].x+d, pDoc->group[i].y);
            ClientDC.MoveTo(pDoc->group[i].x, pDoc->group[i].y-d);
            ClientDC.LineTo(pDoc->group[i].x, pDoc->group[i].y+d);
        }
        ClientDC.SelectObject(pOldPen);
    }
}
```

除了用 MenuID 参数标明当前所选菜单项以外，该函数还把上次数字化的节点显示出来。节点数字化可以分多次操作完成，每个节点在数字化的同时获取一个编号。为了不与前次数字化的节点编号重复，也为了避免同一个节点重复数字化，每次节点数字化操作前，都将前次数字化的节点读入数组 group，并显示出来，本次数字化的节点接着前面已经数字化的节点坐标以及编号添加进数组 group 中。

ReadNode 是文档类函数，其功能是从保存文件 Node_BH.txt 中将已经数字化的节点坐标读进 group 数组，该函数现在还是一个空函数，调用类向导在文档类中输入如下代码：

```
//将已经数字化的节点从保存文件中读入 group 数组
bool CDijkstraDoc::ReadNode()
{
    //TODO: 在此处添加实现代码.

    PointNum = 0;
    int bh;
    FILE * stream;
```

```
    errno_t err;
    err = fopen_s(&stream, "Node_BH.txt", "r");
    if (err ! = 0) { //还没有数字化节点
        return false;
    }
    else { //节点读入数组 group
        fscanf_s(stream, "% d", &PointNum);
        for (int i = 0;i < PointNum;i++) {
            fscanf_s(stream, "% d % d % d", &group[i].x,&group[i].y,
&bh);
        }
        fclose(stream);
        return true;
    }
}
```

2. 鼠标操作方法编程

VC++MFC 编程方法中，所有菜单项的鼠标操作都共用一个鼠标响应函数，在这个函数内部，通过 MenuID 参数来区分不同的菜单项，然后分别编写对应的处理代码。

数字化节点操作是用鼠标左键确定节点位置，并将节点坐标添加到 group 数组中，节点编号隐含在数组下标变量中；点击鼠标右键结束节点数字化操作。因此，需要在鼠标左键、鼠标右键响应函数中添加如下内容：

```
void CDijkstraView::OnLButtonDown(UINT nFlags, CPoint point)
{
    //TODO: 在此添加消息处理程序代码和 /或调用默认值

    CDijkstraDoc * pDoc = GetDocument();
    CClientDC ClientDC(this);
    OnPrepareDC(&ClientDC);
    ClientDC.SetROP2(R2_COPYPEN);

    CRect ScrollRect(0, 0, pDoc->bwidth, pDoc->bheight);
    if (! ScrollRect.PtInRect(point))return; //鼠标限制在地图框内
    SetCapture();
    int d = 10;

    if (MenuID = = 1) //提取并显示节点操作
    {
        pDoc->group[pDoc->PointNum++] = point; //节点坐标存入数组
```

```
        CPen * pen;
        CPen * pOldPen;
        pen = new CPen( PS_SOLID, 5, RGB( 0, 0, 255));
        pOldPen = ClientDC.SelectObject( pen);
        ClientDC.MoveTo( point.x - d, point.y);//画节点标志
        ClientDC.LineTo( point.x + d, point.y);
        ClientDC.MoveTo( point.x, point.y - d);
        ClientDC.LineTo( point.x, point.y + d);
        PressNum++;
    }
    CScrollView::OnLButtonDown( nFlags, point);
}
void CDijkstraView::OnRButtonDown( UINT nFlags, CPoint point)
{
    //TODO: 在此添加消息处理程序代码和/或调用默认值
    CDijkstraDoc * pDoc = GetDocument();
    CClientDC ClientDC( this);
    CPen * pen;
    CPen * pOldPen;
    if ( MenuID == 1 && PressNum > 1) {//结束节点标志操作
        pDoc->WriteNode();//保存节点
        ReleaseCapture();
    }
    CScrollView::OnRButtonDown( nFlags, point);
}
```

WriteNode 函数是文档类中将节点坐标和编号存储进数据文件 Node_BH.txt 的函数，为了简化今后的编程，节点总数量作为第一个参数保存在该文件中。该函数现在还没有实现，调用类向导在文档类中输入如下代码：

```
//将 group 数组中的节点写入保存文件中
void CDijkstraDoc::WriteNode()
{
    //TODO: 在此处添加实现代码.
    FILE * stream;
    errno_t err;
    err = fopen_s( &stream, "Node_BH.txt", "w");
    if ( err ! = 0) {
        return;
    }
```

229

```
fprintf(stream, "%d\n", PointNum);//首先保存节点的总数量
for(int i = 0;i<PointNum;i++){//依次保存数组 group 中每个节点坐标
                                                    及编号
    fprintf(stream, "%d %d %d\n", group[i].x,group[i].y,i);
}
fclose(stream);
}
```

节点数字化完成后的结果如图 9-43 所示。

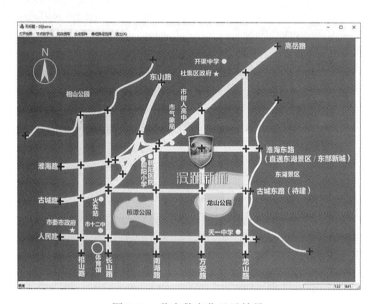

图 9-43　节点数字化显示结果

9.5.7　弧段提取

在确定了节点以后，需要进一步确定节点之间的连接关系。对于拓扑图而言，两个节点之间的连接关系可以用一个直线段来表示。但在用于道路导航的拓扑图中，为了使最终显示的最短路径与地图道路相匹配，两个节点之间的连接关系需要用一个能体现该段道路形状的弧段来表示。弧段就是一段起始于一个节点并终止于另一个节点的折线，连接两个节点的弧段需要用鼠标在地图影像上提取出来。

弧段提取的操作方法设计如下：在点击"弧段提取"菜单项后，用鼠标左键点击一个节点，然后沿着道路依次用鼠标左键点击一系列点，在最后一个点用鼠标右键点击终止节点，这样就完成了连接两个节点的弧段提取。为了方便观察，提高弧段提取的准确性，在鼠标从一个点移到另一个点的过程中，使用一条"橡皮筋"形象地提示将要提取的一段弧段位置。因此，在这一部分的编程过程中，鼠标左键、鼠标右键、鼠标移动等响应函数都要用到。

1. 菜单响应函数

将"弧段提取"菜单项 ID 设置为"ID_GET_ROUTE"，打开类向导窗口，选择视图类，点击"命令"栏，对象选择"ID_GET_ ROUTE"；点击"添加处理程序"，接受系统命名的函数名，点击"确定"，系统自动在视图类中建立菜单响应空函数。插入如下语句：

```
//手工提取路径信息(弧段)
void CDijkstraView::OnGetRoute()
{
    //TODO: 在此添加命令处理程序代码
    CDijkstraDoc * pDoc = GetDocument();
    CClientDC ClientDC(this);
    OnPrepareDC(&ClientDC);
    if (pDoc->LoadImage == 0)
    {
        ::AfxMessageBox(_T("先打开地图影像"), MB_OK, 0);
        return;
    }
    MenuID = 2; PressNum = 0; pDoc->PointNum = 0;//初始化参数
    //显示已标注节点
    pDoc->ShowAllNode(&ClientDC);
    //显示已提取所有弧段
    pDoc->ShowAllPath(&ClientDC);
    ::AfxMessageBox(_T("用鼠标左键点击起点节点和弧段点 \n用鼠标右键点击
终点节点并结束弧段提取"), MB_OK, 0);
}
```

菜单响应函数首先对必要的参数初始化，其中 MenuID 参数值将告诉各个鼠标响应函数当前的操作是针对弧段提取的。然后显示所有节点，便于弧段提取过程中明确节点位置。整个地图的弧段提取可以分多次操作完成，在本次操作之前，显示所有已经完成提取的弧段，避免重复操作。

ShowAllNode 是文档类函数，用于显示所有节点，该函数现在还没有创建，用类向导在文档类中输入如下代码：

```
//显示所有节点
void CDijkstraDoc::ShowAllNode(CClientDC * pDC)
{
    //TODO: 在此处添加实现代码.
    int bh, d = 10;
    pDC->SetROP2(R2_COPYPEN);
    CPen * pen;
```

```
    CPen * pOldPen;
    pen = new CPen(PS_SOLID, 5, RGB(0, 0, 255));
    pOldPen = pDC->SelectObject(pen);
    PointNum = 0;
    FILE * stream;
    errno_t err;
    err = fopen_s(&stream, "Node_BH.txt", "r");
    if (err！= 0) {//还没有数字化节点
        return;
    }
    else {
        fscanf_s(stream, "%d", &PointNum);//读节点的总数量
        for (int i = 0;i < PointNum;i++) {//依次读出每个节点坐标,并显示
                                        节点
            fscanf_s(stream, "%d%d%d", &group[i].x, &group[i].y,
&bh);
            pDC->MoveTo(group[i].x - d, group[i].y);
            pDC->LineTo(group[i].x + d, group[i].y);
            pDC->MoveTo(group[i].x, group[i].y - d);
            pDC->LineTo(group[i].x, group[i].y + d);
        }
        fclose(stream);
        pDC->SelectObject(pOldPen);
        return;
    }
}
```

ShowAllPath 是文档类函数,用于显示所有已经提取的弧段,该函数现在还没有创建,
用类向导在文档类中输入如下代码:

```
//显示所有弧段
void CDijkstraDoc::ShowAllPath(CClientDC * pDC)
{
    //TODO: 在此处添加实现代码.
    int bh1, bh2;
    FILE * stream, * stream1;
    errno_t err;
    err = fopen_s(&stream, "Node_Node.txt", "r");
    if (err！= 0) {//没有弧段,退出
        return;
```

```
    }
    else {
        while (feof(stream) = = 0) {
            fscanf_s(stream, "% d % d", &bh1, &bh2);
            ShowOnePath(pDC, bh1, bh2);
        }
        fclose(stream);
    }
}
```

ShowOnePath 是文档类函数，用于显示一段起点为 bh1、终点为 bh2 的弧段，该函数现在还没有创建，用类向导在文档类中输入如下代码：

```
//显示一条弧段
void CDijkstraDoc::ShowOnePath(CClientDC * pDC, int bh1, int bh2)
{
    //TODO:在此处添加实现代码.
    int x, y, num;
    if (bh1 > bh2) {
        x = bh1;bh1 = bh2;bh2 = x;
    }//小编号在前,大编号在后
    char str[30];
    sprintf(str, "% d-% d.txt", bh1, bh2);
    FILE * stream;
    errno_t err;
    err = fopen_s(&stream, str, "r");
    if (err ! = 0) {//没有弧段,退出
        return;
    }
    else {
        fscanf_s(stream, "% d % d % d", &x, &y, &num);
        fscanf_s(stream, "% d % d", &x, &y);
        pDC->SetROP2(R2_COPYPEN);
        CPen * pen;
        CPen * pOldPen;
        pen = new CPen(PS_SOLID, 5, RGB(0, 255, 0));
        pOldPen = pDC->SelectObject(pen);
        pDC->MoveTo(x, y);
        for (int i = 1;i < num;i++) {
            fscanf_s(stream, "% d % d", &x, &y);
```

```
        pDC->LineTo(x, y);
    }
    pDC->SelectObject(pOldPen);
    fclose(stream);
    }
}
```

2. 鼠标操作方法编程

首先来看鼠标左键响应函数。鼠标左键操作有两种：一是第一次点击捕捉起始节点，二是沿道路后续点击提取弧段。在鼠标左键响应函数中添加如下语句：

```
if (MenuID == 1) //提取节点操作
{
    pDoc->group[pDoc->PointNum++] = point; //将节点坐标存入数组
    CPen * pen;
    CPen * pOldPen;
    pen = new CPen(PS_SOLID, 5, RGB(0, 0, 255));
    pOldPen = ClientDC.SelectObject(pen);
    ClientDC.MoveTo(point.x - d, point.y); //画节点标志
    ClientDC.LineTo(point.x + d, point.y);
    ClientDC.MoveTo(point.x, point.y - d);
    ClientDC.LineTo(point.x, point.y + d);
    PressNum++;
}
if (MenuID == 2) //提取路径操作
{
    if (PressNum == 0)
    {
        pDoc->BHs = pDoc->NearestNode(point);
        if (pDoc->BHs == -1)return;
        point = pDoc->group[pDoc->BHs];
        PointOrign = point; //为橡皮筋显示记录必要数据
        PointOld = point;
        pDoc->group1[PressNum++] = point;
        ClientDC.MoveTo(point.x - d, point.y);
        ClientDC.LineTo(point.x + d, point.y);
        ClientDC.MoveTo(point.x, point.y - d);
        ClientDC.LineTo(point.x, point.y + d);
    }
```

```
    else if (PressNum > 0)
    {
        PointOrign = PointOld;
        PointOld = point;
        pDoc->group1[PressNum++] = point; ;
    }
}
```

文档类变量 BHs、BHe 分别记录弧段的起始节点和终止节点编号；数组 group1 用来记录弧段上的点。在文档类头文件 DijkstraDoc.h 中添加如下代码：

```
int PointNum;
CPoint group[10000], group1[1000];
int BHs, BHe;
void ImageOpen();
int ReadImageData(CString name);
```

文档类函数 NearestNode 用来捕捉距离鼠标点最近节点的编号，这里是获取弧段起始节点的编号。用类向导在文档类中添加如下代码：

```
//获取距离点 p 最近的节点的编号
int CDijkstraDoc::NearestNode(CPoint p)
{
    //TODO: 在此处添加实现代码.
    int d = 10;//定义捕捉范围
    int    dx, dy;
    int bh = -1;//捕捉范围内找不到节点
    if (! ReadNode())return -1;
    for (int i = 0;i < PointNum;i++) {
        dx = group[i].x - p.x;
        if (dx < 0)dx = -dx;
        dy = group[i].y - p.y;
        if (dy < 0)dy = -dy;
        if (dx + dy < d) {
            bh = i;
            d = dx + dy;
        }
    }
    return bh;
}
```

再来看鼠标移动响应函数。鼠标移动响应函数在这里的作用就是生成一条从弧段上一个点到当前点的直线段，便于操作者准确地进行弧段提取。在鼠标移动响应函数中添加如

235

下语句：

```
p1 = LPCTSTR(str);                 //转化为字符串
m_wndStatusBar.SetPaneText(3, p1, TRUE); //在第 3 个区域显示 y 坐标
```

```
if (MenuID = = 2) //提取路径时的橡皮筋操作方法
{
    CRect ScrollRect(0, 0, pDoc->bwidth, pDoc->bheight); //设置地图
                                                            框范围
    ClientDC.SetROP2(R2_NOT); //橡皮筋操作的必备模式:异或书写模式
    if (ScrollRect.PtInRect(point)) //鼠标在地图框内显示十字光标否则
                                       显示箭头光标
    {
        ::SetCursor(m_HCross);
        if (PointOld ! = point && PressNum > 0)
        {
            ClientDC.MoveTo(PointOrign);
            ClientDC.LineTo(PointOld);
            ClientDC.MoveTo(PointOrign);
            ClientDC.LineTo(point);
            PointOld = point;
        }
    }
    else
    {
        ::SetCursor(m_HArrow);
        return;
    }
}
```

```
CScrollView::OnMouseMove(nFlags, point);
```

最后来看鼠标右键响应函数。鼠标右键操作只有一个动作，即右键点击终止节点。然后函数绘制出整条弧段，并将弧段信息保存在数据文件中。在鼠标右键响应函数中添加如下语句：

```
if (MenuID = = 1 && PressNum > 1) { //结束节点标志操作
    pDoc->WriteNode(); //保存节点
    ReleaseCapture();
}
```

```
if (MenuID = = 2 && PressNum > 0) //提取路径操作结束,保存路径
{
```

```
    int d = 10;
    pDoc->BHe = pDoc->NearestNode(point);//取得终止节点编号
    if (pDoc->BHe == -1)return;
    point = pDoc->group[pDoc->BHe];
    pDoc->group1[PressNum++] = point;
    ClientDC.MoveTo(point.x - d, point.y);
    ClientDC.LineTo(point.x + d, point.y);
    ClientDC.MoveTo(point.x, point.y - d);
    ClientDC.LineTo(point.x, point.y + d);
    ClientDC.SetROP2(R2_COPYPEN);
    pen = new CPen(PS_SOLID, 5, RGB(0, 255, 0));
    pOldPen = ClientDC.SelectObject(pen);
    ClientDC.MoveTo(pDoc->group1[0]);//绘制整个弧段
    for (int i = 0; i < PressNum; i++)
    {
        ClientDC.LineTo(pDoc->group1[i]);
    }
    ClientDC.SelectObject(pOldPen);
    delete pen;
    pDoc->SavePath(PressNum); //保存该弧段
    PressNum = 0;
}
```

```
ReleaseCapture();
CScrollView::OnRButtonDown(nFlags, point);
```

文档类函数 SavePath 的功能是根据起始节点和终止节点编号保存整条弧段点的坐标数据，其中 PressNum 变量记录了弧段的点数，也一并保存在数据文件中。该函数还不存在，用类向导在文档类中输入如下代码：

```
//保存一条弧段
void CDijkstraDoc::SavePath(int num)
{
    //TODO:在此处添加实现代码.

    char str[30];
    if (BHs > BHe) {//小编号在前,大编号在后
        int bh = BHs;BHs = BHe;BHe = bh;
    }
    sprintf(str, "%d-%d.txt", BHs,BHe);
    FILE * stream;
    errno_t err;
```

```
err = fopen_s(&stream, str, "w");
if (err ! = 0){
    return;
}
fprintf(stream, "%d %d %d \n", BHs,BHe,num);
for(int i = 0;i<num;i++){ //保存数组 group 中全部节点
    fprintf(stream, "%d %d \n", group1[i].x,group1[i].y);
}
fclose(stream);
//将弧段建立的两个节点连接关系添加进节点连接记录文件
err = fopen_s(&stream, "Node_Node.txt", "a");
fprintf(stream, "%d %d \n", BHs,BHe);
fclose(stream);
}
```

该函数首先用两个节点编号创建弧段记录文件名，以表明该弧段所连接的是哪两个节点。文件名中小编号在前，大编号在后。文件第一行记录两个节点编号和弧段点的数量，然后依次记录每个点的坐标值。最后将弧段建立的两个节点连接关系添加进节点连接记录文件 Node_Node.txt 中。当所有的弧段都被提取，文件 Node_Node.txt 就记录了全部的节点连接关系。图 9-44 显示了弧段提取结果。

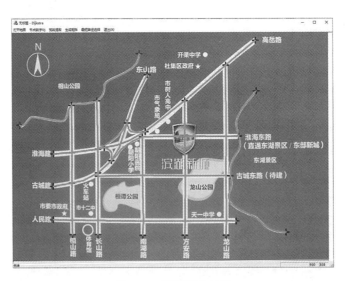

图 9-44　弧段提取结果

9.5.8　生成拓扑关系加权矩阵

拓扑关系加权矩阵是 Dijkstra 算法的基础，要运用 Dijkstra 算法，首先要建立拓扑关系加权矩阵。

拓扑关系加权矩阵以矩阵形式表明了节点之间的连接关系，它以所有的节点为行和列构成一个矩阵，矩阵元素的值表示两个相邻节点之间的距离，不相邻的两个节点对应的元素值为∞，矩阵对角线所有元素都表示节点到自身的距离，因而都为 0。

前面通过节点标注，已经获得了所有节点；通过弧段提取，已经得到节点之间的相邻关系；弧段的长度可以表示相邻节点之间的距离。这样就得到了建立矩阵的所有信息。

矩阵建立通过以下步骤完成：

（1）根据节点数量申请空间，建立一个表示矩阵的二维数组；

（2）将数组所有元素设置为 100000，用来表示∞；

（3）将对角线上所有元素设置为 0；

（4）根据记录的每一条弧段，找到相邻的节点 i 和 j，将弧段长度值赋予元素(i，j)和(j，i)；

（5）将矩阵保存在数据文件中。

矩阵建立通过计算完成，因而其菜单响应函数可以放在文档类中实现。将"生成矩阵"菜单项 ID 设置为"ID_BUILD_MATRIX"，打开类向导窗口，选择文档类，点击"命令"栏，对象选择"ID_BUILD_MATRIX"；点击"添加处理程序"，接受系统命名的函数名，点击"确定"，系统自动在文档类中建立菜单响应空函数。插入如下语句：

```
//形成拓扑关系加权矩阵,用两点间弧段长度作为权值
//矩阵存入 Matrix.txt 文件
void CDijkstraDoc::OnBuildMatrix()
{
    //TODO：在此添加命令处理程序代码

    int bh, bh1;
    FILE *stream;
    errno_t err;

    err = fopen_s(&stream, "Node_BH.txt", "r");//获取节点数量
    if (err ! = 0) {
        return;
    }
    fscanf_s(stream, "% d", &PointNum);
    fclose(stream);

    //建立矩阵数组
    int * * p = new int * [PointNum]; //开辟行
    for (int i = 0; i < PointNum; i++)
        p[i] = new int[PointNum]; //开辟列
```

```
        // 矩阵初始化,每个矩阵元素设置一个无穷大值
        for (int i = 0; i < PointNum; i++)
            for (int j = 0; j < PointNum; j++)
                p[i][j] = 100000;
        for (int i = 0; i < PointNum; i++) // 矩阵对角线置为 0
            p[i][i] = 0;

        err = fopen_s(&stream, "Node_Node.txt", "r");
        if (err != 0) {
            return;
        }
        while (feof(stream) == 0) {
            fscanf_s(stream, "% d % d", &bh, &bh1); // 取出相连的两个节点
            int d = PathLength(bh, bh1);
            p[bh][bh1] = p[bh1][bh] = d; // 弧段长度为矩阵元素(i,j)与(j,i)
的值
        }
        // 记录加权拓扑矩阵节点数以及拓扑矩阵
        err = fopen_s(&stream, "Matrix.txt", "w");
        if (err != 0) {
            return;
        }
        fprintf(stream, "% d \n", PointNum);
        for (int i = 0; i < PointNum; i++)
        {
            for (int j = 0; j < PointNum; j++)
                fprintf(stream, "% d ", p[i][j]);
            fprintf(stream, "\n");
        }
        fclose(stream);
        for (int i = 0; i < PointNum; i++) {
            delete[] p[i];
        }
        delete[] p;
        ::AfxMessageBox(_T("矩阵计算完毕"), MB_OK, 0);
}
```

该函数首先从文件 Node_BH. txt 中获取节点数量，根据节点数量申请一个二维数组空间。这个空间可能十分庞大，为了节省空间，将二维数组元素数据类型定为整型数据。因

为元素数值表示节点间的距离，而这个距离是用来比较彼此大小的，精度稍低不影响比较结果。将二维数组所有元素赋予代表∞的数据100000，然后将矩阵对角线上的所有元素赋值0。接着根据节点相邻关系，确定相应元素的权值。

节点之间所有的相邻关系都被记录在文件 Node_Node.txt 中，打开该文件可以依次获取编号 i 与 j 的相邻节点，确定相应的元素(i, j)和(j, i)，权值的大小则由连接 i 与 j 的弧段长度确定，将其计算出来赋予这两个元素即可。PathLength 函数用来计算弧段长度，该函数现在还不存在，用类向导在文档类中输入如下代码：

```
//计算连接节点 bh 与 bh1 的弧段长度
int CDijkstraDoc::PathLength(int bh, int bh1)
{
    //TODO: 在此处添加实现代码.

    int d = 0;
    int x, y, num, x1, y1;
    char str[30];
    sprintf(str, "%d-%d.txt", bh, bh1);
    FILE * stream;
    errno_t err;
    err = fopen_s(&stream, str, "r");
    if (err ! = 0) {//没有弧段,退出
        return 100000;
    }
    else {
        fscanf_s(stream, "%d %d %d", &x, &y, &num);
        fscanf_s(stream, "%d %d", &x, &y);
        for (int i = 1;i < num;i++) {
            fscanf_s(stream, "%d %d", &x1, &y1);
            d += int(sqrt((x1 - x) * (x1 - x) + (y1 - y) * (y1 - y)) +
0.5);
            x = x1;y = y1;
        }
    }
    return d;
}
```

连接节点 i 与 j 的弧段存储在文件 i-j.txt 中，该弧段实际上是一段折线。将折线中每个直线段的长度计算并相加，就得到弧段的长度。

当所有的相邻节点距离计算完成并赋予给相应的矩阵元素后，加权矩阵计算完毕，将其以行为单位依次存入数据文件 Matrix.txt 中。为了方便后续计算，在存储加权矩阵数据前，首先将节点数存入文件中。

9.5.9　最短路径选择

"最短路径选择"菜单项是根据用户确定的起点和终点，利用加权矩阵执行 Dijkstra 算法，找出一条连接起点和终点的最短路径。

最短路径选择操作设计为：点击菜单项后，用鼠标左键分别点击起点和终点，然后进入程序计算和显示环节。程序找到距离起点和终点最近的两个节点，调用 Dijkstra 算法计算两个节点间的最短距离并在地图上显示最短路径。

1. 菜单响应函数

利用类向导，为菜单项"最短路径选择"建立响应函数。首先为菜单项添加 ID 为"ID_ROUTE_SELECT"。打开类向导，找到并选定"ID_ROUTE_SELECT"，类别选择视图类。在系统建立的菜单响应空函数中插入如下语句：

```
//路径选择菜单响应
//先设定起点终点,然后计算从起点到终点的最佳路径和相应的距离
void CDijkstraView::OnRouteSelect()
{
    //TODO：在此添加命令处理程序代码
    CDijkstraDoc * pDoc = GetDocument();
    if (pDoc->LoadImage == 0)
    {
        ::AfxMessageBox(_T("先打开地图影像才能提取路径"), MB_OK, 0);
        return;
    }
    Invalidate();
    MenuID = 3; PressNum = 0;
    ::AfxMessageBox(_T("请用鼠标左键依次点击起点和终点"), MB_OK, 0);
}
```

2. 鼠标操作方法编程

这一步只需要进行鼠标左键操作，并且只需要选两个点，在终点选定后，立即调用文档类函数进行计算。在鼠标左键函数中插入如下语句：

```
else if (PressNum > 0)
{
        PointOrign = PointOld;
        PointOld = point;
        pDoc->group1[PressNum++] = point; ;
    }
}
```

```
        if (MenuID == 3) //选择最佳路径操作
        {
            int d = 10;
            CRect ScrollRect(0, 0, pDoc->bwidth, pDoc->bheight);
            if (! ScrollRect.PtInRect(point)) return;//鼠标限制在地图
框内
            if (PressNum == 0)//选择起点
            {
                SetCapture();
                if ((pDoc->BHs = pDoc->NearestNode(point)) == -1)
return;
                PressNum++;
                ClientDC.Ellipse(point.x - d, point.y + d, point.x + d,
point.y - d);//标记起点
            }
            else//选择终点。根据起点和终点读出最佳路径,并画出。
            {
                if((pDoc->BHe=pDoc->NearestNode(point))= =-1)return;
                ClientDC.Ellipse(point.x - d, point.y + d, point.x + d,
point.y - d);//标记终点
                pDoc->GetRoute(&ClientDC,pDoc->BHs,pDoc->BHe);//根据
起终点确定最佳路径,并绘制
                ReleaseCapture();
                PressNum = 0;
            }
        }
    }
    CScrollView::OnLButtonDown(nFlags, point);
}
```

文档类函数 GetRoute 的功能就是根据起始节点和终止节点运用算法计算最短路径,是实现 Dijkstra 算法的函数。下面介绍该函数的编程方法。首先用类向导在文档类建立函数框架, 然后向其中添加各种功能语句:

```
//应用最短路径算法, 计算起点 s 到终点 e 的最短路径
void CDijkstraDoc:: GetRoute(CClientDC * pDC, int s, int e)
{
    //TODO:在此处添加实现代码.
}
```

3. Dijkstra 算法编程思路及编程实现

1) 读取拓扑关系加权矩阵

拓扑关系加权矩阵用矩阵的形式描述了所有节点两两之间的连接距离, 其中, 相邻节点之间的距离为有限权值, 不相邻节点之间的距离用无穷大表示。为了更方便地说明编程思路, 下面结合一个例子叙述: 某拓扑图有 6 个节点, 分别用 0~5 编号表示, 其邻接矩阵如下, 矩阵元素(i, j)的值表示了节点 j 到节点 i 的距离。每个节点到自身的距离为 0, 体现在矩阵中就是对角线元素为 0; 相邻节点之间距离为一个有限值; 不相邻节点之间距离为 ∞。在程序中, 无穷大可以用一个很大的数据(例如 100000, 论述中用 INF 表示)来表示。

$$\begin{array}{c} \begin{array}{cccccc} 0 & 1 & 2 & 3 & 4 & 5 \end{array} \\ \begin{array}{c} 0 \\ 1 \\ 2 \\ 3 \\ 4 \\ 5 \end{array} \left(\begin{array}{cccccc} 0 & 5 & \infty & \infty & 90 & \infty \\ 5 & 0 & 6 & \infty & \infty & \infty \\ \infty & 6 & 0 & 70 & \infty & \infty \\ \infty & \infty & 70 & 0 & 50 & \infty \\ 90 & \infty & \infty & 50 & 0 & 5 \\ \infty & \infty & \infty & \infty & 5 & 0 \end{array} \right) \end{array}$$

首先要做的是准备好需要的变量, 读取前面生成并保存在数据文件中的拓扑关系加权矩阵。在函数中插入如下语句:

```
//应用最短路径算法,计算起点 s 到终点 e 的最短路径
void CDijkstraDoc::GetRoute(CClientDC * pDC, int s, int e)
{
    //TODO:在此处添加实现代码.
```

```
int i, j, k, min;
FILE * stream;
errno_t err;
//读取拓扑关系加权矩阵 p
err = fopen_s(&stream, "Matrix.txt", "r");
if (err ! = 0) {
    return;
}
fscanf_s(stream, "% d", &PointNum);
int * * p = new int * [PointNum]; //开辟行
for (i = 0; i < PointNum; i++)
    p[i] = new int[PointNum]; //开辟列

for (i = 0; i < PointNum; i++)//读出加权拓扑矩阵
    for (j = 0; j < PointNum; j++)
```

```
            fscanf_s(stream,"%d",&p[i][j]);
    fclose(stream);
    //建立前驱向量、距离向量、标记向量
    int * prev = new int[PointNum];//建立前驱向量
    int * dist = new int[PointNum];//建立距离向量
    int * flag = new int[PointNum];//建立标记向量:-1,未做标记;1,已做
标记
}
```

程序用二维数组 p 存储拓扑关系矩阵，用三个一维数组 prev、dist、flag 分别表示前驱向量、距离向量、标记向量。Dijkstra 算法在这四个数组中进行一系列操作，完成算法运算。

2）Dijkstra 算法运算过程

Dijkstra 算法是以批量、倒序方式寻找最短路径。倒序就是从目的节点出发，查找前驱节点。前驱节点就是表示最短路径的节点排列队列中，当前节点的前一个节点。找到前驱节点后，将前驱节点当作当前节点，再查找该节点的前驱节点，这样，从目的节点出发向前一步步查询，直到源节点。批量就是在查询过程中，不是一个一个地查找源节点，而是所有源节点一起查找。当一次倒序查询过程完毕以后，所有节点到目的节点的距离、路径都计算出来了。

Dijkstra 算法在计算过程中设置了距离向量、前驱向量和标志向量，并随着计算过程不断改变这些向量值。计算完毕后，距离向量就是各节点到达目的节点的最短距离，前驱向量则记录了各节点到达目的节点的最短路径信息。

以上面的拓扑关系矩阵为例，计算从 1 号节点到 4 号节点的最短距离和最短路径。源节点为 1 号节点，目的节点为 4 号节点。

（1）将目的节点（这里是 4 号节点）在拓扑关系矩阵中对应的行向量作为距离向量

$$dist = \{90, inf, inf, 50, 0, 5\}$$

该向量表明当前各节点到 4 号节点的距离。

（2）对距离向量中当前行数所对应的列元素做标记。当前行就是第 4 行，行数为 4，所对应的列就是第 4 列，也就是对距离向量中的 0 元素做标记。标记的直观做法就是对元素做一个下划线标志：

$$dist = \{90, inf, inf, 50, \underline{0}, 5\}$$

程序中实际的做法是在标志向量中将对应元素的值设置为 1：

$$flag = \{-1, -1, -1, -1, 1, -1\}$$

（3）在距离向量中未做标记的元素中找出最小值元素，也就是第 5 列的元素 5，对该元素做标记：

$$dist = \{90, inf, inf, 50, \underline{0}, \underline{5}\}$$
$$flag = \{-1, -1, -1, -1, 1, 1\}$$

（4）从拓扑关系矩阵中取出第 5 行对应的行向量，放入行向量"hang"中，其中的每个元素都加上最小值得到"hang+min"。将距离向量中的每个未标记元素与该行向量"hang+

min"中对应元素比较大小，将较小的值填入距离向量对应元素。对于距离向量中被替换的元素，在前驱向量对应元素中记录行向量行数。这一次，距离向量前四个未被标记的元素都未被更小的数值替换，因此距离向量和前驱向量都没有变化。

$$hang = \{\ inf,\ inf,\ inf,\ inf,\ 0,\ 5\}$$
$$hang+min = \{\ inf,\ inf,\ inf,\ inf,\ 5,\ 10\}$$
$$dist = \{\ 90,\ inf,\ inf,\ 50,\ \underline{0},\ \underline{5}\}$$
$$prev = \{-1,\ -1,\ -1,\ -1,\ -1,\ -1\}$$

（5）重复步骤（3）：

$$dist = \{\ 90,\ inf,\ inf,\ \underline{\underline{50}},\ \underline{0},\ \underline{5}\}$$
$$flag = \{-1,\ -1,\ -1,\ 1,\ 1,\ 1\}$$

（6）重复步骤（4）：

$$hang = \{\ inf,\ inf,\ 70,\ 0,\ 50,\ inf\ \}$$
$$hang+min = \{\ inf,\ inf,\ 120,\ 50,\ 100,\ inf\ \}$$
$$dist = \{\ 90,\ inf,\ 120,\ \underline{50},\ \underline{0},\ \underline{5}\}$$
$$prev = \{-1,\ -1,\ 3,\ -1,\ -1,\ -1\}$$

（7）重复步骤（3）：

$$dist = \{\ \underline{\underline{90}},\ inf,\ 120,\ \underline{\underline{50}},\ \underline{0},\ \underline{5}\}$$
$$flag = \{\ 1,\ -1,\ -1,\ 1,\ 1,\ 1\}$$

（8）重复步骤（4）：

$$hang = \{\ 0,\ 5,\ inf,\ inf,\ 90,\ inf\ \}$$
$$hang+min = \{90,\ 95,\ inf,\ inf,\ 180,\ inf\ \}$$
$$dist = \{\ \underline{90},\ 95,\ 120,\ \underline{50},\ \underline{0},\ \underline{5}\}$$
$$prev = \{-1,\ 0,\ 3,\ -1,\ -1,\ -1\}$$

（9）重复步骤（3）：

$$dist = \{\ \underline{\underline{90}},\ \underline{\underline{95}},\ 120,\ \underline{\underline{50}},\ \underline{0},\ \underline{5}\}$$
$$flag = \{\ 1,\ 1,\ -1,\ 1,\ 1,\ 1\}$$

（10）重复步骤（4）：

$$hang = \{\ 5,\ 0,\ 6,\ inf,\ inf,\ inf\ \}$$
$$hang+min = \{100,\ 95,\ 101,\ inf,\ inf,\ inf\ \}$$
$$dist = \{\ \underline{90},\ \underline{95},\ 101,\ \underline{50},\ \underline{0},\ \underline{5}\}$$
$$prev = \{-1,\ 0,\ 1,\ -1,\ -1,\ -1\}$$

最后的距离向量是 $\{\ 90,\ 95,\ 101,\ 50,\ 0,\ 5\}$，说明 0、1、2、3、4、5 号节点到 4 号节点的最小距离分别是 90、95、101、50、0、5。

步骤（3）、（4）的循环次数最多 $n-1$ 次，其中 n 是节点数。

用最终的前驱向量可以推导出各节点到 4 号节点的最短路径。如图 9-45 所示，前驱向量 prev 中各元素对应了各节点到 4 号目的节点的最短路径。如果元素值为 −1，说明节点可以直达目的节点。如果元素值不为 −1，该值是最短路径途径的前驱节点编号。先由起始节点到达前驱节点，再将前驱节点作为新的起始节点继续重复，直到指向的元素值为

-1。例如，2 号节点到目的节点的路径是：先到 1 号节点，再以 1 号节点为起点继续探索；1 号节点到目的节点的路径是：先到 0 号节点，再以 0 号节点为起点继续探索；0 号节点直接到达目的节点。因此，2 号节点到 4 号节点的最短路径是：2→1→0→4。

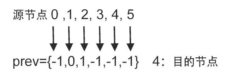

图 9-45　前驱向量元素与各节点的对应关系

以上思路用如下语句实现：

```
//建立前驱向量、距离向量、标记向量
int * prev = new int[PointNum];//建立前驱向量
int * dist = new int[PointNum];//建立距离向量
int * flag = new int[PointNum];//建立标记向量:-1,未做标记;1,已做标记
for (i = 0; i < PointNum; i++)//初始化
{
        prev[i] = -1;
        flag[i] = -1;//标记:-1,未做标记;1,已做标记
}

//取出目的终点节点 e,设置为 k 节点
for (i = 0; i < PointNum; i++)
{
    dist[i] = p[e][i];//取出 k 行所有元素到距离向量
}
flag[e] = 1;//标记节点 k 对应的元素
int flagnum = 0;
do {
    //以节点 k 开始计算所有节点到 k 节点的最短路径
    //在 dist[j]向量所有未标记的元素中找出最小值
    min = 100000;
    for (i = 0; i < PointNum; i++)
    {
        if (flag[i] == -1 && dist[i] < min)
        {
            //min 记录最小值,k 记录最小值对应的节点编号
            min = dist[i]; k = i;
        }
```

```
        flag[k] = 1;flagnum++;//节点 k 对应最小的 min,做标记
        //节点 k 就是前驱节点,矩阵 p 中的第 k 行就是 hang 向量
        //距离向量 dist 中的未标记元素与 hang 向量对应元素+min 比较大小
        for ( i = 0; i < PointNum; i++)
        {
            if ( flag[ i] = = -1 && ( min + p[ k][ i] < dist[ i]))
            {
                dist[ i] = min + p[ k][ i];//小,替换
                prev[ i] = k;//记录前驱节点编号
            }

        }
} while ( flagnum < PointNum);//做了 PointNum 个标记就结束
//遍历前驱节点数组,找到源到目的节点的完整路径
int * record = new int[ PointNum];//以节点编号记录完整路径
i = 0;
record[ i++] = s;//先存储源节点
k = s;
while ( prev[ k] ! = -1)
{
    record[ i++] = prev[ k];
    k = prev[ k];
}
record[ i] = e;//再存储目的节点
}
```

至此,选择的最短路径经过的所有节点已存储在数组 record 中。剩下的工作就是显示路径,并删除申请的数组空间。

4. 显示最短路径

利用前面已经完成的 ShowOnePath 函数,可以将两个相邻节点之间的弧段逐一显示出来。在程序中插入如下语句:

```
record[ i] = e;  //再存储目的节点
for ( j = 0; j < i; j++) {//逐一显示弧段
    ShowOnePath(pDC, record[ j], record[ j + 1]);
}
//删除申请的数组空间
for ( i = 0; i < PointNum; i++)
        delete[ ] p[ i];
```

```
    delete[] p;
    delete[] prev;
    delete[] dist;
    delete[] flag;
    delete[] record;
}
```

图9-46显示了几条最短路径选择结果。

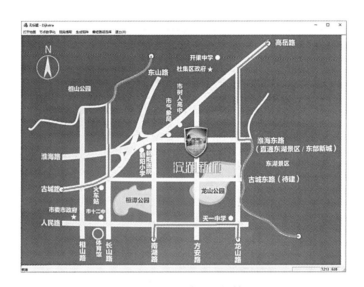

图9-46　最短路径选择结果

9.6　DES算法

　　密码算法可以确保数据传输过程中的保密性，也可以确保数据存储过程中的保密性，对一般用户而言后者应该应用更多，因为联网计算机中的文件均有被窃风险，重要的文档文件应该加密存储。拥有一个个人的加密软件，对于随时加密计算机中的重要文件十分必要。DES算法具有编程简单、运算速度快、安全可靠的特点，适合于个人拥有。

　　本节介绍DES算法编程方法，既有利于加深对所学知识的理解，也可以为自己添置一个信息安全工具。

9.6.1　编程思路

　　DES算法分为加密算法和解密算法两种。加密算法把明文变成密文，解密算法只要采用和加密算法相同的密钥，就可以将经加密算法得到的密文再还原为明文。密钥是一个64比特长度的数据，加密、解密同一个文件，必须保持密钥的一致，但直接记忆密钥较难。为了使用方便，本节在加密和解密算法中采用某一个文件的前8个字节作为密钥，这样既确保加密和解密算法中采用同样的密钥，又无需额外记忆密钥，只要妥善保管该密钥文件就能保证安全性。

程序的基本操作设计为：

在一个只含有"加密""解密""退出"菜单的 Windows 窗口应用程序中，当点击"加密"时，程序提供打开文件对话框，供用户打开一个文件进行加密；当点击"解密"时，程序提供打开文件对话框，供用户打开一个文件进行解密。存放 64 比特的密钥文件存放于 C 盘根目录下(用户也可以将其设置在其他目录中)，加密、解密结果均存放于同名文件中。

程序的实现过程设计为：

DES 算法是一种分组加密方法，在加密过程中，将加密文件分成以 64 比特(8 字节)为单元的多个分组，其中最后一个分组用补 0 方式，凑成 64 比特；每个分组独立转化为密文，依次写回原文件，覆盖原来的明文内容。为了解密需要，将被加密文件实际字节长度数据用一个长整型数据记录，并将这个数据写在加密文件头部区域。

在解密过程中，程序首先读出解密文件中第一个长整型数据 n，获取原文件的实际长度，并据此获得解密文件含有多少个密文分组；依次取出每一个密文分组并独立转化为明文，每组明文内容依次记录在数组中；当所有分组转化完毕，将数组中前 n 个字节写入文件，得到解密后的文件。

9.6.2　编程实现

1. 建立程序框架

本节采用基于 MFC 的 C++Windows 窗体应用程序，首先建立如图 9-47 所示的程序框架。

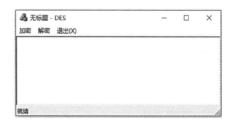

图 9-47　DES 程序框架

为两个菜单项分别设置 ID 名称：ID_ Encryption，ID_ Decryption。使用类向导在文档类中为每个菜单项分别建立相应空函数：

```
void CDESDoc:: OnEncryption()
{
    //TODO：在此添加命令处理程序代码
}
```

```
void CDESDoc:: OnDecryption()
{
    //TODO:在此添加命令处理程序代码
}
```

2. 添加程序所需数据

在 DESDoc.h 文档类定义头文件最后一个花括号前面，增添 DES 算法所需要的各种矩阵数据如下：

```
public:
    afx_msg void OnEncryption();
    afx_msg void OnDecryption();
```

```
//置换 IP
const char IP_Table[64] = {
    58, 50, 42, 34, 26, 18, 10, 2, 60, 52, 44, 36, 28, 20, 12, 4,
    62, 54, 46, 38, 30, 22, 14, 6, 64, 56, 48, 40, 32, 24, 16, 8,
    57, 49, 41, 33, 25, 17, 9, 1, 59, 51, 43, 35, 27, 19, 11, 3,
    61, 53, 45, 37, 29, 21, 13, 5, 63, 55, 47, 39, 31, 23, 15, 7
};
//逆置换 IP^-1
const char IPR_Table[64] = {
    40, 8, 48, 16, 56, 24, 64, 32, 39, 7, 47, 15, 55, 23, 63, 31,
    38, 6, 46, 14, 54, 22, 62, 30, 37, 5, 45, 13, 53, 21, 61, 29,
    36, 4, 44, 12, 52, 20, 60, 28, 35, 3, 43, 11, 51, 19, 59, 27,
    34, 2, 42, 10, 50, 18, 58, 26, 33, 1, 41, 9, 49, 17, 57, 25
};
//E 扩展
const char E_Table[48] = {
    32, 1, 2, 3, 4, 5, 4, 5, 6, 7, 8, 9,
     8, 9, 10, 11, 12, 13, 12, 13, 14, 15, 16, 17,
    16, 17, 18, 19, 20, 21, 20, 21, 22, 23, 24, 25,
    24, 25, 26, 27, 28, 29, 28, 29, 30, 31, 32, 1
};
//固定置换 P
const char P_Table[32] = {
    16, 7, 20, 21, 29, 12, 28, 17, 1, 15, 23, 26, 5, 18, 31, 10,
    2, 8, 24, 14, 32, 27, 3, 9, 19, 13, 30, 6, 22, 11, 4, 25
};
```

```
//置换 PC-1
const char PC1_Table[56] = {
    57, 49, 41, 33, 25, 17, 9, 1, 58, 50, 42, 34, 26, 18,
    10, 2, 59, 51, 43, 35, 27, 19, 11, 3, 60, 52, 44, 36,
    63, 55, 47, 39, 31, 23, 15, 7, 62, 54, 46, 38, 30, 22,
    14, 6, 61, 53, 45, 37, 29, 21, 13, 5, 28, 20, 12, 4
};
//置换 PC-1
const char PC2_Table[48] = {
    14, 17, 11, 24, 1, 5, 3, 28, 15, 6, 21, 10,
    23, 19, 12, 4, 26, 8, 16, 7, 27, 20, 13, 2,
    41, 52, 31, 37, 47, 55, 30, 40, 51, 45, 33, 48,
    44, 49, 39, 56, 34, 53, 46, 42, 50, 36, 29, 32
};
//左循环移位 LS
const char LOOP_Table[16] = {
    1,1,2,2,2,2,2,2,1,2,2,2,2,2,2,1
};
//8 个 S 盒
const char S_Box[8][4][16] = {
    //S1
    14, 4, 13, 1, 2, 15, 11, 8, 3, 10, 6, 12, 5, 9, 0, 7,
    0, 15, 7, 4, 14, 2, 13, 1, 10, 6, 12, 11, 9, 5, 3, 8,
    4, 1, 14, 8, 13, 6, 2, 11, 15, 12, 9, 7, 3, 10, 5, 0,
    15, 12, 8, 2, 4, 9, 1, 7, 5, 11, 3, 14, 10, 0, 6, 13,
    //S2
    15, 1, 8, 14, 6, 11, 3, 4, 9, 7, 2, 13, 12, 0, 5, 10,
    3, 13, 4, 7, 15, 2, 8, 14, 12, 0, 1, 10, 6, 9, 11, 5,
    0, 14, 7, 11, 10, 4, 13, 1, 5, 8, 12, 6, 9, 3, 2, 15,
    13, 8, 10, 1, 3, 15, 4, 2, 11, 6, 7, 12, 0, 5, 14, 9,
    //S3
    10, 0, 9, 14, 6, 3, 15, 5, 1, 13, 12, 7, 11, 4, 2, 8,
    13, 7, 0, 9, 3, 4, 6, 10, 2, 8, 5, 14, 12, 11, 15, 1,
    13, 6, 4, 9, 8, 15, 3, 0, 11, 1, 2, 12, 5, 10, 14, 7,
    1, 10, 13, 0, 6, 9, 8, 7, 4, 15, 14, 3, 11, 5, 2, 12,
    //S4
    7, 13, 14, 3, 0, 6, 9, 10, 1, 2, 8, 5, 11, 12, 4, 15,
    13, 8, 11, 5, 6, 15, 0, 3, 4, 7, 2, 12, 1, 10, 14, 9,
```

```
            10, 6, 9, 0, 12, 11, 7, 13, 15, 1, 3, 14, 5, 2, 8, 4,
            3, 15, 0, 6, 10, 1, 13, 8, 9, 4, 5, 11, 12, 7, 2, 14,
            //S5
            2, 12, 4, 1, 7, 10, 11, 6, 8, 5, 3, 15, 13, 0, 14, 9,
            14, 11, 2, 12, 4, 7, 13, 1, 5, 0, 15, 10, 3, 9, 8, 6,
            4, 2, 1, 11, 10, 13, 7, 8, 15, 9, 12, 5, 6, 3, 0, 14,
            11, 8, 12, 7, 1, 14, 2, 13, 6, 15, 0, 9, 10, 4, 5, 3,
            //S6
            12, 1, 10, 15, 9, 2, 6, 8, 0, 13, 3, 4, 14, 7, 5, 11,
            10, 15, 4, 2, 7, 12, 9, 5, 6, 1, 13, 14, 0, 11, 3, 8,
            9, 14, 15, 5, 2, 8, 12, 3, 7, 0, 4, 10, 1, 13, 11, 6,
            4, 3, 2, 12, 9, 5, 15, 10, 11, 14, 1, 7, 6, 0, 8, 13,
            //S7
            4, 11, 2, 14, 15, 0, 8, 13, 3, 12, 9, 7, 5, 10, 6, 1,
            13, 0, 11, 7, 4, 9, 1, 10, 14, 3, 5, 12, 2, 15, 8, 6,
            1, 4, 11, 13, 12, 3, 7, 14, 10, 15, 6, 8, 0, 5, 9, 2,
            6, 11, 13, 8, 1, 4, 10, 7, 9, 5, 0, 15, 14, 2, 3, 12,
            //S8
            13, 2, 8, 4, 6, 15, 11, 1, 10, 9, 3, 14, 5, 0, 12, 7,
            1, 15, 13, 8, 10, 3, 7, 4, 12, 5, 6, 11, 0, 14, 9, 2,
            7, 11, 4, 1, 9, 12, 14, 2, 0, 6, 10, 13, 15, 3, 5, 8,
            2, 1, 14, 7, 4, 10, 8, 13, 15, 12, 9, 0, 3, 5, 6, 11
    };
};
```

3. 添加各种函数

首先是为两个菜单响应空函数填入如下内容。

```
//加密函数
void CDESDoc::OnEncryption()
{
    //TODO: 在此添加命令处理程序代码
    long length,len,p;
    char *Out,*In,t1[8],t2[8],*key;

    CFile gfile;
    //先打开密钥文件,准备好16把子密钥
    CString strOpenFileType = _T("( *.* )|*.* |"),fname;
    fname = _T("C:\1.txt");//密钥文件
```

```
gfile.Open(fname,CFile::modeRead,NULL);
key=new char[10];
gfile.Read(key,8);
gfile.Close();
SetSubKey1(SubKey,key);
//再打开加密文件进行加密处理
CFileDialog FileDlg(TRUE, _T("*.*"), NULL, OFN_HIDEREADONLY |
OFN_OVERWRITEPROMPT, strOpenFileType);
if (FileDlg.DoModal() = = IDOK)
    fname = FileDlg.GetFolderPath ( ) + _T ( " \") + FileDlg.
GetFileName();
gfile.Open(fname,CFile::modeRead,NULL);
    length=gfile.GetLength();
len=(length+7)/8*8;
Out=new char[len];
In=new char[len];
for(int i=0;i<len;i++)Out[i]=0;
gfile.Read(Out,length);
gfile.Close();
p=0;
do
{
    for (int i = 0; i < 8; i++)
        t1[i] = Out[p + i];//取一个明文分组,即64比特明文
    DES(t1, t2, SubKey, true);        //DES分组加密
    for (int i = 0; i < 8; i++)
        In[p + i] = t2[i];//记录一个密文分组,即64比特密文
    p += 8L;
} while (p < len);
gfile.Open(fname,CFile::modeCreate |CFile::modeWrite,NULL);//
密文写入原文件
gfile.Write(&length,sizeof(long));
gfile.Write(In,len);
gfile.Close();
AfxMessageBox(_T("加密完成"), MB_OK, 0);
}


//解密函数
```

```
void CDESDoc::OnDecryption()
{
    //TODO：在此添加命令处理程序代码
    long length, len, p;
    char * Out, * In, t1[8], t2[8], * key;

    CFile gfile;
    //先打开密钥文件,准备好 16 把子密钥
    CString strOpenFileType = _T("( * .* )|* .* |"), fname;
    fname = _T("C:\J .txt");//密钥文件
    gfile.Open(fname, CFile::modeRead, NULL);
    key = new char[10];
    gfile.Read(key, 8);
    gfile.Close();
    SetSubKey1(SubKey, key);
    //再打开解密文件进行解密处理
    CFileDialog FileDlg(TRUE, _T("* .*"), NULL, OFN_HIDEREADONLY |
OFN_OVERWRITEPROMPT, strOpenFileType);
    if (FileDlg.DoModal() = = IDOK)
        fname = FileDlg.GetFolderPath() + _T(" \") + FileDlg.
GetFileName();
    gfile.Open(fname, CFile::modeRead, NULL);
    gfile.Read(&length, sizeof(long));
    len = (length + 7) /8 * 8;
    Out = new char[len];
    In = new char[len];
    for (int i = 0;i < len;i++)Out[i] = 0;
    gfile.Read(Out, len);
    gfile.Close();
    p = 0;
    do
    {
        for (int i = 0; i < 8; i++)
            t1[i] = Out[p + i];//取一个密文分组,即 64 比特密文
        DES(t1, t2, SubKey, false);        //DES 分组解密
        for (int i = 0; i < 8; i++)
            In[p + i] = t2[i];//记录一个明文分组,即 64 比特明文
        p += 8L;
```

```
    } while (p < len);
        gfile.Open ( fname, CFile:: modeCreate  | CFile:: modeWrite,
NULL);//明文写入原文件
        gfile.Write(In, length);
        gfile.Close();
        AfxMessageBox(_T("解密完成"), MB_OK, 0);
    }
```

　　这两个函数首先打开一个作为密钥的文件，读取其前 8 个字节作为密钥，然后据此制作好 16 把加密和解密过程中所需的密钥。两个函数必须打开同一个文件，以保证加密和解密的密钥一致。接着使用一个文件选择对话框，选择一个待处理的文件。加密函数根据文件选择对话框所提供的信息，获取文件名和文件长度，再将整个文件划分成若干个 64 比特分组，然后开始对各个分组进行加密处理，最后将文件长度信息和各分组加密数据形成的密文，写入以原文件名命名的密文文件。解密函数首先读取文件长度，然后对各个分组数据进行解密，最后根据文件长度以及各分组解密结果，恢复原始明文文件。

　　两个函数的关键在于分组的加密与解密。DES 函数用来完成分组的加密与解密，它用一个 bool 参数来区分加密与解密两个不同的过程。这两个过程的不同在于对 16 把密钥的使用顺序正好相反，其他过程完全一样。将每个重要的过程都单独写成函数，并使用类向导将这些函数添加到文档类中。

　　下面依照编程次序列出了这些函数。

```
//根据长度为 8 的字符串 key 设置 16 个 56 比特的子密钥,存放于 SubKey 数组中
void CDESDoc::SetSubKey1(bool * SubKey, char * key)
{
    //TODO: 在此处添加实现代码.
    bool K[64], * KL = &K[0], * KR = &K[28];
    ByteToBit(K, key, 64);
    Transform(K, K, PC1_Table, 56);
    for (int i = 0; i < 16; ++i) {
        RotateL(KL, 28, LOOP_Table[i]);
        RotateL(KR, 28, LOOP_Table[i]);
        Transform((SubKey + i * 48), K, PC2_Table, 48);
    }
}


//将字符串 byte 变成长度为 BitLen 的比特串 bit
void CDESDoc::ByteToBit(bool * bit, char * byte, int BitLen)
{
    //TODO: 在此处添加实现代码.
    for (int i = 0; i < BitLen; ++i)
```

```
        bit[i] = (byte[i >> 3] >> (i & 7)) & 1;
    }
```

//将长度为 length 的比特串 bit2 中的比特顺序按照转置矩阵 table 进行重新排序并存放于比特串 bit1 中
```
    void CDESDoc::Transform(bool * bit1, bool * bit2, char * table, int
length)
    {
        //TODO: 在此处添加实现代码.
        bool Tmp[64];
        for (int i = 0; i < length; ++i)
            Tmp[i] = bit2[table[i] - 1];
        memcpy(bit1, Tmp, length);
    }
```

//将长度为 BitLength 的比特串 BitString 循环左移 Step 位
```
    void CDESDoc::RotateL(bool * BitString, int BitLength, int Step)
    {
        //TODO: 在此处添加实现代码.
        bool Tmp[64];
        memcpy(Tmp, BitString, Step);
        memcpy(BitString, BitString + Step, BitLength - Step);
        memcpy(BitString + BitLength - Step, Tmp, Step);
    }
```

//将 64 比特的一个分组 Out 进行加密和解密,得到的 64 比特分组为 In
//所需要的 16 把密钥在数组 subkey 中,当 type = true 时进行加密,当 type = false 时进行解密
```
    void CDESDoc::DES(char * In, char * Out, bool * subkey, bool type)
    {
        //TODO: 在此处添加实现代码.
        bool M[64], tmp[32], * Li = &M[0], * Ri = &M[32];
        ByteToBit(M, In, 64);
        Transform(M, M, IP_Table, 64);
        int ii = 0;
        if (type) {
            for (int i = 0; i < 16; ++i) {
                memcpy(tmp, Ri, 32);
```

```
            F_func(Ri, SubKey, i);
            Xor(Ri, Li, 32);
            memcpy(Li, tmp, 32);
        }
    }
    else {
        for (int i = 15; i >= 0; --i) {
            memcpy(tmp, Li, 32);
            F_func(Li, SubKey, i);
            Xor(Li, Ri, 32);
            memcpy(Ri, tmp, 32);
        }
    }
    Transform(M, M, IPR_Table, 64);
    BitToByte(Out, M, 64);
}
```

```
//第 i 轮函数 f(R,key)计算
//R:32 比特长度的 Ri。key:第 i 把子密钥,48 比特长度,i:第 i 轮计算
//函数运算结果:长度为 32 比特的二进制数,存在 R 中
void CDESDoc::F_func(bool * R, bool * key, int i)
{
    //TODO:在此处添加实现代码.
    bool MR[48], MK[48];
    Transform(MR, R, E_Table, 48);
    for (int j = 0;j < 48;j++)MK[j] = *(key + i * 48 + j);
    Xor(MR, MK, 48);
    S_func(R, MR);
    Transform(R, R, P_Table, 32);
}
```

```
//长度均为 len 位的二进制数 M1 与 M2 相异或,结果存入 M1
void CDESDoc::Xor(bool * M1, bool * M2, int len)
{
    //TODO:在此处添加实现代码.
    for (int i = 0; i < len; ++i)
        M1[i] ^= M2[i];
}
```

```
//用 8 个 S 盒将 48 比特二进制数 In 转化为 32 比特二进制数 Out
void CDESDoc::S_func(bool * Out, bool * In)
{
    //TODO: 在此处添加实现代码.
    for (char i = 0, j, k; i < 8; ++i, In += 6, Out += 4) {
    //从第 i+1 个 S 盒的第 j 行第 k 列取出一个数, 转化为 4 比特二进制数, 存
入 Out
        j = (In[0] << 1) + In[5];
        k = (In[1] << 3) + (In[2] << 2) + (In[3] << 1) + In[4];
        ByteToBit(Out, &S_Box[i][j][k], 4);
    }
}
```

```
//长度为 BitLen 的比特串转换为字符串 Out
void CDESDoc::BitToByte(char * Out, bool * In, int BitLen)
{
    //TODO: 在此处添加实现代码.
    memset(Out, 0, BitLen >> 3);
    for (int i = 0; i < BitLen; ++i)
        Out[i >> 3] |= In[i] << (i & 7);
}
```

运行文件前, 准备好密钥文件, 并对试验文件做好备份, 以避免因程序不完善造成对原文件的破坏。经过反复试验无误以后, 该程序才可以作为加密工具使用。

本章作业

编程实现本章说明的每一个例子。

参 考 文 献

[1]于子凡. 计算机网络原理及应用[M]. 武汉：武汉大学出版社，2018.

[2]谢希仁. 计算机网络[M]. 5版. 北京：电子工业出版社，2008.

[3]蔡阳，孟令奎. 计算机网络原理与技术[M]. 北京：国防工业出版社，2005.

[4]蔡开裕，范金鹏. 计算机网络[M]. 北京：机械工业出版社，2003.

[5]吴功宜. 计算机网络[M]. 2版. 北京：清华大学出版社，2007.

[6]马展，李守勇. Visual C++. NET 网络与高级编程范例[M]. 北京：清华大学出版社，2005.

[7]梁伟. Visual C++ 网络编程经典案例详解[M]. 北京：清华大学出版社，2010.

[8]内格尔. C#高级编程[M]. 北京：清华大学出版社，2008.

[9]戴特曼. C# 2008 程序员教程[M]. 北京：电子工业出版社，2009.

[10]贾铁军. 网络安全技术及应用[M]. 2版. 北京：机械工业出版社，2014.

[11]贾铁军. 网络安全技术及应用实践教程[M]. 2版. 北京：机械工业出版社，2016.

[12]Atul Kahate. 密码学与网络安全[M]. 3版. 金名，等译. 北京：清华大学出版社，2018.

[13]Anne Carasik-Henmi. 防火墙核心技术精解[M]. 李华飚，等译. 北京：中国水利水电出版社，2005.

[14]胡铮. 网络与信息安全[M]. 北京：清华大学出版社，2006.

[15]黄明祥，林永章. 信息与网络安全概述[M]. 3版. 北京：清华大学出版社，2010.

[16]Holden. G. 防火墙安全：入侵检测与VPNs[M]. 王斌，孔璐，译. 北京：清华大学出版社，2004.

[17]龚俭，吴桦，杨望. 计算机网络安全导论[M]. 2版. 南京：东南大学出版社，2007.

[18]何小东，陈伟宏，彭智朝. 网络安全概述[M]. 北京：北京交通大学出版社；清华大学出版社，2014.

[19]李德全. 拒绝服务攻击[M]. 北京：电子工业出版社，2007.

[20]特南鲍姆，费姆斯特尔，韦瑟罗尔. 计算机网络[M]. 6版. 潘爱民，译. 北京：清华大学出版社，2022.

[21]孙学军. 计算机网络[M]. 北京：机械工业出版社，2008.

[22]谭献海. 网络编程技术及应用[M]. 北京：清华大学出版社，2006.

[23]佟震亚，马巧梅. 计算机网络与通信[M]. 2版. 北京：人民邮电出版社，2010.

[24]刘衍珩. 计算机网络[M]. 3版. 北京：科学出版社，2015.

[25]娄路，盛明兰. 网络编程技术[M]. 北京：清华大学出版社，2013.

[26]彭澎. 计算机网络教程[M]. 4版. 北京：机械工业出版社，2017.

部分习题参考答案

第 1 章

一、填空题

1. 资源共享

2. 共享

3. 电信网

4. 进程

5. 互联网

6. APRA

7. 远程登录

8. ARPA

9. 核心部分，边缘部分

10. 客户/服务器方式，对等方式

11. 精确定义

12. 促进标准化

13. 会话层

14. 详细描述一个网络模型；太复杂效率低不实用

15. 协议，服务

16. 服务

17. 相邻节点

18. 核心主干网

19. 存储—转发

20. 先接收数据存储起来再计算通向目的地的最佳路径将数据延该路径转发出去

21. 处理

22. 一个数据帧，一个数据帧

二、判断题

错对错对错，错对错错错，

对对对对对，对

第 2 章

一、填空题

1. 比特流

2. 电气特性

3. 规程

4. 单方向的信息传输

5. 全双工方式

6. 幅度

7. 携带相同信息量的信号占用的频带更宽

8. 统计时分复用

9. 将多路信号合成一路；将合成信号分解还原成原来的多路信号

10. 同轴电缆

11. 屏蔽双绞线，非屏蔽双绞线

12. 10Mb/s

13. 300MHz

14. 50000GHz，10Gb/s

二、判断题

对对对对错，错对对对对，

第 3 章

一、填空题

1. 点对点，广播

2. 一个源节点到一个目的节点的一对一

3. 丢弃

4. 差错检验

5. 只检错不纠错

6. 连续 5 个 1，0

7. 物理地址或硬件地址

8. 产品序列号

9. ①覆盖范围小②数据传输率高③传输时延短④误码率低⑤属于单一组织拥有

10. 星型

11. 一个站点失效不影响其他站点

12. 竞争，令牌，令牌，令牌

13. 10Mb/s，基带，总线型

14. 100Mb/s，基带，星型

15. 1500

16. 转发

17. 数据帧

18. 逆向学习

19. 集线器

20. 产品序列号最小

21. 光纤，双环型

二、判断题

错对对对对，对错对对对，

对对对对对，对

第 4 章

一、填空题

1. 数据报模式

2. 虚电路服务

3. 能够互相识别

4. 错序

5. IP 地址

6. 报文分组，IP 报文

7. 数据帧，数据包首部

8. 64K

9. 保留地址

10. 网络号

11. 7 或 8，24

12. D

13. 回送地址

14. 数据包，数据帧

15. 20

16. IP 地址和子网掩码的反相与

17. 130.14.32.0，130.14.63.255，4096

18. 寻找下一跳并发送数据包

19. 不是当前最优

20. 好消息传播快坏消息传播慢

21. 根据 IP 地址求出物理地址

22. 物理地址

23. 发给下一个节点，交换信息

24. 默认

25. IPv6，1100：A：：1：E00：0：50

二、判断题

对对对对对，错错对对错，

对对对对对，对对对错对，

对对对对对，错对

第 5 章

一、填空题

1. 进程

2. 面向连接的服务, 无连接服务

3. 面向连接, 无连接, 无连接

4. 首部

5. 比特, 首部

6. 物理, 逻辑, 插口

7. 端到端通信

8. 0~1023

9. 进程

10. 尽最大努力交付

11. 不分组, 不处理, 加上首部, 直接交给网络层。

12. 以最快速度发出。

13. 拥塞控制

14. 将该报文段重新发送

15. 期待

二、判断题

对对对错错, 对对对错错,

错对对对错, 错对错对对,

对对对对

第 6 章

一、填空题

1. 域名系统

2. 联机分布式, 客户/服务器

3. 域名

4. 重复域名

5. 文件传输

6. FTP

7. 两

8. 当地操作系统而不是功能单一的服务进程

9. 文本信息, 多媒体

10. 文本

二、判断题

对错错对错, 对对对对

第 7 章

一、填空题

1. 保密，完整，可用

2. 窃听

3. 超权限访问

4. 修改，重传给接收者

5. 防火墙

6. 哪些类型的数据包可以流入或流出内部网络，哪些类型的数据包的传输应该被拦截。

7. 不能应对 IP 地址欺骗攻击

8. 加密密钥和解密密钥相同或者可以相互推导

9. 用对方的公钥对密钥进行加密，然后通过网络将经过加密的密钥传给密钥接收者

10. 报文被修改. 报文信息完整性被破坏

11. 抵赖

二、判断题

错对错错错，对错对错对

对对

第 8 章

一、填空题

1. 基站以及与该基站相关联的所有移动站

2. 802. 11

3. 星型

4. 分布协调功能

5. 被动扫描，主动扫描

6. 帧间间隔

7. 四

二、判断题

对对对对对，对对